人力资源社会保障部技工教育"十四五"规划教材

高等职业教育 **烹饪工艺与营养** 专业教材

中国名菜

第2版

主　编　闵二虎　穆　波
副主编　程　言　钱小丽　曲建光
　　　　杜官朗　林海明　王欣阳
参　编　冯新广　高　伟　何小龙　严霞光
　　　　沈　炜　朱凌毅　庄廷伟

重庆大学出版社

内容提要

本书根据高职高专教材建设的具体要求和高等职业教育的特点编写。在内容安排上，以对应职业岗位的知识和技能要求为目标，以够用、实用为原则，以项目为主线，分5个项目介绍中国名菜。项目1为辣文化餐饮集聚区名菜，项目2为北方菜餐饮集聚区名菜，项目3为淮扬菜餐饮集聚区名菜，项目4为粤菜餐饮集聚区名菜，项目5为其他名菜，秉承以实践为主，以图文并重的形式介绍菜肴制作过程。本书体系完整，内容丰富，实用性强，文字通俗易懂。修订时，本书增加了大量名菜制作、特色风味菜品制作，以及相关知识和其他菜品介绍的视频。同时，整理、增加了近年来各类烹饪比赛中的优秀作品。本书适合烹饪专业高职、中职学生使用。烹饪专业其他层次的学生也可以将本书作为参考书籍。

图书在版编目（CIP）数据

中国名菜 / 闵二虎，穆波主编. -- 2版. -- 重庆：
重庆大学出版社，2023.9（2024.9重印）
高等职业教育烹饪工艺与营养专业教材
ISBN 978-7-5689-1615-8

Ⅰ.①中… Ⅱ.①闵… ②穆… Ⅲ.①中式菜肴—菜谱—高等职业教育—教材 Ⅳ.①TS972.182

中国国家版本馆CIP数据核字（2023）第126314号

高等职业教育烹饪工艺与营养专业教材

中国名菜（第2版）

主　编　闵二虎　穆　波
副主编　程　言　钱小丽　曲建光
　　　　杜官朗　林海明　王欣阳
策划编辑：沈　静

责任编辑：沈　静　　版式设计：沈　静
责任校对：谢　芳　　责任印制：张　策

*

重庆大学出版社出版发行
出版人：陈晓阳
社址：重庆市沙坪坝区大学城西路21号
邮编：401331
电话：（023）88617190　88617185（中小学）
传真：（023）88617186　88617166
网址：http://www.cqup.com.cn
邮箱：fxk@cqup.com.cn（营销中心）
全国新华书店经销
重庆正文印务有限公司印刷

*

开本：787mm×1092mm　1/16　印张：17　字数：427千
2019年8月第1版　2023年9月第2版　2024年9月第6次印刷
印数：14 001—17 000
ISBN 978-7-5689-1615-8　定价：69.00元

P R E F A C E

前 言

（第2版）

中国是一个餐饮文化大国，中华餐饮文化源远流长，有辉煌，也有沧桑。餐饮作为中国文化的重要组成部分，其高质量的发展离不开高素质技术技能人才的不断输入。高标准的教材编写是落实国家职业教育课程改革的必要措施，是实现人才高质量供给的重要保障。《中国名菜》便是在这样的背景下完成的。

《中国名菜》出版已有4年，得到了全国很多兄弟院校的大力支持，在此深表谢意。目前，《中国名菜》已经第5次印刷。为更好地服务餐饮行业的从业人员，为餐饮行业培养烹调、餐饮管理等岗位的高素质技术技能人才，编者根据教育部提出的课程教学改革要求，结合专业特色，对全书进行了修订、完善、优化。在修订过程中，编者做了以下工作。

第一，因第1版编写时间仓促，部分名菜的制作工艺描述不准确，为此，编写团队重新对每道名菜进行复核与修订。

第二，结合餐饮行业、食品行业的技术革新，编者团队对部分名菜的技术参数进行了改良，既能保留名菜的传统风味，又能适应工业化生产需要。

第三，增加了大量名菜制作、特色风味菜品制作，以及相关知识和其他菜品介绍的视频，丰富了本书的内容。学生扫码即可观看。

第四，编者整理、增加了近年来各类烹饪比赛中的优秀作品，以此激发学生的学习兴趣。

修订后，本书的语言体系更准确，知识点更精准。在内容安排上，编写团队通过调研、分析，确定了以适应餐饮行业职业岗位知识和技能需要为目标，以够用、实用为原则，保留了第1版以五大餐饮集聚区编写为主线，即项目1辣文化餐饮集聚区名菜，项目2北方菜餐饮集聚区名菜，项目3淮扬菜餐饮集聚区名菜，项目4粤菜餐饮集聚区名菜，项目5其他名菜，从菜品赏析、原料选择、工艺详解、制作关键、思考练习5个方面全面阐释每道名菜，对学生职业能力培养和职业素质养成起重要支撑或明显的促进作用。

本书由闵二虎、穆波担任主编，程言、钱小丽、曲建光、杜官朗、林海明、王欣阳担任副主编，冯新广、高伟、何小龙、严霞光、沈炜、朱凌毅、庄廷伟担任参编。本书在修订过程中，得到了吴东和、丁应林、陈正荣、刘宁海、彭旭东等诸位国家级烹饪大师的支持和帮助，并提出了许多宝贵的意见，在这里不一一列出，谨表示衷心的感谢。

本书所介绍的名菜中，有些菜肴的主料属国家保护动物，在这里仅作为传统饮食文化加以介绍。同时，本书增加的视频内容因区域饮食差异、制作技艺的不同而有所调整，在这里仅作为拓展学习的参考资源。

由于编者水平有限，书中仍可能出现不当之处，恳请专家和读者批评指正。

编　者
2023年2月

PREFACE

前 言
（第1版）

随着餐饮行业的不断发展，社会需要越来越多的餐饮一线从业者，并且对他们的专业素养和技术水平提出了更高的要求。作为高素质、高技能人才的主要培养途径，职业教育烹饪专业的重要性更加明显。各职业院校都在紧锣密鼓地进行课程改革，努力提高教学质量。与此同时，相关教材的开发则是推动课程改革的重要保障。《中国名菜》便是在这样的背景下完成的。

中国是一个餐饮大国，中华美食文化源远流长，有沧桑，有辉煌。从易牙烹子的荒诞，到太后仿膳的伪作；从西施玩月的传说，到东坡鱼肉的演绎——历史给我们留下了许许多多名菜的"开山祖师"，我们时常会和某一道名菜的历史典故不期而遇。然而，我们只知道"民以食为天"的硬道理，却对"食之源"不闻不问。为此，本书参考了国内外众多烹饪名家的著作，请教了许多名师前辈，最终按照五大餐饮集聚区进行划分，除了具备原料选择、工艺详解、制作关键、思考练习4个基础环节外，还编撰了菜品赏析这一环节，让学生对"食之源"有所了解，从而形成一个"知识链"，从多方面阐释每道名菜，对学生职业能力培养和职业素质养成起到重要的支撑作用和明显的促进作用。

本书的编写历时1年完成。本书由江苏旅游职业学院闵二虎、涟水县职业高级中学穆波担任主编，负责项目2、项目3和项目5的编写以及全书统稿工作，并协助江苏旅游职业学院程言、钱小丽承担项目1的编写；协助哈尔滨市现代应用技术中等职业学校曲建光、昆山第一中等专业学校杜官朗、涟水县职业高级中学林海明、广西水产畜牧学校王欣阳承担项目4的编写。冯新广、高伟、何小龙、林丽、梁韩模、沈炜、马凯、史云娇、汤纯、王东、严霞光等分别负责部分名菜的制作或资料收集。同时，本书在编写过程中，得到了扬州大学旅游烹饪学院吴东和、江海职业技术学院丁应林以及各位前辈的鼎力支持和帮助，在这里不一一列出，谨向他们表示衷心的感谢。

本书所介绍的名菜中，有些菜肴的主料属国家保护动物，在这里仅作为传统饮食文化加以介绍。

由于编者水平有限，书中难免有不足之处，望专家和读者批评指正。

编　者
2019年3月

目 录

项目2　北方菜餐饮集聚区名菜

项目3 淮扬菜餐饮集聚区名菜

项目4 粤菜餐饮集聚区名菜

项目5　其他名菜

项目1

辣文化
餐饮集聚区名菜

教学名称： 辣文化餐饮集聚区名菜

教学内容： 辣文化餐饮集聚区名菜概述

教学要求： 1.让学生了解辣文化餐饮集聚区代表名菜的传说与典故。

2.让学生掌握辣文化餐饮集聚区代表名菜的特点、原料选择、烹调加工及制作关键。

课后拓展： 要求学生课后完成本次实验报告，并通过网络、图书等多种渠道查阅方法，学习辣文化餐饮集聚区其他风味名菜的相关知识。

　　辣文化餐饮集聚区,是指以四川、重庆、湖南、湖北、江西、贵州为主的餐饮区域。重点建设重庆美食之都、川菜产业化基地、长沙"湘菜美食之都"和湖北"淡水鱼乡",引导江西香辣风味、贵州酸辣风味餐饮的发展。

　　四川、重庆因地方特有的气候条件,孕育了丰富的物产资源,平原和山丘地带气候温和,四季常青,盛产粮、油、果、蔬、笋、菌、家禽和家畜,不仅品种繁多,而且质量尤佳。山岳深丘地区多产贝母、银耳、香菇、虫草等山珍野味。盆地、江河峡谷流域,盛产各种鱼鲜,如江团、雅鱼、岩鲤等,量虽不多但品种特异,均为烹饪佳品,这些丰富的物产原料,为打造川菜产业化基地奠定了坚实的基础。在菜品设计过程中,讲究色、香、味、形、器,兼有南北之长,在味上尤为突出,素以味多、广、厚著称。早在《华阳国志》中就有西汉时期蜀人"尚滋味,好新香"之说。目前,较为常用的味型有咸鲜、咸甜、鱼香、豆瓣、家常、红油、麻辣、椒盐、椒麻、怪味、蒜泥等20多种,调配多变,适应性极为广泛。其中,筵席菜肴以清鲜为主,大众菜肴以家常味居多,在流传下来的1000多款菜式中,麻辣味型占10%~20%。大众菜肴和家常风味却有独到之处,不仅在用法上有干辣椒、泡辣椒、胡辣椒、辣豆瓣、辣酱、辣椒粉、辣椒油等之分,而且有花椒、葱、姜、蒜、醋、糖等巧妙配合,调和成千变万化的复合味型,形成麻辣、红油、胡椒、豆瓣、怪味、鱼香、家常等十分丰富的特殊味型,从而赋予了川菜"清鲜醇浓,麻辣辛香,一菜一格,百菜百味"的奇幻色彩。

　　湖南菜(湘菜)主要包含湘中地区、湘南地区、洞庭湖地区和湘西地区4种地方风味。湘中、湘南地区风味是湘菜的主要代表,其特色是用料广泛、制作精细、品种繁多,烹调方法擅长煨、炖、蒸、炒等。洞庭湖地区的菜以湖鲜、水禽为特色,常用煮、烧、蒸等烹调方法。湘西菜擅长烹调山珍野味和各种腌制品,有浓厚的山乡风味特色。

　　湖北素有"淡水鱼乡"之称,粮食生产特别是稻谷生产在全国居重要地位,早在明清之际就有"湖广熟,天下足"之誉。淡水产品极为丰富,主要经济鱼类有青、草、鲢、鳙、鲤、鲫、鳊等50余种,还富产甲鱼、乌龟、泥鳅、虾、蟹、蚶等,许多质优味美的鱼类如长吻鮠、团头鲂、鳜鱼等闻名全国,在汉代就有"饭稻羹鱼"之称。此外,还有猪、鸡、鸭、野鸭、莲藕、板栗、紫菜薹、桂花、猴头、香菇、猕猴桃等众多优质的动植物性原料,丰富的物产为湖北菜的发展提供了基础,同时造就了独具特色的地方风味,如汉沔风味、荆宜风味、襄郧风味、鄂东南风味、鄂西南土家族苗族风味等。以烹制淡水鱼鲜技艺见长,以"味"为本,讲求鲜、嫩、柔、滑、爽,突显了"淡水鱼乡"这一地方特色。

　　江西菜是由南昌、上饶、九江、赣东、赣南五大流派互相渗透交汇而成,因近山靠水的地理环境,气候特点主要表现为雨季长、降水量大、湿气重等,饮食口味喜香辣,偏咸鲜,味道重。因此,烹饪佐料的选择,多喜用酱油、辣椒、豆豉等调料,形成独具地方特色的"家乡菜"。取料以地方特产原料为主,搭配上讲究选料严实、刀工精细、突出主料、分色配料。烹饪方法上讲究火候,既原汁原味,又香味别具。在质感上,讲究原汁鲜味,酥、烂、脆,油而不腻,味重偏辣,接近湘菜和川菜,但又有其不同之处。江西菜的辣主要表现在香辣、鲜辣,辣味适中,南北皆宜。此外,汤品特别值得一提。其典型代表为南昌的砂钵汤,品种繁多,制作方法考究。汤用大瓮煲制,文火慢炖,时间较长,其味浓郁鲜美,营养丰富。

　　贵州菜,是由川菜系、南下入黔移民和本地少数民族融合组成的烹饪技艺和风味。辣香适口、酸辣浓郁、咸鲜醇厚是该菜系的主要特点。素有"三天不吃酸,走路打蹿蹿"的地方民谣。形成贵州人嗜酸如命饮食特点的主要原因是贵州地区气候潮湿,多烟瘴,嗜酸吃辣不仅可以提高食欲，而且可以祛湿除痛。在选材方面，充分发挥了用料广泛、鲜美时新、品种多变的特长，擅长蒸、炖、卤、炒、炸、烩、酿等。许多著名菜肴又因当地传统的腌、酿、酱等技法而增色，这些腌、酿、酱等技法也是贵州菜烹调的基础，故菜肴味酸麻辣，鲜香回甜，百菜百味。

中餐筵席概述　　中餐筵席菜单　　中餐筵席　　营养搭配平衡
　　　　　　　　的编制　　　　菜品设计

 任务1　鱼香肉丝

1）菜品赏析

鱼香肉丝是四川名菜。鱼香味型是川菜常用味型之一，源于四川民间独具特色的烹鱼调味方法，成菜中无鱼而富含鱼香味。

2）原料选择

猪里脊肉200克，青笋丝25克，水发木耳10克，葱花10克，蒜泥10克，姜末10克，泡红辣椒30克，酱油10克，精盐2克，白糖10克，醋7克，湿淀粉25克，鲜汤40克，味精1克，精炼油等适量。

图1.1　鱼香肉丝

3）工艺详解

①将猪里脊肉切成长6厘米、截面0.3厘米见方的丝；加精盐、湿淀粉拌匀；水发木耳切成相应的丝；泡红辣椒剁成末。

②将白糖、味精、精盐、醋、酱油、湿淀粉、鲜汤调成芡汁。

③炒锅置火上，舀入适量精炼油，烧至四成热时，放入肉丝炒散，加泡红辣椒末、姜末、蒜泥炒出香味；放入青笋丝、木耳丝、葱花炒匀；烹入芡汁翻炒，待收汁亮油时起锅装入盘中即成。

4）制作关键

①放入泡红辣椒末、葱花、姜末、蒜泥炒制时，火力不宜太小，否则会影响菜肴的色泽和香气。

②烹制过程中，要求动作迅速，勿使肉丝质老。

③调味过程中，要注意掌握好糖、醋的比例。

5）思考练习

①如果将鱼香味型运用于调制冷菜，调味品有何不同？

②鱼香味型的调制方法有哪几种？

任务2 回锅肉

1）菜品赏析

所谓回锅，就是再次烹调的意思。以前做法多是先白煮，再爆炒。在四川还流传另外一种做法。清末时，成都有位姓凌的翰林，因宦途失意退隐家中，潜心研究烹饪。他将原来先

图1.2 回锅肉

煮后炒的回锅肉改为先将猪肉焯水去除腥味，再以隔水容器密封的方法，蒸熟后再煎炒成菜。因为旱蒸至熟，减少了可溶性蛋白质的损失，保持了肉质的浓郁鲜香，原味不失，色泽红亮。

2）原料选择

猪带皮坐臀肉300克，郫县豆瓣酱10克，红酱油5克，甜面酱10克，青蒜段20克，豆豉2克，精盐1克，精炼油等适量。

3）工艺详解

①将猪带皮坐臀肉刮洗干净，放入汤锅中加水煮至断生，捞出稍凉后切成长5厘米、宽4厘米、厚0.4厘米的片（皮肉相连）；郫县豆瓣酱、豆豉分别剁细。

②炒锅置火上，舀入适量精炼油，烧至五成热时，先放入肉片略炒，再加精盐炒至肉片呈灯盏形（即卷缩、变形），下郫县豆瓣酱、豆豉炒香上色，加甜面酱炒出香味，放入红酱油炒匀，下青蒜段至断生，起锅装入盘中即成。

4）制作关键

①猪肉要刮洗干净，否则有异味。

②肉煮至断生即可，即切开肉面不见血丝。如煮过火，肉会失去应有的弹性，不易卷缩，缺乏韧性，影响风味。

③豆瓣酱、甜面酱需炒出香味。

④青蒜段不宜久炒，以断生散发香味即可。

⑤红酱油，又称复合酱油，常用熬制比例：黄豆酱油500克，红糖75克，葱5克，生姜2.5克，八角0.7克，桂皮0.5克，甘草1克，山柰0.5克，小茴香0.7克，花椒0.5克，味精2克。

5）思考练习

①为什么煮肉时以刚熟断生为佳？

②怎样使回锅肉达到色、香、味俱佳？

任务3 炒双层肉

1）菜品赏析

炒双层肉在江西民间广泛流传。其色泽金黄，鲜辣脆

图1.3 炒双层肉

嫩,明油亮芡,形似双层,故名炒双层肉。

2)原料选择

猪耳朵2只,玉兰片50克,葱10克,生姜5克,干红辣椒5克,酱油15克,精盐3克,湿淀粉10克,鲜汤100克,精炼油等适量。

3)工艺详解

①将猪耳朵刮去茸毛,洗净,切去耳尖、耳根不用,中间耳肉斜切成薄片;将干红辣椒切成雀舌片;将玉兰片切成薄片,葱切段,生姜切片待用。

②炒锅置火上,舀入适量精炼油,烧至七成热时,将干红辣椒片、生姜片下锅爆香,倒入猪耳朵片、玉兰片、葱段煸炒出香,放酱油、精盐、淋入鲜汤焖2分钟,用湿淀粉勾芡,淋上明油即成。

4)制作关键

①生猪耳朵在初加工时,注意刮净茸毛,洗净耳内污垢。

②干辣椒片下锅稍炸,勿炸煳。

5)思考练习

①详述猪耳朵初加工工艺。

②简述勾芡的操作要领。

 ## 任务4 冬笋腊肉

1)菜品赏析

湖南盛产腊肉。腊肉历史悠久,早在汉朝就用腊肉制作佳肴。

2)原料选择

腊肉500克,净冬笋150克,青蒜100克,味精0.5克,鲜汤50克,精炼油等适量。

3)工艺详解

①将腊肉洗净,上笼蒸熟取出,切成长4厘米、宽3厘

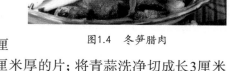

图1.4 冬笋腊肉

米、厚0.3厘米的片;将冬笋切成梳子背形,再切成0.5厘米厚的片;将青蒜洗净切成长3厘米的段。

②炒锅置火上,舀入适量精炼油,烧至六成热时,下入腊肉、冬笋片煸炒,加鲜汤稍焖收干水,放入青蒜段、味精,翻炒几下,出锅装盘即成。

4)制作关键

煸炒过程中,注意控制火候,要做到3种不同性质的原料成熟时间一致。

5)思考练习

简述湖南腊肉的制作工艺。

任务5　蒜泥白肉

1）菜品赏析

蒜泥白肉是四川传统名菜。白肉片薄而大,肥瘦相连,厚薄一致,故又有白片肉、云白肉、匀白肉之称。

图1.5　蒜泥白肉

2）原料选择

带皮猪后臀肉250克,蒜泥15克,酱油30克,辣椒油25克,味精2克,白糖8克,熟白芝麻3克,原汤等适量。

3）工艺详解

①将肥瘦相连的猪后臀肉刮洗干净,先放入汤锅内加水煮至八成热时捞出晾凉,再放入原汤中浸焖20分钟,待原料全部成熟时,捞出待用。

②捞出浸泡过的肉,沥干后放在砧板上,切成长5厘米、宽4厘米的薄片(片越薄越好),再横切一刀,整齐排放盘中。

③将酱油、白糖、辣椒油、味精调成汁,淋在肉片上,撒上蒜泥、熟白芝麻即成。

4）制作关键

①猪肉以刚熟为佳。

②肉煮熟后,需要放入汤汁中浸泡,以保证其鲜嫩的质感,易于刀工处理。

③肉片应大小一致,片形整齐。

5）思考练习

①为何猪肉以刚熟为佳?

②猪肉煮熟后,放入汤中浸泡有何作用?

任务6　辣子酱

1）菜品赏析

辣子酱是贵州传统名菜,为清代"庆园楼"菜馆创制,色泽红亮,软脆兼备,最宜佐酒下饭。

2）原料选择

猪瘦肉200克,云南黑大头菜125克,花溪辣椒25克,甜面酱15克,大蒜10克,姜10克,葱10克,酱油10克,白糖15克,瓜子仁20克,白芝麻10克,花生米100克,香醋8克,精炼油等适量。

图1.6　辣子酱

3）工艺详解

①将猪肉切成0.3厘米大小的丁;将云南黑大头菜切成比肉丁稍小的颗粒;将花生米、瓜

子仁、白芝麻炸熟；将大蒜切成片；将姜、葱分别切成末。

②炒锅置火上，舀入适量精炼油，放入葱末、姜末煸香后，将肉丁煸熟捞出，待用。

③炒锅复置火上，煸炒花溪辣椒呈蟹壳黄色时，加入大头菜和蒜片煸香，倒入煸炒好的肉丁，加甜面酱、酱油、香醋、白糖、花生米、瓜子仁、白芝麻炒拌均匀，淋少许明油，起锅装盘。

4）制作关键

辣椒要煸透，煸出香味，使之受热均匀，呈蟹壳黄色。

5）思考练习

①简述贵州风味菜的特点。

②煸炒辣椒时有哪些注意事项？

 ## 任务7 珍珠圆子

1）菜品赏析

珍珠圆子是著名的"沔阳三蒸"之一。"蒸"是湖北民间传统的一种烹调技法，蒸菜大都作为筵席中的大菜上席，故江汉平原素有"不上格子（指蒸笼格）不请客"的习俗。

2）原料选择

猪里脊肉400克，葱花15克，猪肥肉100克，姜末15克，糯米300克，味精5克，荸荠100克，黄酒5克，精盐5克，胡椒粉10克。

图1.7 珍珠圆子

3）工艺详解

①将猪里脊肉剁成蓉，猪肥肉切成黄豆大小的丁，荸荠削皮，切成黄豆粒大的丁。

②糯米淘洗干净，用温水浸泡2小时后捞出沥干。

③将猪肉蓉放入容器中，加味精、精盐、葱花、姜末、黄酒、胡椒粉，分3次加入300克清水，搅拌上劲。再加入肥肉丁和荸荠丁一起拌匀，然后挤成直径1.5厘米大的肉圆，放入装有糯米的筛内滚动蘸上糯米。然后逐个放在蒸笼内排放整齐，在旺火沸水足汽中蒸30分钟，至珍珠圆子成熟，取出装盘即成。

4）制作关键

①制珍珠圆子的精肉须剔去筋膜。

②猪肉蓉排剁时，砧板上可抹适量淀粉。

5）思考练习

①糯米浸泡的目的。

②荸荠的营养功效。

任务8　蒸白圆

1）菜品赏析

蒸白圆是"沔阳三蒸"之一，此菜以猪腿瘦肉、猪肥肉合制成圆子蒸制而成，因色白故而得名。

图1.8　蒸白圆

2）原料选择

猪里脊肉300克，猪肥肉150克，鳡鱼肉150克，荸荠50克，葱花20克，黄酒10克，味精2克，精盐5克，胡椒粉10克，香醋15克，鲜汤50克，姜末10克，湿淀粉35克，芝麻油3克，沸水等适量。

3）工艺详解

①将猪里脊肉剁成绿豆粒大的丁，肥肉煮熟后，与荸荠一起，切成黄豆粒大的丁。

②鳡鱼肉剁成细蓉，先放入容器中，加精盐、味精、黄酒、姜末、葱花、胡椒粉边搅拌边加清水，直至上劲，再加猪肥肉丁、荸荠丁、湿淀粉搅拌均匀，挤成直径4厘米的圆子约40个，逐个放入垫有湿纱布的细格笼屉内，置旺火沸水锅上，蒸15分钟，待熟后整齐地码入盘中。

③炒锅置火上，舀入鲜汤、精盐、味精烧沸，用湿淀粉勾芡，淋上芝麻油，撒上葱花，浇在白圆上即成。另置味碟两只，放入姜末、香醋随菜上席。

4）制作关键

①选新鲜的猪肉和鳡鱼肉，鱼蓉要剁细腻。

②拌鱼蓉、肉蓉时要搅拌上劲成黏稠状。

③鱼蓉、肉蓉搅好后制作肉圆要大小一致。

5）思考练习

①"沔阳三蒸"分别是什么？

②蒸制过程中，防止原料口感变老的方法有哪些？

 任务9　粉蒸肉

1）菜品赏析

粉蒸肉是著名的"沔阳三蒸"之一。

2）原料选择

猪五花肉500克，老藕150克，粳米75克，甜面酱20克，白糖2.5克，胡椒粉1克，黄酒1克，桂皮1.5克，八角2克，葱花5克，丁香1.5克，姜末2克，精盐3克，味精2克，酱油15克，红乳汁20克。

图1.9　粉蒸肉

3）工艺详解

①将猪肉切成长4厘米、宽2.5厘米、厚1厘米的长条, 沥干水盛入碗中, 加精盐2克、酱油、甜面酱、红乳汁、姜末、黄酒、味精、白糖一起拌匀, 腌制20分钟。

②将大米放入炒锅中, 置微火上炒至淡黄色时, 加桂皮、丁香、八角继续煸炒出香味后起锅, 磨成鱼籽大小的粉粒, 制成五香米粉。

③将老藕刮洗干净, 取净料, 切成长3厘米、粗1厘米的条, 加精盐1克、五香米粉25克拌匀, 放入盘内腌制入味。

④将腌制好的猪肉用五香米粉拌匀后, 肉皮朝下整齐地排叠在碗内, 与盛藕的盘子一起放入笼屉内, 用旺火蒸1小时取出。先将蒸藕放入盘内垫底, 然后将蒸肉翻扣在藕上, 撒入胡椒粉、葱花即成。

4）制作关键

①猪肉腌制前必须沥干肉面的水, 加精盐和其他调料, 使味渗入肉内。

②米粉磨成细粉状即可, 藕用1克精盐调拌, 肉要蒸到熟烂吐油。

5）思考练习

为什么要将大米炒至淡黄色? 其作用是什么?

 任务10　乌云追白云

1）菜品赏析

石耳, 我国蔬菜三珍之一。唐代, 段成式在《西阳杂俎》中写道:"庐山有石耳, 性热。"清代, 曹龙树在他的《庐山居》中写道:"石耳云菰供饭, 香椿熏笋佐茶。"

2）原料选择

猪里脊肉200克, 庐山干石耳5克, 鸡蛋（1个）清, 葱白15克, 精盐5克, 白糖1克, 黄酒5克, 味精1克, 湿淀粉10克, 鲜汤100克, 精炼油等适量。

图1.10　乌云追白云

3）工艺详解

①将石耳放入碗内, 先用沸水涨发回软, 捞起放入盛器内用盐擦洗, 再用清水洗去黑汁和泥沙, 放入清水中浸泡洗净, 捞起改刀待用。

②猪里脊肉切片, 放入清水内漂净血水, 取出挤干水剁成蓉, 放入盛器内, 加鸡蛋清、精盐2.5克、清水适量拌匀, 搅拌上劲后放入托盘中, 平摊成厚约0.5厘米的薄片。

③炒锅置旺火上, 加入适量清水, 烧沸, 将盘内肉片轻轻推入锅内氽熟, 捞起, 放入冷水中冲凉, 取出改成长4厘米、宽3厘米的片, 葱白切3厘米长的段。

④炒锅置火上, 舀入精炼油, 烧至六成热时, 将肉片下锅过油, 倒入漏勺; 锅内留少许底油, 下葱段煸出香味, 然后将石耳下锅煸炒, 加精盐、味精、白糖、黄酒、鲜汤, 烧沸, 焖约3分钟, 用湿淀粉勾薄芡, 再下肉片, 炒匀装盘即成。

4）制作关键

①肉蓉要细,用力搅拌上劲,汆时用中火,水面保持微沸。

②过油时,肉上色即可。

5）思考练习

①制作肉蓉片时,怎样才能做到嫩而不柴?

②石耳的营养功效有哪些?

 任务11　应山滑肉

1）菜品赏析

相传,贞观年间唐太宗李世民久病,不思饮食,诏书天下,凡能进皇上胃口者有重赏。当时

图1.11　应山滑肉

应山詹姓厨师得知后,便去长安。到宫中为唐太宗精心制作了一盘肥而不腻、滑嫩可口的猪肉菜进献。唐太宗刚把肉送进嘴里,略为品味,那块肉一滑便下肚,满口留香,于是连吃几块,胃口大开。连呼:"滑肉!滑肉!"姓詹的厨师便留在宫中做了御厨,"滑肉"也成名并流传于世了。

2）原料选择

猪肥膘肉750克,鸡蛋100克,胡椒粉2克,盐5克,酱油5克,葱花3克,姜末5克,味精3克,淀粉15克,鲜汤400克,精炼油等适量。

3）工艺详解

①肥膘肉去皮洗净,切成长4厘米、宽3厘米、厚0.8厘米的片,用清水浸泡10分钟,取出沥干水,装入碗内,加精盐、味精、姜末,拌制入味,磕入鸡蛋、淀粉拌匀上浆。

②炒锅置旺火上,舀入精炼油,烧至七成热时,将肉块散开下锅,约炸10分钟,炸至金黄色时,倒入漏勺内沥去油,放入碗内,上笼用旺火蒸1小时左右取出,滗出油汁。

③炒锅置旺火上,倒入鲜汤、酱油、味精烧沸后,勾薄芡,撒上葱花、胡椒粉起锅浇在肉片上即成。

4）制作关键

①猪肥膘肉泡水,去除异味和污垢。

②猪肉炸制以后,要上笼蒸1小时。

5）思考练习

猪肥膘可以用于提炼油脂吗?说出制作步骤。

 任务12　红煨方肉

1）菜品赏析

红煨方肉是毛主席来湘时喜吃的菜肴之一。

图1.12　红煨方肉

2）原料选择

猪五花肉1200克，精盐5克，味精1.5克，葱白15克，姜15克，酱油50克，甜酒原汁50克，桂皮15克，冰糖50克，精炼油等适量。

3）工艺详解

①将猪五花肉放在火上燎净残毛和污渍，放入温水浸泡，用小刀刮洗干净，入汤锅煮至断生，改成4厘米见方的块，在皮面上划上花刀，在肉内剞上十字花刀，深度为肉的2/3（切勿把皮划破）；将葱白切成葱花，余下的葱和姜拍松。

②炒锅置火上，舀入少量精炼油，先下入葱、姜煸炒出香后，再投入五花方肉，用中火煸至肉块吐油，外表呈现焦黄色，调入酱油、甜酒原汁、冰糖、精盐、桂皮烧沸。

③取砂锅1只，底部垫上竹箅，将方肉皮朝下放入，倒入煸肉原汤，盖上盖，用小火煨1小时左右，待肉烂浓香为止。

④食用时，将方肉连汤上火烧沸，揭开盖，撇去浮油，去掉葱、姜、桂皮，两手提起竹箅，将肉翻扑盘内，调味，收稠卤汁，淋在方肉上，撒葱花即成。

4）制作关键

①五花肉改刀后，在肉的内侧剞花刀时，注意剞刀深度，剞刀深度约为原料厚度的2/5。

②焖制过程中，要注意砂锅内的变化，防止汤汁干枯，原料出现焦煳现象。

5）思考练习

①烹调时，添加醋或酒的目的是什么？

②垫竹箅的目的是什么？

 任务13　湘西酸肉

1）菜品赏析

酸肉是湘西土家和苗家独具风味的传统佳肴。每当贵客临门，土家、苗家人便从坛中取出腌制好的酸肉，下入油锅爆炒，黏附在酸肉上的玉米粉经油炸转成金黄色，散发出阵阵芳香，诱人食欲。

2）原料选择

酸肉750克，青蒜25克，干红辣椒15克，鲜汤200克，精炼油等适量。

图1.13　湘西酸肉

3）工艺详解

①将酸肉切成长5厘米、宽3厘米、厚0.5厘米的片；将干红辣椒切细末；将青蒜切成长3厘米的小段。

②炒锅置旺火上，舀入适量精炼油，烧至六成热时，将酸肉、干椒末下锅煸炒出油；放入腌制酸肉过程中的玉米粉；炒至与面粉呈现焦黄色，倒入鲜汤，焖2分钟；待汤汁稍干，放入青蒜段炒几下，装入盘中即成。

4）制作关键

①炒肉时要不断转勺、翻锅，一防粘锅，二防上色不均。

②炒玉米粉精炼油不可过多。

5）思考练习

查阅资料，简述酸肉腌制工艺。

任务14 千张肉

1）菜品赏析

千张肉是湖北民间传统名菜，也是江陵县传统筵席上的"三大碗"之一，此菜刀工精细，肉片薄如纸，因此特点而得名。

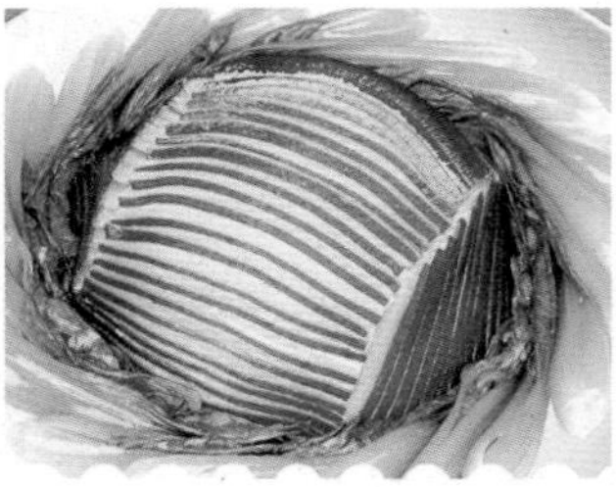

图1.14 千张肉

2）原料选择

猪五花肉500克，花椒6粒，味精2克，红方腐乳汁20克，五香豆豉50克，姜片10克，葱段10克，酱油10克，胡椒粉2克，白糖6克，精盐3克，黄酒15克，鲜汤100克，精炼油等适量。

3）工艺详解

①将猪五花肉刮洗干净，皮朝下放入锅内，加清水用旺火煮30分钟捞出，用酱油涂匀猪皮。

②炒锅置火上，舀入精炼油，烧至180 ℃时，将涂了酱油的肉块下锅，炸至表面呈深琥珀色时，倒入漏勺中沥去油。晾凉后，切成5厘米长的薄片，约80片。

③取一扣碗，先放入花椒、葱段、姜片垫底，再将肉片皮朝下整齐地码入。正面码50片，两侧各码15片，然后将酱油、红方腐乳汁倒在肉片上，加五香豆豉、白糖、黄酒、鲜汤、精盐、味精连碗入笼，用旺火蒸4小时取出，翻扣入盘，去掉花椒、葱段、姜片。

④将蒸肉过程中产生的卤汁滗出，倒入炒锅内，大火熬至浓稠，撒上胡椒粉，均匀浇淋在肉片上即成。

4）制作关键

①煮肉时要刮净余毛和污杂物。

②肉片要切得薄，并且厚薄均匀。

5）思考练习

①简述扣制工艺的关键。

②简述蒸制菜肴的特点。

任务15 元宝肉

1）菜品赏析

元宝肉是湖北名菜，欢度春节时，全家老幼团聚在一起，在农历腊月三十晚上吃团年饭的家宴上，必做此菜，以示在新的一年里财源广进，富贵吉祥，万事如意。

图1.15　元宝肉

2）原料选择

带皮猪五花肉700克，鸡蛋6个，油菜心200克，八角粉8克，葱段5克，姜末5克，精盐2克，味精2克，黄酒15克，酱油25克，白糖20克，糖色5克，腐乳3克，湿淀粉15克，鲜汤100克，精炼油等适量。

3）工艺详解

①鸡蛋煮熟，剥去外壳，用牙签扎出小孔。

②将带皮猪五花肉煮熟捞出沥干水，趁热抹上糖色稍晾。

③炒锅置火上，舀入精炼油，烧至七成热时，将熟肉入油锅炸至表皮呈现焦黄色时捞出沥净油，稍晾后切成厚约0.5厘米的大片。

④先将八角粉和姜末混匀，放入大扣碗中，再将猪五花肉大片皮朝下码入碗中；将鲜汤、酱油、腐乳、精盐、味精、葱段、白糖入碗调匀浇在猪五花肉上，上笼蒸1小时取出；将蒸汤滗入炒锅，用湿淀粉勾成米汤芡起锅。

⑤将油菜心下锅焯水，捞出沥干水，摆入大圆盘中；将猪五花肉扣在盘中油菜心上，浇淋上芡汁。

⑥炒锅洗净，复置火上，舀入适量精炼油烧至五成热时；将熟鸡蛋放入油锅炸至呈金黄色时捞出，一剖为二，摆在猪五花肉周围，浇上蒸汤，即可上桌供餐。

4）制作关键

①菜品反扣入盘中时，要注意造型的完整。

②制作过程中，也可以将肉切成2厘米见方的块，鸡蛋炸制成虎皮蛋，一起放入炒锅红烧而成。

5）思考练习

①鸡蛋煮好后，为什么要用牙签扎孔？

②元宝肉配料有何特点？

 任务16　红煨牛肉

1）菜品赏析

红煨牛肉是湖南传统名菜，红煨为湘菜烹调技艺的上乘功夫。红煨汁浓，讲究火候。

此菜以牛五花肉与桂皮、葱姜同煨，汁浓味醇香，肉鲜质软。

2）原料选择

牛五花肉1000克，黄酒50克，精盐5克，味精1克，胡椒粉0.5克，葱结10克，姜片10克，桂皮1克，冰糖10克，青蒜10克，酱油30

图1.16　红煨牛肉

克，湿淀粉5克，牛鲜汤1000克，芝麻油5克，精炼油等适量。

3）工艺详解

①将牛肉用冷水洗净，入锅煮至五成熟时，除去血水和腥膻味后捞出，切成长3厘米、宽2厘米、厚2厘米的条；将青蒜洗净，切成3厘米长的段。

②将炒锅置旺火上，舀入适量精炼油，烧至八成热时，倒入牛肉煸炒约2分钟，烹入黄酒、酱油，翻炒均匀出锅。

③取砂锅1只，用竹箅子垫底，将煸炒后的牛肉放在箅子上，放入葱结、姜片、桂皮、冰糖、精盐和牛鲜汤，加盖后放置在旺火上烧沸，移小火煨至软烂。

④待牛肉煨烂后，拣去葱结、姜片、桂皮，将原汁倒入炒锅，放入青蒜段、味精、胡椒粉烧沸，以湿淀粉勾芡，淋入芝麻油，出锅装盘即成。

4）制作关键

旺火烧开后，要用小火慢炖，并保持一定的烹煮时间，才能使牛肉软烂爽口。反之，大火短时间烹煮，牛肉中含有的呈鲜物质不能完全溶解到汤汁中，且口感较差。

5）思考练习

①简述红煨风味菜肴的特点。

②去腥膻的原料有哪些？

任务17　水煮牛肉

图1.17　水煮牛肉

1）菜品赏析

水煮牛肉是四川名菜。相传起源于北宋。当时，四川自贡一带就已成为著名的井盐产地，使用牛作为吸取盐卤的劳力。当役牛老弱淘汰后，盐工们即就地宰杀，将牛肉水煮后，略加食用井盐、花椒等佐食。这种吃法后来经历代厨师的改进提高，形成了一套独特的制法。

2）原料选择

黄牛肉180克，莴苣尖100克，青蒜50克，芹菜50克，酱油5克，郫县豆瓣50克，醪糟汁20克，精盐2克，味精2克，干辣椒10克，花椒20粒，葱段10克，湿淀粉50克，鲜汤300克，精炼油等适量。

3）工艺详解

①将黄牛肉洗净，横丝（顶丝）切成长5厘米、宽3厘米、厚0.2厘米的片，加入精盐、酱油、湿淀粉上浆拌匀；莴苣尖切成长6厘米的滚刀片，芹菜、青蒜切成长5厘米的段，干辣椒去蒂、籽，剪成雀舌形；郫县豆瓣斩成泥。

②炒锅置火上，舀入精炼油，烧至120 ℃时，先放入干辣椒炸至棕红色，再放入花椒炸香，用细漏勺捞出并用刀斩成细末；辣椒油倒入碗内，待用。

③炒锅复置火上，舀入辣椒油，烧至五成热时，将豆瓣酱放入煸炒出香味后，加入精盐、酱油、味精、醪糟汁、鲜汤烧沸，然后放进莴苣尖、芹菜、青蒜、葱段，煮至断生即捞出，沥干汁

水后盛入盘中；同时将拌匀的肉片逐片放入锅中，用筷子将其划开，待变色后，勾米汤芡，一起倒入盘中的莴笋尖、芹菜、青蒜等上面，将斩成蓉的辣椒、花椒撒在肉片上，将余下的辣椒油烧至八成热后浇在花椒、辣椒上即成。

4）制作关键

①掌握好炸辣椒、花椒时的火候。

②肉片下锅时，不宜过分搅动。

5）思考练习

①牛肉上浆的目的是什么？

②简述水煮类菜肴的制作工艺及关键点。

任务18　陈皮牛肉

1）菜品赏析

陈皮牛肉是四川名菜。陈皮味型的菜肴一般多用于冷菜。陈皮具有理气、健脾、开胃的功效，与牛肉相合，具有补脾、强筋骨之效。

2）原料选择

牛肉400克，陈皮15克，干辣椒20克，花椒5克，姜片10克，葱段10克，精盐5克，白糖7克，糖色5克，醪糟汁25克，黄酒10克，芝麻油10克，鲜汤100克，精炼油等适量。

图1.18　陈皮牛肉

3）工艺详解

①陈皮清洗后，切成宽约1.5厘米的小方条，用温水泡软。

②干辣椒去蒂、籽，斜切成长2.5厘米的段。

③牛肉横丝（顶丝）切成长6厘米、宽2厘米、厚0.3厘米的片，用精盐、黄酒、姜片、葱段拌匀，浸汁约20分钟后拣去姜片、葱段。

④炒锅置火上，倒入精炼油，烧至160 ℃时，投入肉片炸至表皮呈棕褐色，倒入漏勺中沥去油。

⑤炒锅复置火上，锅内留少许精炼油，烧至120 ℃时，投入干辣椒段、花椒炸出香味，放入陈皮、姜片、葱段略炒，加入鲜汤、牛肉、盐、白糖、醪糟汁、糖色、黄酒，用中小火将卤汁收干，淋入芝麻油，起锅装入盘中即成。

4）制作关键

①陈皮要浸软，其味会更浓。

②炸前用凉精炼油将原料拌匀，使之入锅易分开。

③干辣椒、花椒不能炸焦，炸时火候不宜过大。

④汤汁不宜收得过干。

⑤突出陈皮的芳香味，注意色泽及牛肉的酥软。

5）思考练习

①牛肉炸制的目的是什么?

②为何用糖色而不用酱油调色?

③为什么浸软后的陈皮味更浓?

 任务19　灯影牛肉

图1.19　灯影牛肉

1）菜品赏析

灯影牛肉是四川名菜。清代光绪年间,原四川梁平县人氏刘仲贵,在达县开了一间小酒店,刘仲贵精于烹调,为了闯出名气,他精心研制了一道下酒佳肴。因为此菜刀工细腻,片薄如纸,呈半透明状,取牛肉片在灯前照看,可以透出灯影,所以名之为"灯影牛肉"。不久,成都、重庆相继仿制,"灯影牛肉"遂成为川菜名菜。

2）原料选择

牛后腿肉500克,精盐6克,白糖6克,辣椒粉3克,胡椒粉3克,黄酒30克,姜片10克,味精2克,五香粉2克,芝麻油10克,精炼油等适量。

3）工艺详解

①将牛后腿肉洗净,去净表面的筋膜,再切成大薄片;精盐放入烤箱中烤去水;姜片拍松放入黄酒中,取其汁。

②牛肉片放在操作台上,均匀地撒上烤干水的精盐,裹成圆筒形,晾至牛肉呈鲜红色。

③将晾干的牛肉平铺在钢丝架上,放入120 ℃的烤箱内,烤制约15分钟;转入蒸笼中蒸约30分钟,取出;趁热切成长4厘米、宽3厘米、厚0.2厘米的薄片;放入笼内蒸约1小时取出。

④炒锅置火上,舀入精炼油,烧至150 ℃时,放入牛肉片净炸至牛肉呈现半透明状,倒入漏勺中沥去油。

⑤炒锅复置火上,留少许精炼油,烹入黄酒汁,投入牛肉片,撒入辣椒粉、胡椒粉、白糖、味精、五香粉,颠翻均匀,淋入芝麻油,起锅装入盘中即成。

4）制作关键

①牛肉的筋膜要切净。

②牛肉片要晾干、烤透。

③油炸时,油温不宜过高。

5）思考练习

①该菜为何要选择牛后腿腱子肉?

②牛肉片油炸时,油温如何控制?

灯影牛肉丝1　　灯影牛肉丝2

任务20 小笼粉蒸牛肉

1）菜品赏析

小笼粉蒸牛肉是四川传统名菜。据说，国画大师张大千十分喜爱这道独具风味的菜肴。抗战时，张大千来蓉城会友，其友人特设家宴款待，张大千指明要吃"小笼牛肉"。主人遂派家人外出买回几份，张大千嫌其味浓且口感粗糙。主人只得又派人到"治德号"去买，张大千才点头称是，但仍嫌味道不足，于是亲自下厨，趁热在牛肉上加了点辣椒粉、花椒

图1.20 小笼粉蒸牛肉

粉和香菜，拌和均匀后，宾主再一品尝，真是麻辣鲜香，回味无穷，赞不绝口。这一妙法相沿至今，广为流传，成为川菜的一款名品。

2）原料选择

牛肉500克，熟粳米粉75克，酱油50克，姜末15克，郫县豆瓣20克，醪糟汁100克，辣椒粉10克，花椒粉25克，香菜50克，葱花25克，蒜泥10克，精炼油等适量。

3）工艺详解

①牛肉去筋，横着肉纹切成厚片，加入豆瓣、酱油、精炼油、醪糟汁、姜末、熟粳米粉拌匀，上笼用旺火蒸1小时，至牛肉软烂后出锅。

②在笼下垫1个盘子，并在牛肉上撒辣椒粉、花椒粉、葱花、蒜泥、香菜拌匀即成。

4）制作关键

①调味时，冬季宜稍重一些，夏季则应清淡些。

②制作大米粉时，应放1块陈皮一同炒香，并磨成粉，米粉不能磨得过细或过粗。

③豆瓣一定要剁细。

5）思考练习

①如何制作米粉？制作过程中应注意哪些问题？

②粉蒸菜肴一般常用哪些原料？

 任务21 夫妻肺片

图1.21 夫妻肺片

1）菜品赏析

夫妻肺片是四川传统名菜。清朝末年，成都街头巷尾便有许多挑担、提篮叫卖凉拌肺片的小贩。用牛杂碎边角料，经精加工、卤煮后，切成片，佐以酱油、红油、辣椒、花椒面、熟芝麻等拌食，风味别致，价廉物美，特别受黄包车夫、脚夫和穷苦学生的喜爱。直至20世纪30年代，在四川成都有一对摆小摊的夫妇，男叫郭朝华，女叫张田政，

因制作的凉拌肺片精细讲究，颜色红润油亮，麻辣鲜香，风味独特。在用料上更为讲究，以牛肉、心、舌、肚、头皮等取代最初单一的肺，质量日益提高。加之夫妇俩配合默契，一个制作，一个出售，小生意做得红红火火，一时顾客云集，供不应求。由于所采用的原料是低廉的牛杂，因此最初被称作"废片"。一天，有位客商品尝过郭氏夫妻制作的"废片"，赞叹不已，送上一块金字牌匾，上书"夫妻肺片"4个大字。从此"夫妻肺片"这一名菜便一直流传至今，深得大众喜爱。

2）原料选择

牛肉、牛杂（肚、心、舌、头皮等）各500克，老卤水2500克，酱油25克，八角3枚，味精5克，花椒5克，肉桂5克，精盐15克，黄酒50克，姜块15克，葱结15克，熟花生碎末25克，熟白芝麻15克，花椒面3克，辣椒油50克。

3）工艺详解

①将牛肉、牛杂洗净，一起放入锅内，加入清水（以淹过肉料为佳）、姜块、葱结、黄酒，用旺火烧沸，撇去浮沫，煮至肉料呈白红色，滗去汤水，肉料仍留锅内，倒入老卤水，放入香料包（将花椒、肉桂、八角用布包扎好）、黄酒、精盐，再加清水400克，旺火烧沸约30分钟后，改用小火继续侵煮90分钟，至牛肉、牛杂软熟，捞出晾凉备用。

②取老卤汁50克，加入味精、辣椒油、酱油、花椒面调成味汁。

③将晾凉的牛肉、牛杂分别切成长6厘米、宽2厘米、厚0.2厘米的片，混合在一起，淋入卤汁拌匀，分盛盘中，撒上熟花生碎末和熟白芝麻即成。

4）制作关键

①牛肉与牛杂必须事先煮制熟烂。

②调料中的卤水必须使用卤制牛肉用的五香白卤水。

5）思考练习

①此菜的口味如何？

②为何卤水质量的优劣是制作此菜的关键？

任务22　发丝牛百叶

1）菜品赏析

发丝牛百叶是湖南传统名菜"牛中三杰"之一。其特点是制作精细，切配讲究，细如发丝，色白鲜艳，具有脆嫩、香辣、微酸的独特风味。

2）原料选择

生牛百叶750克，净冬笋80克，小红辣椒25克，韭黄100克，黄酒30克，精盐5克，味精2克，米醋20克，湿淀粉15克，鲜汤150克，芝麻油10克，精炼油等适量。

3）工艺详解

①将生牛百叶分割成5块放入桶内，倒入沸水至浸没牛百叶为佳，用木棍不停地搅动3分钟，捞出放在案板上，

图1.22　发丝牛百叶

用力搓揉去掉上面的黑膜,用清水漂洗干净,下入冷水锅煮1小时捞出。

②将煮好的牛百叶逐块平铺在砧板上,剔去外壁,切成约5厘米长的细丝,盛入盘内待用;冬笋切成略短于牛百叶的细丝;韭黄切成约2厘米长的段;红辣椒切成细丝。

③将牛百叶丝盛入碗中,用米醋、精盐拌匀,先用力抓揉去掉腥味,然后用冷水漂洗干净,挤干水。

④取小碗1只,加鲜汤、味精、芝麻油、米醋和湿淀粉调成汁。

⑤炒锅置旺火上,舀入适量精炼油,烧至六成热时,下入冬笋丝和牛百叶丝煸炒出香味,烹入黄酒,投入红辣椒丝、精盐、味精和韭黄炒拌均匀,再倒入调好的芡汁。旺火烹炒,颠翻均匀即成。

4）制作关键

发丝牛百叶这道菜需注重刀工,百叶切得越细越好;火旺油热,迅速煸炒,烹汁后颠翻均匀,立即出锅。

5）思考练习

湖南代表名菜中"牛中三杰"分别是哪三道菜?并说出其制作方法。

 ## 任务23　毛血旺

1）菜品赏析

毛血旺是四川名菜。此菜是四川毛肚火锅的提炼和集成,将毛肚火锅中的毛肚、血鳝片、鸭血旺3种美味集于一菜。

2）原料选择

图1.23　毛血旺

毛肚片250克,血鳝片段250克,鸭血块250克,黄豆芽100克,鲜黄花菜50克,芹黄100克,青蒜段50克,姜末5克,蒜泥15克,葱段50克,黄酒20克,精盐3克,味精2克,鲜汤750克,火锅底料200克,红油100克。

3）工艺详解

①将毛肚片、血鳝片段、鸭血块、黄豆芽、黄花菜分别焯水,再分别放入盘中。

②炒锅置火上,下红油50克及火锅底料、蒜泥、姜末煸炒出香味,放入鲜汤熬煮出香味后,放入初加工好的各种原料、调料,烧至入味,装盆后淋入剩余红油即成。

4）制作关键

①掌握好5种原料焯水时的火候和时间,便于装盘时能同步成熟。

②放入鲜汤后要烧入味。

③各种原料放入后,宜用中火烧制。

5）思考练习

①为什么要掌握各种原料的火候?

②血鳝片在淮扬菜中能否使用?

③毛肚、鸭血在烹制时有什么区别?

任务24　白切羊肉

图1.24　白切羊肉

1）菜品赏析

白切羊肉是湖北传统名菜，至今已有80多年的历史。选长阳山羊肉的夹腿部位为主料，以当地手工方法所酿窝子酱油等调料煮制而成。

2）原料选择

熟长阳山羊肉1200克，八角10克，精盐7克，丁香2克，小茴香10克，白糖50克，窝子酱油100克，桂皮5克，黄酒50克，陈皮2克，葱10克，羊筒子骨2根，生姜30克，花椒5克，芝麻油15克。

3）工艺详解

①将羊肉切成长20厘米、宽13厘米、厚5厘米的长方块，连同2根筒子骨一起漂洗干净。

②炒锅置中火上，加清水。将八角、丁香、桂皮、花椒、小茴香、陈皮装小白布袋中，捆好袋口，做成香料袋。将羊筒子骨放在锅底，香料袋放在筒子骨中间，羊肉放在上面，顺码成梳子背形。生姜拍松，葱挽结，和精盐、窝子酱油、黄酒、白糖一起放入锅中煮开后，改用微火加盖焖煮40分钟取出。

③将煮好的羊肉块，平整地摆放在不锈钢托盘中，用重物压实。

④将压制好的羊肉块改切成长5厘米、宽3厘米、厚0.3厘米的长方片，码入平盘中，刷上芝麻油即成。

4）制作关键

①湖北长阳山羊，品质优良，肉细嫩，膻味淡，味鲜美。制作此菜，要选夹腿部位，瘦肉多而肉质细。

②羊肉不要煮得过烂，注意保持肉块形状完整。

5）思考练习

将羊肉压实的目的是什么？

任务25　蜜枣羊肉

1）菜品赏析

蜜枣羊肉是湖北随州的乡土名菜，问世已有两百余年。这种医食结合的肴馔，常在冬季享用，具有大补功效。随州蜜枣是湖北十大名产之一，以晶莹透亮、体肉丰厚、香甜可口、甘美如饴而负盛名。乾隆年间，由随州安居镇人胡凌兴创制的金丝蜜枣就已成为贡品，乾隆皇帝称赞说"随州蜜枣似仙桃"。蜜枣还有补血调胃的功用，受到医家推崇。随州地处丘陵地带，野生草木繁盛，养殖山羊也有悠久的历史。这里的羊体小肉嫩，膻味较淡，有助元阳、补精血、疗肺虚、益劳损的功能，也是食中良药。蜜枣与羊肉同烧，红润油亮，咸鲜可口，蜜枣健脾，羊肉补肾。脾为先天之本，肾为后天之本，先天后天同补，既是美味佳肴，又是滋补上品。

图1.25　蜜枣羊肉

2）原料选择

净羊肉500克，葱末10克，蜜枣20枚，罐装黄桃100克，姜末10克，黄酒15克，辣椒粉5克，精盐4克，白糖15克，味精2克，湿淀粉30克，鲜汤300克，精炼油等适量。

3）工艺详解

①将净羊肉切成2厘米见方的小块，放入清水中泡净血污，再投入沸水中煮3分钟除掉腥膻异味。

②炒锅置旺火上，舀入适量精炼油，放入肉块翻炒出香味，淋入黄酒、精盐、葱末、姜末和辣椒粉少许；待羊肉收缩时，倒入鲜汤焖烧1小时；下适量的白糖、黄酒、葱末和味精，至汤汁浓稠时起锅。

③取扣碗1个，将蜜枣摆在碗底，将烹烧上味的羊肉堆装在上面，入笼用旺火蒸约1.5小时，再扣入大汤盘中，滗出汤汁。

④炒锅洗净，复置火上，倒入蒸羊肉的汤汁，大火烧沸后，勾米汤芡，浇淋在羊肉上，四周摆放黄桃雕成的花环即成。

4）制作关键

①羊肉一定要去净血污和腥膻异味。

②菜肴的口味要把握好。

③不能急于求成，注意菜肴的整体造型。

5）思考练习

①制作此菜肴需要注意哪些问题？

②简述羊肉的营养功效。

任务26　番茄鸡片

1）菜品赏析

番茄鸡片是贵州筵席名菜，色泽粉红，质地脆嫩，酸甜可口。

2）原料选择

鸡脯肉300克，番茄200克，葱白5克，胡椒粉2克，精盐3克，鸡蛋清，白糖10克，味精1克，湿淀粉20克，鲜汤30克，精炼油等适量。

3）工艺详解

①将鸡脯肉去筋膜，片成厚0.5厘米的薄片，放入碗中，磕入鸡蛋清，加盐2克、湿淀粉20克，拌匀上浆。番茄用沸水烫后，撕去皮，挤去籽，剁成米粒大的丁；将葱白切成末。

②炒锅置旺火，舀入精炼油，烧至三成热时，倒入鸡片滑散，取出沥油。

图1.26　番茄鸡片

③炒锅复置火上，留少许精炼油，烧至七成热时，放入葱白煸出香味后，下番茄、鸡片煸炒至番茄变成糊状，将鲜汤、盐、味精、胡椒粉、白糖、湿淀粉兑成芡汁，均匀淋入锅内，颠翻均匀，淋上明油，装盘即成。

4）制作关键

①鸡片上浆后，应加些油拌匀，便于滑散。

②锅要烧热，油要温（行业中称此步骤为"热锅冷油"），火力要稳定。鸡片下锅后，迅速拌炒，炒散之后，火力保持在旺火状态下，再放入配料，淋入芡汁。

5）思考练习

①菜肴制作过程中，番茄为什么要去皮？

②怎样鉴定鸡片是否上浆恰当？

任务27　小煎鸡条

1）菜品赏析

图1.27　小煎鸡条

小煎鸡条是重庆传统名菜。位于成都至乐山水路中部码头的青神县汉阳镇，以产花生出名，每到花生出土时，农户人家便孵、购大量的小鸡，敞放于花生地四周，让其啄食花生余粒，待小鸡长至1000~1500克时，将其宰杀，或凉拌成棒棒鸡，或小炒小煎，其肉细嫩无比。此菜肴味型为家常味。烹制小煎鸡条时，剞刀花纹深浅、条块大小都要一致，以使原料烹调时受热均匀，互不粘连，色泽发白，不易脱芡。

2）原料选择

鸡腿肉200克，莴苣100克，葱段10克，芹黄25克，泡椒25克，黄酒10克，姜片10克，蒜片5克，酱油10克，味精1克，精盐3克，白糖7克，醋2克，湿淀粉15克，鲜汤50克，精炼油等适量。

3）工艺详解

①鸡腿肉拍松，内侧剞上深度约0.4厘米的十字浅花纹，切成长5厘米、截面0.8厘米见方的条；莴苣切成略小的条；芹黄切成长3厘米的段；葱段切成长3厘米的斜片；泡椒斩成小粒。

②鸡条加入精盐、白糖、味精、湿淀粉拌匀上浆。取小碗放入酱油、醋、味精、白糖、鲜汤、淀粉调成芡汁。

③炒锅置旺火上，舀入适量精炼油，烧至170 ℃时，放入鸡条煸炒至变色，加入泡椒粒、姜片、蒜片、黄酒，继续翻炒，再加入莴苣、芹黄、葱段炒匀，烹入芡汁，翻炒后收稠卤汁，将菜肴装入盘中即成。

4）制作关键

①鸡腿肉的筋较多，刀工处理时可用刀尖略排斩。

②鸡腿肉切条时应顺纹切条，切条后不宜水洗。

③烹制时火候不宜过大，应略小于小炒类菜肴。

5）思考练习

①鸡腿肉与鸡脯肉在组织结构上有什么区别？

②小煎与小炒有什么区别？

任务28　宫保鸡丁

1）菜品赏析

宫保鸡丁是四川名菜。宫保鸡丁的起源众说纷纭，尤以民间传说为甚，但均无证可考。著名作家李劼人在其所著《大波》一书中有这样的注释："清光绪年间四川总督丁宝桢原籍贵州，在四川时，喜欢吃他家乡人做的一种胡辣子炒鸡丁，四川人接受了这个食单。因为丁宝桢官封太子少保，一般称为宫保，故称宫保鸡丁。"

图1.28　宫保鸡丁

2）原料选择

鸡腿肉250克，盐炒熟花生仁50克，干辣椒10克，葱粒15克，姜片5克，蒜片5克，酱油20克，醋2克，白糖5克，精盐1克，花椒12粒，味精1克，黄酒10克，湿淀粉20克，鲜汤30克，精炼油等适量。

3）工艺详解

①鸡腿肉拍松，剞成0.3厘米见方的十字花纹，深度约0.2厘米，切成2厘米见方的丁，放入碗中，加精盐、酱油、湿淀粉上拌匀上浆；干辣椒去蒂、籽后切成2厘米长的段，花生仁去皮。

②白糖、醋、酱油、味精、鲜汤、湿淀粉调成芡汁。

③炒锅置旺火上，舀入精炼油，烧至160 ℃时，放入辣椒段、花椒炒至棕红色，放入鸡丁炒散，烹入黄酒炒一下后，再加姜片、蒜片、葱粒炒出香味，烹入芡汁，淋油后加入花生仁，颠锅翻炒，装入盘中即成。

4）制作关键

①鸡肉拍松、剞刀便于成熟入味。

②辣椒先下锅，花椒后下锅，火力不宜过大。

③花生仁起锅时，再放入锅中。

5）思考练习

①宫保鸡丁制作工艺与江苏的桃仁鸡丁有何异同？

②宫保鸡丁属于什么味型？

③宫保鸡丁在哪些方面表现了四川菜的风味特色？

宫保鸡丁

任务29　棒棒鸡丝

图1.29　棒棒鸡丝

1）菜品赏析

棒棒鸡丝是四川名菜。此菜的传统做法是将鸡肉煮熟后，用一根特制的木棒将鸡肉拍松，使肌肉纤维之间的距离变大，质地变得疏松，然后用手撕成粗丝，拌以调味品，成菜具有味美质嫩，咸、鲜、麻、辣、微甜俱全的特点，制作过程简单。

2）原料选择

熟净鸡肉200克，葱白20克，酱油25克，白糖20克，花椒粉2克，芝麻油10克，醋20克，芝麻酱15克，熟白芝麻4克，味精1克，精盐1克，辣椒油40克。

3）工艺详解

①净葱白切成粗丝装入盘内垫底；熟鸡肉用木棒轻轻捶打至肉质松软，用手撕成长约8厘米，宽、厚各0.4厘米的丝装入盘内葱丝上整齐排匀。

②将芝麻酱、酱油、白糖、精盐、醋、辣椒油、花椒粉、芝麻油、味精盛入碗内调制均匀，淋在鸡丝上面，最后撒上白芝麻即成。

4）制作关键

①芝麻酱要先稀释后才能使用。

②鸡肉也可用刀切制，但要顺肌肉纹路斜刀切割。

5）思考练习

此菜对调味品的品种与比例有哪些要求？

 任务30　鸡豆花

1）菜品赏析

鸡豆花是四川名菜。豆花，原本是四川的一道民间风味素菜，以黄豆为主要原料，经浸泡、磨浆、烧煮、点卤、压榨而成，分石膏点制和盐卤点制两种，前者质优。它既不同于豆腐，也不同于豆腐脑，其嫩不及后者但又优于前者。特别令人叫绝的是，佐餐时配以特制的豆瓣、红油、花生米、芝麻、芝麻油、葱花、蒜水兑成的味碟，蘸而食之，味美无比。如味碟不好，再好的豆花也无味。而"鸡豆花"则是以鸡肉为主要原料，因鲜汤和鸡浆凝固成团、质嫩形似豆花而得名。

图1.30　鸡豆花

2）原料选择

鸡脯肉120克，熟火腿末5克，鲜菜心5棵，虫草花10克，鲜汤1500克，鸡蛋（4个）清，湿淀粉40克，精盐3克，味精2克，胡椒粉1克。

3）工艺详解

①鸡脯肉剔去筋，切成薄片，放入清水中泡去血水，捞出斩成细蓉，放入大碗内，加入鲜汤调稀，再加入湿淀粉、精盐、打匀的鸡蛋清搅成鸡浆；鲜菜心根部削尖，叶部修齐，放入沸水锅内烫一下，用清水浸凉，待用。

②炒锅置火上，放入鲜汤，加入味精、精盐烧沸，再将鸡浆搅匀倒入锅内，轻轻地推动，烧至微沸时改用微火焖10分钟，待鸡浆凝成雪花状时在汤碗内放入菜心，再将鸡豆花舀在上面，锅内鲜汤加味精倒入碗内，最后撒上火腿末、胡椒粉，用虫草花点缀即成。

4）制作关键

①掌握好调制鸡浆时各种原料之间的比例。

②加热时宜用中火。

5）思考练习

①叙述鸡豆花的来历。

②制作鸡豆花的关键点有哪些？

任务31　怪味鸡

1）菜品赏析

怪味鸡是四川名菜。怪味是川菜中的特色味型，是巧妙地调配糖、醋、精盐、花椒粉、辣椒红油的用量，调制出绝妙的怪味味型。人们可从复合的怪味中品尝出咸、甜、麻、辣、酸、鲜、香等多种美味，充分体现了"五味调和百味鲜"的特色。

图1.31　怪味鸡

2）原料选择

嫩公鸡肉250克，葱段30克，熟芝麻7克，白糖6克，花椒粉2克，醋6克，酱油15克，味精2克，芝麻酱20克，辣椒油30克，芝麻油10克。

3）工艺详解

①将鸡肉洗净，放入汤锅加水用小火煮至断生时捞出，用凉沸水浸凉后，切成长3厘米、宽2厘米的斜方块；先将葱段放入盘内垫底，再将鸡块整齐摆放在上面。

②先将芝麻酱、酱油、白糖、醋、芝麻油、辣椒油、花椒粉、味精放碗内，调匀淋在鸡块上，再撒上熟芝麻即成。

4）制作关键

①鸡肉质地不能过老。

②调制好的卤汁口味应符合要求。

5）思考练习

简述怪味味型的调配工艺。

任务32 东安仔鸡

图1.32 东安仔鸡

1）菜品赏析

相传，早在唐玄宗开元年间，东安人就开始制作醋鸡。醋鸡改名为东安鸡有两说法：一说是因清末湘军悍将、东安人席保田常以此菜宴客而得名；另一说是北伐战争胜利后，国民革命军第八军军长唐生智在南京设宴待客，席中有醋鸡一菜，颇受宾客称道，客人问及菜名，唐生智觉得原名不雅，灵机一动，说是家乡东安鸡，从此，东安鸡之名不胫而走。

2）原料选择

嫩母鸡1只（约1000克），干辣椒10克，花椒10克，黄醋50克，黄酒50克，味精1克，精盐3克，葱25克，姜25克，湿淀粉15克，芝麻油5克，鲜汤100克，精炼油等适量。

3）工艺详解

①将母鸡放入汤锅内煮至七成熟捞出，晾凉、斩去头、颈、脚爪另用，再将粗细骨全部剔除，顺肉纹切成5厘米长、1厘米见方的长条；姜切成丝；干辣椒切成细末；花椒拍碎；葱切成3厘米长的段。

②炒锅置火上，舀入精炼油，烧至160 ℃时，下鸡条、姜丝、干辣椒末煸炒，再放黄醋、黄酒、精盐、花椒末继续煸炒，接着放入鲜汤，焖2分钟，至汤汁浓稠时，放入葱段、味精、用湿淀粉勾芡，颠锅翻炒，淋入芝麻油，出锅装入盘中即成。

4）制作关键

①要选用嫩母鸡为主料。

②鸡入锅煮不宜过烂或过生，以七成熟为宜。

5）思考练习

①光鸡剔骨的步骤有哪些？

②菜肴炒制过程中注意事项有哪些？

任务33 太和鸡

1）菜品赏析

武当山，又名太和山，山高林密，花草丛生，在山腰海拔800米左右的地方生长着一种鸡，一般体重在2500克左右。相传曾有一个害了眼病的小道士上山采茶，下山的路上捉到一只山鸡，高兴之余，苦无法食用。后来他借到一个罐子，就在山上顺手抓了把新采来的茶叶丢进罐中以调味。鸡煮熟了，奇香诱人，小道士饱餐一顿，没几天，眼疾竟奇迹般地好了，"太和鸡"因此闻名四方。

图1.33 太和鸡

2）原料选择

净太和鸡1只（约1500克），干贝40克，葱段10克，姜末5克，茶叶40克，味精1克，胡椒粉1克，精盐12克，白糖10克，黄酒10克，芝麻油15克，精炼油等适量。

3）工艺详解

①先将净太和鸡下沸水锅焯水，去除血污和异味，然后置于清水中洗干净并沥干水，斩剁成4厘米的方块；茶叶装进料袋扎紧口。

②砂锅内装清水1500克，置旺火上，放入太和鸡，烧沸后。加入精盐、干贝、葱段、姜末、黄酒、茶叶袋，用文火煨3小时，再放入白糖、味精、胡椒粉盛于汤盅内，淋入芝麻油即成。

4）制作关键

此菜有两种做法：一种是鸡与茶叶同罐煨炖；一种是鸡煨熟后蘸茶水吃，风味别致。

5）思考练习

①用砂锅炖制菜肴的优点？

②鸡块焯水的目的是什么？

任务34　太白鸭

1）菜品赏析

太白鸭是四川传统名菜。"太白鸭"相传始于唐朝，与诗人李白相关。李白幼年时随父迁居四川绵州昌隆（今四川绵阳市江油青莲乡），直到25岁时才离川。李白在四川生活了近20年，在这期间，他非常爱吃当地的焖蒸鸭子。这种菜是将鸭宰杀洗净后，加酒、盐等调味品，放在蒸器内，用皮纸封口蒸制而成，保持原汁，鲜香可口。

图1.34　太白鸭

2）原料选择

鲜嫩肥鸭1只（约1500克），枸杞子25克，三七6克，味精2克，胡椒粉2克，精盐3克，黄酒50克，姜片10克，葱段20克，鲜汤500克。

3）工艺详解

①鲜嫩肥鸭宰杀后清理干净，放入凉水中上火焯透；枸杞子洗净，三七用刀拍碎。

②枸杞子、三七、鸭子、姜片、葱段盛于一品锅内，加黄酒、水，用牛皮纸封严锅口，上笼用旺火蒸至鸭肉酥烂。取出一品锅，揭去皮纸，拣去姜片、葱段，倒入烧沸的鲜汤，加盐后继续蒸10分钟，出笼后撒上胡椒粉、味精即成。

4）制作关键

①制时要用牛皮纸封口，既保持鸭的原味，又使鸭子不变色，保持白嫩的效果。

②三七、枸杞子不能用得太多。

③蒸制时间约2小时。

5）思考练习

①用牛皮纸封口后蒸制，有何作用？

②三七有何功效？

任务35　樟茶鸭子

图1.35　樟茶鸭子

1）菜品赏析

樟茶鸭子是四川传统风味名菜。此菜是选用成都南路鸭，以白糖、酒、葱、姜、桂皮、茶叶、八角等十几种调味料调制，用樟木屑及茶叶熏烤而成，故名"樟茶鸭子"。其皮酥肉嫩，色泽红润，味道鲜美，具有特殊的樟茶香味。

2）原料选择

公鸭1只（约1500克），花茶50克，锯末500克，柏树枝750克，樟树叶50克，胡椒粉1克，精盐50克，醪糟汁50克，黄酒55克，饴糖100克，味精1克，花椒20粒，硝水5克，芝麻油10克，精炼油等适量。

3）工艺详解

①鸭子宰杀洗净，在鸭的背尾部横破7厘米长的口，取出内脏，割去肛门、鸭骚，洗净，将盐、硝水、胡椒粉、醪糟汁、黄酒25克、花椒、味精一起拌匀，搓搽于鸭身内外，放入盆中腌制12小时。

②将腌制后的鸭子放入沸水锅中煮烫至外皮收紧时起锅，用干净抹布擦去水，至快要晾干时，将饴糖加黄酒30克调匀后，抹在鸭皮上晾干。

③将柏树枝、樟树叶放入熏炉内，并将其点燃，然后撒入锯末、花茶，待青烟冒起时将鸭挂入炉中熏至鸭皮呈黄色，将鸭子取出，放入大蒸碗内，上笼蒸2小时，出笼晾凉。

④炒锅置旺火上，舀入精炼油，烧至八成热，放入鸭子炸至鸭皮酥香，捞出刷上芝麻油；先将鸭颈斩成1.5厘米厚的小斜块，放入盘中间，再将鸭身斩成1.5厘米宽的条，鸭皮朝上盖在鸭颈块上，摆成整鸭形即可。

4）制作关键

①鸭子初加工时要掌握好烫鸭时的水温，鸭毛要煺干净，鸭皮不能破。

②饴糖要均匀地抹在鸭皮上，应放在阴凉处吹干，不能长时间在烈日下暴晒。

③锯末应选用带芳香味的，不能使用带有异味的，樟树叶应选用绿色的老叶。

5）思考练习

①熏锅中的熏料有哪些品种？

②烹调技法中熏的分类有哪些？

任务36　干烧岩鲤

1）菜品赏析

干烧岩鲤是四川风味名菜。岩鲤体厚，肉质细嫩鲜美，是川江有鳞鱼中的上品。干烧技法是将汤汁全部渗入原料内部或黏附于原料上的烹调方法，其特点是自然收汁，不用勾芡。

2）原料选择

岩鲤1条（约750克），猪前夹肉50克，蒜泥50克，葱花50克，姜末25克，泡红辣椒40克，郫县豆瓣50克，醪糟汁20克，精盐3克，黄酒10克，醋3克，白糖3克，味精3克，鲜汤750克，精炼油等适量。

图1.36　干烧岩鲤

3）工艺详解

①将岩鲤去鳞、鳃，剖腹去内脏，在鱼身两面各剞斜一字刀纹（刀距3.5厘米，刀深0.6厘米），用精盐、黄酒浸渍入味；猪前夹肉切成绿豆大的粒，泡红辣椒去蒂、籽，切成段，郫县豆瓣剁碎。

②炒锅置火上，舀入精炼油，烧至180 ℃时，放入岩鲤，炸至皮呈金黄色有皱纹时，捞起沥去油。

③炒锅复置火上，锅内留少许精炼油，先放入肉粒炒至酥香后盛入盘中待用，再放入少许精炼油，下豆瓣炒至油红味香。加入鲜汤烧沸，捞出豆瓣渣，放入鱼和炒酥的肉以及蒜泥、姜末、泡红辣椒、醪糟汁、精盐、白糖，大火烧沸后改用小火焖20分钟左右，将鱼翻身，转中火，加味精、醋、葱花，晃动炒锅。同时，将锅内汤汁不断舀起，淋在鱼身上，至汁干亮油时淋入明油，起锅装入盘中即成。

4）制作关键

①鱼初加工时，不可将鱼皮、鳃盖、胆弄破。

②炸鱼时油温不能低，否则鱼皮易破。

5）思考练习

①捞净豆瓣渣的目的是什么？

②烧鱼时为何先用小火，后用中火？

③为什么要将锅内的鱼轻轻转动？

任务37　豆瓣鲜鱼

图1.37　豆瓣鲜鱼

1）菜品赏析

豆瓣鲜鱼是四川风味传统名菜。郫县豆瓣是豆瓣酱中较为著名的一种调味品，此菜是利用该酱固有的色泽、酱香味进行调味，使菜肴富有特色。

2）原料选择

活鲤鱼1条（约750克），姜末15克，葱花30克，蒜泥5克，白糖10克，酱油10克，醋10克，黄酒30克，精盐1克，郫县豆瓣50克，味精1克，湿淀粉15克，鲜汤150克，精炼油等适量。

3）工艺详解

①将活鲤鱼宰杀、洗净后，在鱼身两面剞上柳叶（或其他形状）花刀，放入沸水中烫一下，冲洗去表面浮沫，郫县豆瓣用刀剁碎。

②将鱼放在鱼盘内,撒上精盐、黄酒,上笼蒸15分钟,取出。

③炒锅置火上,舀入适量精炼油,放姜末、葱花、蒜泥、豆瓣酱,炒至油红、透出香气时加入鲜汤、醋、白糖、酱油、味精,烧沸后用湿淀粉勾芡,浇在鱼身上即成。

4）制作关键

①蒸鱼时,火力不宜过大,以防将鱼体蒸开裂,影响造型。

②豆瓣酱有较重的咸味,调味时注意用量。

5）思考练习

①豆瓣酱有何风味特色? 豆瓣酱的质量怎样鉴别?

②叙述鱼体在蒸制过程中会开裂的原因?

任务38　泡菜鲫鱼

图1.38　泡菜鲫鱼

1）菜品赏析

泡菜鲫鱼是四川风味传统名菜。在四川,江河纵横,渠水塘堰星罗棋布,淡水鱼养殖甚广,而四川泡菜又是家家常备之物。用泡菜烹鱼已是城乡居民千百年来养成的传统习俗。此菜即用鲜鲫鱼配泡菜、泡红辣椒、泡仔姜等精心烧制而成。

2）原料选择

鲫鱼1条（约500克）,泡菜100克,泡红辣椒30克,泡仔姜15克,酱油2克,葱花10克,醋5克,醪糟汁10克,蒜泥5克,湿淀粉15克,鲜汤250克,精炼油等适量。

3）工艺详解

①将鲫鱼宰杀,洗净,在鱼脊背两面剞上斜一字花刀,待用;泡菜洗净,挤去水,切成细丝;泡红辣椒去蒂、籽,斩碎,泡仔姜切成末。

②炒锅置中火上,舀入精炼油,烧至170 ℃时,放入鱼炸至鱼身呈金黄色时倒入漏勺中沥去油。

③炒锅复置火上,锅内留少许精炼油,放入泡红辣椒、姜末、蒜泥、葱花、醪糟汁炒出香味,再倒入鲜汤,将鱼放入汤内,大火加热至汤沸后改用小火,放入泡菜丝,烧至入味后,将鱼盛入鱼盘中,锅内加入醋、酱油、葱花,用湿淀粉勾成薄芡,浇在盘中即成。

4）制作关键

①鲫鱼初加工时,要注意刮去腹膜。

②泡菜用清水浸泡的时间不能过长,以防醋香味流失。

5）思考练习

①鲫鱼在什么季节最为肥美?

②泡菜中酸味的主要成分是什么?

任务39 双鱼过江

1）菜品赏析

双鱼过江是赣州市传统名菜，它形似双鱼戏水，色白味美，鲜嫩可口。

2）原料选择

鲫鱼2条（约800克），鸡蛋（6个）清，熟火腿末5克，姜块5克，葱白10克，葱花5克，精盐2克，味精1克，黄酒5克，鲜汤300克，芝麻油5克。

图1.39 双鱼过江

3）工艺详解

①将鲫鱼刮鳞去鳃，剖腹去内脏，洗净。切下鱼头、鱼尾、与鱼中段放入碗中，加精盐、黄酒，稍腌片刻，放上葱白、姜块（拍松），上笼用旺火蒸熟，取出，拣去葱和姜，取出鱼头、鱼尾，滗出汤汁留用；剔出鱼中段的鱼肉，待用。

②将滗出的汤汁和鱼骨、鱼刺熬制鱼汤。

③鸡蛋清放入大碗中，添加蒸鱼滗出的原汤和鱼汤，再加味精、精盐搅打均匀。

④取鱼盘1只，倒入调好的一半鸡蛋液，上笼蒸熟取出，撒上鱼肉。碗的一边，并排摆上两个鱼头，另一边摆上两条鱼尾，中间撒上撕下的鱼肉，再倒入另一半鸡蛋液，上笼蒸熟取出。撒上葱花、熟火腿末，淋上芝麻油。

4）制作关键

鱼头从鳃部切下，鱼尾在3厘米长左右处切断。

5）思考练习

蒸制鸡蛋清时要注意哪些问题？

 任务40 奶汤鳜鱼

图1.40 奶汤鳜鱼

1）菜品赏析

鳜鱼是名贵淡水鱼之一，湖北鳜鱼产量居全国首位。唐代著名诗人张志和在他的《渔父》一诗中写道："西塞山前白鹭飞，桃花流水鳜鱼肥。"词中西塞山位于湖北黄石市东郊。

2）原料选择

新鲜鳜鱼1条（约1000克），水发玉兰片50克，葱白10克，姜块25克，蒜瓣20克，香菇30克，精盐4克，白胡椒粉1克，味精2克，鲜汤1000克，精炼油等适量。

3）工艺详解

①将鳜鱼洗净，在鱼的两面剖上斜一字花刀；香菇、玉兰片分别切片，放入锅中焯水

待用。

②炒锅置旺火上，舀入适量精炼油，放入蒜瓣煸香后，先将鳜鱼两面稍煎焦黄，然后倒入鲜汤，下入葱结、姜块、香菇、玉兰片盖上锅盖在旺火上煨煮。直到汤汁奶白，再放入精盐、味精略煮。

③将煨好的奶汤鳜鱼盛入汤碗中，拣去葱结、姜块，撒上白胡椒粉即成。

4）制作关键

①鳜鱼背鳍刺硬有毒，剖腹去内脏时，可先在鱼肛门处划口。用铁钳从鱼嘴插入肚内，用力转动，取出鱼鳃和内脏，这样既安全又能保持鱼形完整。

②鱼身两面剞的刀纹深度、间距要一致，剞花刀位置控制在鱼背，因为鱼脊背肉较厚，加热不易松散。

5）思考练习

①整鱼去内脏的方法有哪几种？

②熬制鱼汤有哪些关键点？

任务41　竹筒烤鱼

图1.41　竹筒烤鱼

1）菜品赏析

竹筒烤鱼是贵州省有名的地方风味菜，它是利用"竹筒烤"这一特殊烹调技法制作的一种鱼馔。

2）原料选择

青鱼750克，猪网油1块，冬笋50克，水发香菇50克，生姜10克，葱白30克，胡椒粉1克，芝麻油5克，湿淀粉15克，味精1克，黄酒30克，熟肥瘦火腿50克，精盐8克，鸡脯肉100克，鲜粽粑叶20张，鲜汤150克，精炼油等适量。

3）工艺详解

①青鱼去鳞、去鳃，剖鱼腹，去内脏，用净布擦干鱼身，斩剁成块，用精盐、胡椒粉、黄酒抹遍鱼身；竹筒在一端开口后洗净，粽粑叶用水洗待用；鸡脯肉、冬笋、香菇、火腿、葱白、生姜等切丝。

②炒锅置火上，舀入适量精炼油，将上述各种丝料入锅内，加精盐、黄酒烹炒出香后，出锅晾凉待用。

③将晾凉的各种丝和鱼块搅拌均匀，将猪网油分成5块，分别平铺在案板上。先放入坯料，卷成长柱体形，再用粽粑叶包外层。竹筒底部放入粽粑叶垫底，将包裹的青鱼放进竹筒内，用粽粑叶塞住竹筒口并将筒口盖严，竹筒外包上一层稀黄泥，在明火上翻烤约1小时取出。

④揭开竹筒的盖，倒出烤好的鱼，除去鱼身外面的粽叶和网油，摆入长条盘内。

⑤将原汁加鲜汤，入锅烧沸，撇去浮沫，加入味精、芝麻油、胡椒、湿淀粉，勾薄芡，

淋满鱼身即成。

4）制作关键

①腌鱼时,各种调料要抹匀,便于入味,需要腌制1小时左右。

②竹筒内放入原料后,一定要将筒口封严,否则汤汁溢出,影响风味。

③此菜若用烤箱烘烤,不需要泥包,约烤60分钟即可。

④烤制过程,要不停翻动,力求烤匀。

⑤鱼烤好倒出时,竹筒中的原汁留用,以保持其独特风味。

5）思考练习

①竹筒烤制有何风味特点?

②烹制此菜用什么竹最好?

 # 任务42 清蒸荷包红鲤鱼

1）菜品赏析

清蒸荷包红鲤鱼是江西婺源闻名于全国的"池中芳贵,席上佳肴"。有关方面考证,荷包红鲤鱼原是明朝宫内的观赏鱼,神宗皇帝朱翊钧曾将此鱼御赐余懋学。余懋学告老还乡时,将一对荷包红鲤鱼带回老家婺源。由这一对荷包红鲤鱼衍生繁殖,民间互赠,鱼多成群,世代延传,由于这种鱼背宽,头小,尾短,腹部肥大,立放在桌子上,活像个红色荷包,因此称为"荷包红鲤鱼"。

图1.42　清蒸荷包红鲤鱼

2）原料选择

荷包红鲤鱼1条,水发香菇10克,葱白15克,姜块10克,精盐5克,黄酒20克,精炼油等适量。

3）工艺详解

①荷包红鲤鱼去鳞、挖鳃,剖腹去内脏,洗净沥干水,在鱼身两边剞斜形花刀,撒上精盐、黄酒抹匀鱼身,腌制20分钟。

②将腌过的荷包红鲤鱼放进盘中,香菇摆在鱼身上,淋入精炼油,放上葱白、姜块(拍松),上笼用旺火蒸15分钟,至鱼眼凸出时即熟,取出拣去葱白、姜块即成。

4）制作关键

①蒸鱼时,蒸汽要足。

②选用活荷包红鲤鱼,每条约重500克。

5）思考练习

蒸鱼过程中有哪些关键点?

任务43　庐山石鱼炒蛋

图1.43　庐山石鱼炒蛋

1）菜品赏析

庐山石鱼炒蛋是"庐山三石"之一，色泽金黄，蛋香鱼鲜，美味可口，营养丰富。

2）原料选择

干石鱼5克，鸡蛋5个，葱白10克，姜2克，精盐5克，味精2克，黄酒15克，胡椒粉2克，精炼油等适量。

3）工艺详解

①将干石鱼放进凉开水浸泡回软，用细筛捞起沥干水，拣去杂物待用。

②姜洗净去皮切成末，葱白切成末置碗中，磕入鸡蛋，放入盐、味精，搅拌均匀。

③锅置旺火上，舀入精炼油，烧至七成热时，迅速放入石鱼烹炸过油，然后倒入漏勺内控油。

④锅复置火上，锅内留少许底油，烧至四五成热时，倒入蛋液（蛋液下锅前加少许黄酒、胡椒粉去腥提鲜），随即倒入过油的石鱼，炒拌均匀，盛盘即可。

4）制作关键

①石鱼一定要洗净，不能留有泥沙，炒时蛋液和鱼可放在一起搅匀，石鱼可不过油，同时下锅翻炒。

②要控制好火候，油温不宜过高，以免鸡蛋黑煳，影响成菜标准。

5）思考练习

"庐山三石"分别是什么？

任务44　家常海参

1）菜品赏析

"家常味"是四川民间常吃的菜肴味道，也是川菜较有特色的味型之一，著名的回锅肉、家常狮子鱼都是这一类菜肴。用家常味来烹制海参，受到广大食客的好评。

2）原料选择

水发海参500克，猪肉100克，黄豆芽120克，青蒜25克，郫县豆瓣30克，黄酒20克，精盐2克，味精2克，酱油15克，湿淀粉10克，鲜汤1000克，芝麻油15克，精炼油等适量。

图1.44　家常海参

3）工艺详解

①将水发海参洗净，片成上薄下厚的长形厚片；猪肉、豆瓣分别剁成小粒；黄豆芽掐去两端；青蒜切成粒。

②炒锅置火上，放入海参、鲜汤、黄酒、精盐，将海参漂烫去腥，捞起，换汤再如法放入海参烧至入味，捞出沥干。

③炒锅洗净，复置火上，舀入适量精炼油，烧至150 ℃时，放入肉粒、黄酒、精盐，炒至香酥盛入碗内。锅再置火上，倒入精炼油，放入豆瓣炒出香味，待油呈红色时加入鲜汤烧沸，透出香味后，捞出豆瓣渣不用，放入海参、肉粒、酱油烧至入味，用淀粉勾芡，加入青蒜粒、芝麻油、味精翻拌均匀。

④炒锅再置火上，舀入适量精炼油，烧至150 ℃时，倒入黄豆芽，加入精盐炒熟，盛入盘中垫底，将海参连汁盖在上面即成。

4）制作关键

①海参要进行烹前入味。

②海参先烧至入味再勾芡，卤汁要紧裹在海参上。

③配料炒至刚熟即可。

5）思考练习

①家常海参和葱烧海参在烹制过程中有何区别？

②如何烹制出色泽红亮、味醇厚的家常海参？

 任务45　干煸鳝丝

1）菜品赏析

干煸鳝丝是四川名菜。干煸是川菜常用的烹制方法，也是川菜中最能表现火候特色的一种烹调方法。具有独特风味的四川汉源花椒、郫县豆瓣为干煸菜肴增添了红润发亮的色泽和特有的干香浓厚的滋味。

图1.45　干煸鳝丝

2）原料选择

净鳝鱼片400克，芹黄100克，郫县豆瓣25克，姜丝15克，葱丝10克，蒜丝10克，味精1克，花椒粉1克，酱油10克，醋2克，黄酒15克，精盐1克，芝麻油5克，精炼油等适量。

3）工艺详解

①将鳝鱼片斩去尾尖，斜切成6厘米长的粗丝；芹黄切成4厘米长的段；豆瓣剁细。

②炒锅置旺火上，倒入精炼油烧热，先放入鳝丝煸炒至棕褐色，加入黄酒、豆瓣、姜丝、蒜丝、葱丝，再煸炒出香味，放入精盐、酱油、芹黄炒匀，淋入醋、芝麻油，加味精炒匀，盛入盘中，撒上花椒粉即成。

4）制作关键

①鳝鱼丝不宜切得过细，否则易碎。

②煸炒时火力不宜过大，否则易枯焦且影响菜肴的质量。

5）思考练习

①去除鳝鱼表皮黏液的方法有哪些？

②煸与炒有何区别?

③干煸的操作程序是怎样的?

 任务46　家常牛蛙

图1.46　家常牛蛙

1）菜品赏析

家常牛蛙为四川名菜。牛蛙近年在全国各地都有人工养殖,其肉质细嫩,营养丰富。常食牛蛙有清火明目、滋补强身之功效。

2）原料选择

牛蛙1只(400克),西芹75克,泡椒25克,精盐2克,味精1克,鸡蛋(1个)清,姜末5克,葱花5克,蒜泥10克,白糖2克,香醋3克,黄酒10克,干淀粉10克,湿淀粉5克,鲜汤10克,芝麻油5克,精炼油等适量。

3）工艺详解

①将牛蛙剖腹去皮、去内脏,斩去头、爪,斩成2厘米见方的丁,加入精盐、鸡蛋清、黄酒、干淀粉调拌均匀待用。

②将西芹洗净,斜切成片,泡椒斩成蓉。

③炒锅置火烧热,舀入精炼油,烧至120 ℃时,放入牛蛙迅速划开,待变色时,倒入漏勺中沥去油。

④炒锅复置火上,留少许底油,下入泡椒,煸出红油,下姜末、葱花、蒜泥、西芹稍煸,倒入鲜汤、精盐、味精、白糖、香醋、黄酒,用湿淀粉勾芡,倒入牛蛙颠翻炒锅,淋入芝麻油,起锅装入盘中即成。

4）制作关键

①牛蛙上浆时要掼上劲。

②勾芡时卤汁厚薄要适中。

5）思考练习

①牛蛙有哪些品质特征?

②牛蛙有哪些食疗保健作用?

 任务47　糟辣脆皮鱼

1）菜品赏析

糟辣椒是贵州特有的调味品之一。味感鲜咸,清香脆爽,经久不易变味,能促进食欲、开胃、生熟荤菜都可以使用,具有独特的地方风味。

2）原料选择

活鲤鱼1条（约650克），蒜泥5克，糟辣椒30克，精盐3克，白糖8克，黄酒30克，葱花5克，姜末5克，醋5克，酱油7克，鸡蛋1个，面粉20克，芝麻油10克，湿淀粉10克，鲜汤100克，精炼油等适量。

图1.47 糟辣脆皮鱼

3）工艺详解

①将鲤鱼宰杀、洗净后，放砧板上，用刀在鱼身两面打上波浪花刀，抹上精盐、淋上黄酒。鸡蛋、湿淀粉、面粉和适量清水放入碗内，调成全蛋糊。

②锅置火上，倒入精炼油，烧至180 ℃时，鱼身挂上全蛋糊，放入油锅内炸至金黄色，待油面油泡变小时，倒入漏勺中沥去油。

③锅复置火上，锅里留适量油，先放入姜末、葱花、蒜泥、糟辣椒炒出香味，再放入鲜汤、酱油、精盐、白糖、醋炒匀，用湿淀粉勾芡，淋入芝麻油，起锅浇在鱼身上即成。

4）制作关键

①鱼的大小要合适。

②炸鱼时，要控制好油温，以防外焦里不透。

5）思考练习

①贵州的糟辣椒是怎样制成的？

②制作此菜为何鱼不能过大？

任务48　血豆腐

1）菜品赏析

图1.48 血豆腐

血豆腐是遍及贵州各地的民间传统风味菜，系用猪血和白豆腐加辅料混合、成形、熏制而成。

2）原料选择

白豆腐400克，猪血150克，五香粉5克，精盐5克，猪肥膘200克。

3）工艺详解

①白豆腐放进大盆里用双手搓成细蓉后，顺一个方向搅打成泥，加入猪血、食盐、五香粉；肥膘肉切成丁。

②把切好的肥膘肉丁，掺入坯料中，调制均匀。

③将调制的坯料分成5份，用手团成椭圆形，放在竹箅上。

④将装有豆腐的竹箅放在25 ℃常温下自然风干，风干过程中再次捏紧，使之完全成形，然后置于果木炭上熏烤，至表面呈黑色时即可。食用前，用温水将血豆腐表面洗净，上笼用旺火蒸约1小时取出，切片装盘。

4）制作关键

①搅打豆腐蓉，顺一个方向搅打上劲，猪血可分次加入，便于原料混合均匀。

②烟熏过程中, 注意不能产生明火, 防止坯料被烤焦。

5) 思考练习

①烟熏工艺技法有何特点?

②试用烤箱制作该款菜品。

任务49　二回头

图1.49　二回头

1) 菜品赏析

二回头是潜江传统名菜。据传, 清朝末年, 潜江黄家场有一间小酒馆, 本小利微, 生意清淡, 一到傍晚, 店铺便早早关门。一天, 有个秀才进入店堂, 呼唤上酒菜。这时店里只剩下一盘制好未卖的鳝鱼, 因天气热怕坏了, 放在笼里蒸着。店家便将这盘鳝鱼再入锅走油端上应付。没想到客人食后连称"美哉, 美哉", 便问其菜名。店主答道:"二回头。"欲请客人再次光临。秀才听罢, 向主人索笔求墨, 借助酒兴, 面壁而书:"妙哉二回头, 客去不须留; 异香随风走, 何日再回头。"消息不胫而走, 食客慕名而来。从此小酒馆兴旺起来。

2) 原料选择

黄鳝500克, 葱花2克, 精盐2克, 姜片5克, 酱油15克, 蒜末5克, 醋10克, 胡椒粉1克, 味精2克, 黄酒3克, 葱段5克, 湿淀粉30克, 鲜汤150克, 精炼油等适量。

3) 工艺详解

①将鳝鱼洗净, 去除脊背骨, 斩剁成长6厘米的块, 用精盐、黄酒、葱段、姜片、湿淀粉腌制入味。

②炒锅置旺火上, 舀入精炼油, 烧至八成热时, 投入鳝鱼段, 用勺推动炸至黄亮捞出沥油。

③将炸好的鳝鱼放入蒸笼中, 用旺火蒸半小时取出。

④炒锅洗净, 烧热后舀入适量精炼油, 放入鳝鱼段、姜片、蒜末、精盐、醋、酱油、胡椒粉、味精, 倒入鲜汤稍烩; 用湿淀粉勾芡, 淋上明油, 撒上葱花即成。

4) 制作关键

①黄鳝须选择体型较大者为最佳。

②蒸时用旺火, 时间不要太长。

③此菜的鳝鱼蒸两次, 下锅油炸时要保持鱼的平正, 不要卷曲和粘连。

5) 思考练习

菜肴制作过程中, 如何体现"二回头"?

任务50　腊味合蒸

1）菜品赏析

腊味合蒸采用烟熏的腊猪肉和腊鱼肉配以浏阳豆豉和干辣椒末蒸制而成。烟熏是一种民间广泛运用的烹制方法。在湖南农村更是家家精于此道。每年冬至过后，房前屋后炊烟袅袅，成串的肉、鱼、鸡挂在熏架上，别有一番趣味。

图1.50　腊味合蒸

2）原料选择

腊肉300克，腊鱼300克，豆豉10克，干红辣椒末1克。

3）工艺详解

①腊鱼用温水洗净，剥去鳞，剁成长4厘米、宽2厘米的条，放入扣碗内，加入豆豉和干红辣椒末。

②腊肉用温水洗净，上笼蒸熟，切成长5厘米、宽3厘米、厚0.5厘米的片，盖放在腊鱼上面，上笼蒸约1小时，腊肉油透在腊鱼上即可。

4）制作关键

①腊味合蒸不能再次放盐调味。

②鱼一定要放在最下面，带油的放最上面，保证油香味更好地渗入。

5）思考练习

①简述腊肉与熏肉在加工工艺上有何区别。

②为什么将腊鱼放在盘底？

 任务51　竹荪肝膏汤

1）菜品赏析

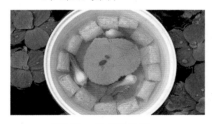

图1.51　竹荪肝膏汤

竹荪肝膏汤是四川风味名菜。传说很久以前，有位体弱多病的富翁，咀嚼食物相当困难，家厨于是制作了一些既有滋补健身功效又不需要咀嚼便能消化的食物，如将鸡、鸭肝捣碎加水搅拌，滤去肝渣，加入调料蒸熟。富翁食时清爽顺畅，食后精神振奋，就要家厨每日烹制此菜。谁知，有一天，家厨由于一时疏忽，将肝汤蒸得过久，汤浓缩成膏状，因用餐时间已到，只得将此汤端上去，未料肝膏汤比肝汤更加鲜美，而且又便于咀嚼，家厨受到重赏。肝膏汤传入饮食业后，很受食客喜爱，成为川菜中的名菜。

2）原料选择

鸡肝200克，竹荪10克，菜心3棵，鸡蛋（2个）清，姜片5克，葱段5克，精盐4克，胡椒粉1克，黄酒20克, 味精5克, 芝麻油2克, 鲜汤500克。

3) 工艺详解

①先将竹荪用温水泡发10分钟, 去蒂洗净, 横切成2厘米长的段, 再将每段切成4小瓣, 放入清水中漂洗, 然后在沸水中余烫。

②鸡肝去筋, 斩成蓉, 放入汤碗中加入鲜汤调匀, 用纱布滤去肝渣, 先将拍烂的姜片、葱段加入黄酒, 挤出汁, 放入肝中, 再加入鸡蛋清、精盐、胡椒粉、黄酒, 在碗中调匀, 上笼用旺火蒸约10分钟, 使之凝结成肝膏。

③炒锅置火上, 先加入鲜汤、精盐、胡椒粉、黄酒、菜心, 烧沸后放入竹荪, 再加入味精, 浇入碗中的肝膏上, 淋上芝麻油即成。

4) 制作关键

①鸡肝蓉斩得越细越好。

②掌握好蒸肝膏的火候。

5) 思考练习

①肝膏为何能凝固?

②怎样控制肝膏的吃水量及蒸制的火候?

任务52 麻婆豆腐

图1.52 麻婆豆腐

1) 菜品赏析

麻婆豆腐是四川地方风味名菜, 始创于清同治初年。四川省成都市靠近郊区的万福桥, 有个叫陈春富的青年和他的妻子陈刘氏, 在这里开了一家专卖素菜的小饭铺。成都附近彭县、新繁等地到成都的行人和挑担小贩, 很多人都喜欢在万福桥歇脚, 吃顿饭, 喝点茶。陈刘氏见到客人总是笑脸相迎, 热情接待。有时遇上嘴馋的顾客要求吃点荤的, 她就去对门小贩处买些牛肉切成片, 做成牛肉烧豆腐供客人食用。

2) 原料选择

豆腐200克, 牛肉75克, 豆豉5克, 郫县豆瓣25克, 精盐1克, 辣椒粉3克, 青蒜15克, 花椒粉1克, 味精1克, 酱油5克, 湿淀粉15克, 鲜汤150克, 精炼油等适量。

3) 工艺详解

①将牛肉斩成末, 豆豉、郫县豆瓣分别斩细, 将青蒜切成2厘米的长斜形片, 将豆腐切成2厘米见方的块。

②先将切好的豆腐放入沸水锅中浸烫, 再放入冷水中浸凉, 利用热胀冷缩的原理, 去除豆腥味。

③炒锅置火上, 倒入精炼油, 烧至约150 ℃时, 放入牛肉末、精盐炒至酥香盛起(行业俗称散籽状); 再舀入少许精炼油入锅中, 烧至约160 ℃时, 放入郫县豆瓣、豆豉、辣椒粉, 炒至色红味香时倒入鲜汤; 略烧后放入豆腐、牛肉末、酱油, 烧2分钟后用湿淀粉勾芡; 再放入青蒜

片、味精略烧, 起锅盛于盘中, 撒上花椒粉即成。

4) 制作关键

①牛肉末要煸炒至酥香, 郫县豆瓣、豆豉、辣椒粉煸炒至色红味香, 煸炒时火力不宜大, 油温宜低, 方能达到预期的效果。

②豆腐在烹制过程中应少搅动, 不能大幅度颠翻, 一般采用晃锅的方式使原料在锅中转换位置。

③为使芡汁紧裹在豆腐块表面, 勾芡要均匀。

5) 思考练习

烹制麻婆豆腐的关键点有哪些?

麻婆豆腐

 任务53　干煸冬笋

1) 菜品赏析

干煸冬笋是四川风味传统名菜。冬笋为冬季毛竹刚刚长出的地下嫩茎, 其茎粗大、色泽较白、质地脆嫩、味道清香, 是一年四季中较好的竹笋制品。冬笋制作菜肴, 炸、溜、爆、炒、焖、煨、烧、醉、拌均可。运用干煸技法成菜, 辅之以肉末、芽菜, 则能在竹笋"鲜"的基础上增加"干香"的风味。

图1.53　干煸冬笋

2) 原料选择

净鲜冬笋尖350克, 宜宾芽菜20克, 猪腿肉50克, 醪糟汁10克, 精盐2克, 酱油5克, 味精1克, 芝麻油10克, 精炼油等适量。

3) 工艺详解

①先将冬笋尖去掉外皮, 再切成0.8厘米厚的片, 用刀背拍松, 切成长4.5厘米、截面呈1厘米见方的条; 猪腿肉斩成小粒; 芽菜洗净, 也切成小粒。

②炒锅置火上, 舀入精炼油, 烧至150 ℃时, 放入冬笋条炸至浅黄色, 倒入漏勺中沥去油。

③炒锅复置火上, 锅内留少许油, 先放入肉粒, 炒至肉粒变色, 再放入芽菜粒、冬笋条, 将冬笋煸炒至表皮起皱时加入精盐、醪糟汁、酱油、味精, 淋入芝麻油, 颠翻炒锅, 起锅装入盘中即成。

4) 制作关键

①冬笋要新鲜, 取其最嫩的部位制作此菜。

②煸炒冬笋时, 要控制好火候, 既要煸透, 又不能煸焦。

③调味时, 要注意此菜卤汁较少, 要使调味品透入原料内部。

5) 思考练习

①冬笋有一些苦涩味, 可采用哪些方法去除?

②干煸菜肴有何特点?

任务54　开水白菜

图1.54　开水白菜

1）菜品赏析

开水白菜是四川风味名菜。此菜味道鲜美，颜色与生菜无异，似一碗开水放着几棵白菜心，故名。因碗中开水实为鲜汤，又称"鲜汤白菜"。

2）原料选择

大白菜心450克，精盐5克，胡椒粉1克，味精2克，黄酒10克，鲜汤500克。

3）工艺详解

①将大白菜心修齐，对半剖开，用清水冲洗干净，放入开水锅中烫至八成熟，捞出后用清水漂洗，直至菜心浸凉，整齐排入蒸碗中，加入胡椒粉、黄酒、精盐、味精、鲜汤，入笼用旺火蒸10分钟。

②炒锅置火上，倒入鲜汤，加胡椒粉、黄酒、精盐烧开。先将蒸笼中的蒸碗取出，滗去蒸碗中的汤不用，然后将余下的鲜汤均匀地淋在白菜上，使全部淋透，再将鲜汤滗去不用，将白菜翻入汤碗中，最后将锅中调好味的鲜汤舀入汤碗中即成。

4）制作关键

①要选用白菜的嫩心。

②白菜焯水时火要旺，焯至八成熟即可。

5）思考练习

①如何控制白菜焯水时的火候？

②为什么要将蒸碗中的汤滗去不用？

任务55　蜜汁山药琢

1）菜品赏析

蜜汁山药琢是武穴市特色甜菜之一。武穴种植山药有300多年的历史，梅川区生产的一种山药，其形如人的脚掌，表皮褐色，肉质有白色和浅黄色两种，粉糯味甜，俗称"脚板山药"，用这种山药制作此菜，色似柠檬，甜糯可口。

2）原料选择

梅川山药700克，豆沙150克，黑芝麻25克，瓜仁10克，蜜橘饼20克，蜂蜜25克，蜜桂花50克，白糖75克，干淀粉200克，糯米粉100克，精炼油等适量。

图1.55　蜜汁山药琢

3）工艺详解

①山药洗净，煮熟去皮，用刀平压成泥，盛入钵中，加干淀粉、糯米粉搅拌成团。

②黑芝麻炒熟，去壳碾碎；瓜仁、蜜橘饼切成丁和豆沙一起拌匀，先搓成长条，然后揉成直径2厘米大小的甜馅。

③将山药泥搓揉光滑，均分成3克重的团，压扁包入馅心，如汤圆大小，即为山药球生坯。

④炒锅置旺火上，舀入精炼油，烧至八成热时，放入山药球，边炸边用勺推动，至球面呈金黄色时，用漏勺捞出。

⑤炒锅置旺火上，加入清水150克，加蜂蜜、白糖烧沸，再移到中火上熬至稠浓，倒入炸好的山药球蘸满蜜汁，起锅盛盘，撒上蜜桂花即成。

4）制作关键

山药泥中加少许糯米粉，不仅易于成形，而且口感软糯。

5）思考练习

烹调过程中，避免山药褐变的方法是什么？

任务56　红苕泥

1）菜品赏析

红苕泥是一款传统的川菜甜肴，成菜具有翻沙爽口、香甜不腻的特点，在四川各地高、中、低档筵席都常用。

2）原料选择

红苕1000克，白糖200克，精炼油等适量。

3）工艺详解

①红苕洗净，去皮，上笼蒸。出笼后，用细密漏压取苕泥，拣去粗筋。

图1.56　红苕泥

②炒锅置旺火上，舀入精炼油，烧至七成热时，下苕泥，反复翻炒。水汽炒干后，继续添加适量精炼油，迅速翻炒均匀，然后加白糖，继续快炒。待苕泥呈白色"鱼子蛋"状时起锅，盛入盘内即成。

4）制作关键

按传统的烹制方法，需选红心苕去皮后，切块入笼蒸，再用细密漏压成蓉，然后取细密漏内的苕泥入锅加油反复翻炒，炒至水分基本蒸发，继续放入精炼油炒至苕泥现鱼子蛋状，色呈微白翻沙时，再加入白糖快速炒匀，炒至白糖刚熔化即可离火。按传统的方法烹炒红苕泥时间长，容易粘锅，稍有不慎还易将红苕泥炒老，吃起不翻砂。

5）思考练习

①试制作红苕泥。

②以红苕泥为基础，学习制作红豆泥。

项目2

北方菜
餐饮集聚区名菜

教学名称： 北方菜餐饮集聚区名菜

教学内容： 北方菜餐饮集聚区名菜概述
北方菜餐饮集聚区代表名菜制作

教学要求： 1.让学生了解北方菜餐饮集聚区代表名菜的传说与典故。
2.让学生掌握北方菜餐饮集聚区代表名菜的特点、原料选择、烹调
加工以及制作关键。

课后拓展： 要求学生课后完成本次实验报告，并通过网络、图书等多种渠道查
阅方法，学习北方菜餐饮集聚区其他风味名菜的相关知识。

北方菜餐饮集聚区名菜指以北京、天津、山东、山西、河北、河南、陕西、甘肃及东北三省为主要地区的饮食名菜。重点建设鲁菜、津菜、冀菜创新基地，建立辽菜、吉菜、黑龙江菜研发基地。

山东菜又称鲁菜，素以"选料讲究，制作精细，技法全面，调味得当"而闻名遐迩。鲁菜的共同特点是味鲜形美，以鲜为主，制作精细，善用火候。鲁菜在我国北方地区占有重要地位，当今北方许多名菜都源于鲁菜，故山东有"烹饪之乡"的盛誉。其中要数孔府菜最为出彩。它以"至圣先师"孔夫子"精食"思想为指导，具有一整套严格的宴饮规章，风味独特，有着"钟鸣鼎食"的封建贵族饮食文化色彩。

黑龙江菜是由本地传统菜和清代以来传入的鲁菜并结合俄、英、法等国烹饪技法而构成的。黑龙江境内盛产大豆、高粱及蔬菜果品，丰富的山珍野味，松茸、元蘑、白蘑、榛蘑、榆黄蘑、猴头蘑、黑木耳等珍贵的菌菜，哈士蟆、大马哈鱼为本地特产。黑龙江菜的烹法以煮、炖、汆、炒、生拌、凉拌为主。黑龙江菜吸收了北京菜、山东菜、西餐技法，形成了自己"奇、鲜、清、补"的特色。其代表菜有松子方肉、金狮鳜鱼、清扒猴蘑、炒肉渍菜粉、豆瓣马哈鱼、脆皮蕨菜卷、酱白肉、汆白肉、拌鱼生及渍菜火锅等。

吉林菜以长春菜为主，以松辽平原所产的优质粮草、禽畜和长白山的野味及淡水产品为原料，吸收鲁菜之长而成。吉林的人参、沙参、白蘑、松茸蘑、猴头蘑、山蕨菜、薇菜、哈士蟆、梅花鹿等是名产。吉林菜选料广泛，做工精细，讲究火候，运工讲究，盘大量多。为适应气候寒冷的特点，吉林菜菜品油重色浓，咸辣味鲜，软嫩酥脆，荤素分明。菜肴有"无辣不成味，一热顶三鲜"之说。

辽宁菜也称辽菜，善用海鲜。辽东半岛盛产的紫鲍、刺参、对虾、扇贝、螃蟹及各种名贵鱼、贝、藻类海产，品质优良。代表辽菜的沈阳传统名菜，油重偏咸，汁浓芡亮，鲜嫩酥烂，形佳色艳。大连菜以海鲜品为优势，讲究原汁原味，清鲜脆嫩。名菜有绣球燕菜、鸡腿扒海参、凤还巢、红娘自配、宫门献鱼、白扒猴头、锅包肉、扒三白、凤尾桃花虾等。

锅包肉

北京菜又称京菜。谭家菜是北京菜的代表菜之一，选料严，烹制精，火工巧，调味准是其主要特点。北京菜讲求味厚汁浓，肉烂汤肥，清鲜脆嫩，讲究火候，注重色形兼美。代表菜有北京烤鸭、涮羊肉、砂锅白肉、扒羊肉条、炸烹虾段、抓炒鱼片等。

天津菜又称津菜。天津的饮食市场繁盛，名菜众多，烹调方法擅长炸、爆、炒、烧、煎、溜、汆、炖、蒸、扒、烩等，尤以扒、软溜和清炒为独特，以咸鲜、清淡为主，菜肴质感讲究软、嫩、脆、烂、酥。名菜有扒通天鱼翅、一品官燕、七星紫蟹、红烧鹿筋、天津坛肉、元宝烧肉、挣蹦鲤鱼、蟹黄白菜、煎烹大虾、素扒鱼翅、素烤鸡等。

河北菜又称冀菜，由冀中南、宫廷塞外和京东沿海3个地区菜组成。冀中南菜包括保定菜、石家庄菜、邯郸菜等地方菜，以保定菜为主。保定风味是河北烹饪技艺水平的代表。用料以山货和白洋淀水产为主。菜重色，重套汤，菜味香。明油亮芡，旺油爆汁。名菜有抓炒鱼、油爆肚仁、清蒸团鱼、芙蓉鸡片等。宫廷塞外菜包括承德菜、张家口菜、宣化菜等地方菜，以承德菜为代表。宫廷塞外菜善烹鸡、鸭、野味，以山珍野味为主，禁忌牛、兔。刀工精细，注重火候，口味香酥咸鲜。名菜有叫花子山鸡、烤全鹿、香酥野鸭、烧口蘑等。京东沿海菜包括唐山菜、秦皇岛菜、沧州菜等地方菜，以唐山菜为代表。选料新鲜，刀工细腻，制作精致。菜肴口味清鲜，讲究清油包芡，明油亮芡，盛装瓷器精美。名菜有酱汁瓦块鱼、烹大虾、京东板栗鸡、白玉鸡脯、群龙戏珠等。

山西菜又称晋菜，擅长爆、炒、溜、炸、烧、扒、蒸等技法，口味以咸鲜、酸甜为主，具有用油量多、色重、味厚香浓的特点。山西菜擅用牛、羊肉，调味多用山西老陈醋。名菜有过油肉、炸八块、葱油鲤鱼、糖醋佛手卷、醋溜肉片、锅烧羊肉、酱汁鸭子等。

内蒙古自治区地处北国边陲，疆域辽阔，历史上为北方少数民族聚居的地方，饮食具有鲜明的鞍马民族的特点。内蒙古菜善于烧烤、清炖、汆涮、煎炸等技法，口味有咸鲜、酸甜、胡辣、奶香、烟香等，尤擅牛、羊肉及奶制品的食品烹制，如手扒羊肉、盐水牛肉、扒驼峰、荒爆散丹、炸羊尾、赤峰烧羊肉、松塔腰子等。

陕西菜又称秦菜。其取材广泛，对猪、牛、羊肉及内脏使用极擅长，技法考究，一菜由多法制成。在诸多烹调方法的应用中，以蒸、烩、炖、煨、汆、炝为多。味型以咸鲜、酸辣、味香为主，兼有糖醋味、胡辣味、五香味、腐乳味、蒜泥味、芥末味。注重突出菜肴的香味，善用香菜、芝麻油、陈醋、"三椒"和葱、姜、蒜。

甘肃菜又称陇菜，有适合于高原地区干燥凉爽气候的口味较咸而浓的饮食风味特点，有酸辣微咸的家常味型，还有咸鲜味、芥末味、糖醋味、椒盐味、无香味、甜香味、烟香味等。常用焖、炖、蒸、炸、炒、爆、拔丝、蜜汁等烹调技法。名菜有虎皮豆腐、临夏羊肉小炒、平凉葫芦头、张掖大菜、西夏石烤羊、油焖驼峰、红枣烧摆摆等。

宁夏菜极其擅长烹制牛、羊肉，菜肴的酸辣味是贯穿宁夏南北、最为当地人所喜爱的味道，且多喜醇浓味厚。烹调技法中最能体现地方特色的是烤和烩。烤菜讲究选料精细，调味复杂，成品外焦里嫩，肥而不腻，香气扑鼻，咸鲜可口。烩菜则保持原汁原味。名菜有清炒驼峰丝、扒驼掌、清蒸鸽子鱼、烤羊肉串、手抓羊肉、羊肉炒酸菜等。

青海菜口味酸辣香咸，口感以软烂醇香为主。名菜有酱渍鳇鱼、炸羊背、清炖羊杂碎、虫草炖鸡、蕨麻八宝饭等。

新疆地区除盛产牛羊肉、乳制品及羊肉午餐肉外，蔬菜和水果也很多。吐鲁番的各种葡萄、库尔勒香梨、伊犁苹果、鄯善和哈密的大甜瓜、库车的小银杏、和田的水果桃、阿图什的无花果、叶城的石榴等。新疆地区的日照强度大、时间长，所产牛心番茄色红、肉厚、味甜、籽瓤少，所制番茄酱量大质优。新疆菜味浓，香辣兼备，主味突出。烧、蒸菜形状完整，酥烂软嫩，汁浓味香。烤、炸牛羊肉菜咸鲜、香辣，油香不腻。制作牛羊肉菜时，调味料多用孜然粉、大葱、洋葱、生姜、大蒜、胡椒、花椒粉、小茴香、辣椒、泡椒、番茄酱（汁）、鲜葡萄汁等。名菜有花篮藏宝、烧羊蹄筋、烤羊排、烤全羊、手抓羊肉、羊肉抓饭等。

 任务1　白肉片

1）菜品赏析

白肉片是北京风味名菜，又名白煮肉、白肉。它用传统的白煮法制成，肉片薄如纸，粉白相间，肥而不腻，瘦而不柴。

2）原料选择

猪五花肉500克，腌韭菜花10克，酱油50克，腐乳汁15克，辣椒油25克，蒜泥10克。

3）工艺详解

①将猪五花肉切成长15厘米、宽8厘米的条，刮洗干净，肉皮朝上放入锅内，倒入清水，先用旺火烧开，盖上锅盖，再改用微火煮2小时左右。

②肉煮好后，撇净浮沫，捞出晾凉，撕去肉皮，切成长约12厘米、厚0.2厘米的薄片，整齐地码在盘内。

③将酱油、蒜泥、腌韭菜花、腐乳汁和辣椒油等调料一起放在小碗内调匀，随肉片一起上桌。

图2.1　白肉片

4）制作关键

清水要浸没肉块，一次性加足水，保持小火。

5）思考练习

用羊肉代替猪五花肉制作此菜。

 ## 任务2　烧五丝

图2.2　烧五丝

1）菜品赏析

烟台名店"东坡楼"餐馆以制作烧烩菜见长，该店名菜"烧三丝"深受食者欢迎。后来又增加了两种海味原料，制成"烧五丝"。成品半汤半菜，咸鲜适口，最宜醒酒下饭，清淡爽口，风靡省内，成为山东传统名菜。

2）原料选择

水发海参50克，水发鱼肚50克，猪里脊肉100克，鸡胸肉100克，火腿10克，猪腰50克，蛋白糕10克，玉兰片10克，酱油20克，黄酒4克，味精2克，湿淀粉30克，精盐4克，鸡蛋清50克，芝麻2克，葱姜10克，芝麻油5克，鲜汤500克，精炼油等适量。

3）工艺详解

①将水发海参、水发鱼肚、猪里脊肉、鸡肉、猪腰、火腿、玉兰片、蛋白糕均切成丝；葱姜切成细丝；鸡丝、猪里脊丝、猪腰丝上浆，待用。

②将海参丝、鱼肚丝、蛋白糕丝、火腿丝、玉兰片丝投入沸水锅中焯水，捞出控净水。

③炒锅置火上，舀入精炼油，烧至四成热时，将猪肉丝、鸡丝下锅滑，捞出控净油；锅内继续升温，至七成热时将猪腰丝投入油爆；待变色成熟后，捞出沥油。

④炒锅洗净，复置火上，烧热后舀入适量精炼油，放入葱姜丝煸香，加入海参丝、鱼肚丝、玉兰片丝、鸡丝、腰丝、蛋白糕丝、酱油、精盐、黄酒、鲜汤，烧开后撇净浮沫，用湿淀粉勾成溜芡，淋上明油，盛入汤碗内，撒上火腿丝即成。

4）制作关键

猪肉、鸡肉的刀工处理，应按"斜切鸡，顺切肉"的方法进行，切配好的原料整齐，不碎不烂。

5）思考练习

"斜切鸡，顺切肉"的原因是什么？

 任务3　山东清酱肉

图2.3　山东清酱肉

1）菜品赏析

山东人将酱油称为清酱，故以清酱得名，此肉可长久存放，随吃随做。

2）原料选择

猪后腿肉500克，五香粉15克，精盐15克，酱油1000克。

3）工艺详解

①将猪后腿骨剔出。修平肉面，在臀肩上端留一块肉皮风干时挂肉用。

②将精盐和五香粉均匀掺在一起，放在肉上搓匀，反复揉搓几遍，并用力压挤。

③将肉放在案上摊平，压上木板，用一重物压在木板上，24小时后揭开木板，吹晾1小时，将肉表面的水吹干，然后撒上一层盐和余下的五香粉，用手反复搓、挤压。再次用木板和重物压24小时。连续7天，每天翻动1次，待肉发硬后，放入酱油缸中浸泡8天，取出肉控干，挂在阴凉通风处风干，待肉表面渗出油即可。

④食用时，将肉刷洗干净，上笼屉蒸约1小时，取出晾凉，切成薄片即可装盘上桌。

4）制作关键

①猪腿去骨时，不可将皮划破，应保持外形完整，否则装盘影响美观。

②此菜制作过程中，要有足够的时间，时间短，不易进味，影响其风味。

③食用时，一定要将肉表面清洗干净，最好用刀将表面刮去薄薄一层，以免污物混入。

5）思考练习

猪肉浸泡过程中要注意哪些问题？

 任务4　芫爆里脊

1）菜品赏析

芫爆是山东传统爆炒方法之一。芫爆里脊是用猪里脊加芫荽做成，故而得名。

2）原料选择

猪里脊肉250克，鸡蛋（1个）清，黄酒5克，葱丝1克，香菜100克，姜片10克，蒜片10克，醋5克，味精4克，白胡椒粉2克，精盐3克，湿淀粉25克，芝麻油10克，鲜汤25克，精炼油等适量。

3）工艺详解

①将猪里脊去掉筋膜，切成长5厘米、宽3厘米的薄片，放在凉水中浸泡，肉片呈白色后捞出，挤去水，加黄酒、味精、精盐、鸡蛋清、湿淀粉浆好备用。

②将香菜择去菜叶洗干净，切成长4厘米的段。

③碗内加入鲜汤、味精、盐、醋、胡椒粉、黄酒调成味汁。

图2.4 芫爆里脊

④炒锅置于旺火上，舀入精炼油，烧至四成热时，下入浆好的里脊片，当里脊片滑散浮起后捞出，控净油。锅内留少许精炼油，烧至七成热时，倒入里脊片、香菜段、葱丝、姜片、蒜片、鲜汤迅速翻炒几下，淋上芝麻油盛入盘中即成。

4）制作关键

浸泡肉片时，可用流动水冲洗，也可多次换水漂洗。肉片以呈白色为好。香菜选用香菜梗。

5）思考练习

①肉片泡水的目的是什么？

②爆炒过程中要注意哪些问题？

任务5 八宝肉辣子

图2.5 八宝肉辣子

1）菜品赏析

八宝肉辣子是陕西渭北民间筵席中必不可少的下饭菜，因其配料、调料众多，故名"八宝"。

2）原料选择

猪五花肉300克，青豆20克，潼关酱笋50克，水发杏仁20克，咸面酱15克，酱油15克，水发玉兰片20克，辣椒面15克，葱花15克，姜末5克，海米4克，精盐3克，精炼油等适量。

3）工艺详解

①猪肉煮六成熟捞出，同玉兰片及酱笋（去皮）均切成长0.5厘米见方的丁，杏仁用清水洗净，青豆焯熟。

②炒锅置火上，舀入精炼油，烧至六成热时，投入葱花、姜末煸出香味，放入肉丁煸炒，下青豆、玉兰片、酱笋、杏仁、海米，加酱油，炒至熟透，再加精盐、面酱炒匀，待用。

③炒锅洗净复置火上，烧热后，舀入精炼油，烧至六成热时，把辣椒面倒入油锅内炸香，并将炒好的坯料放入，搅拌均匀，装盘。

4）制作关键

谚曰："关中有一怪，油泼辣子一道菜"，此菜名八宝，辅料宜多，又称辣子。

5）思考练习
①玉兰片由什么原料加工而成?
②炸制辣椒面时有何注意事项?

任务6　白肉血肠

图2.6　白肉血肠

1）菜品赏析
白肉血肠是东北特色名菜,色泽红白、酸香可口,味道多样,肥而不腻,瘦而不柴,嫩而不碎,松软鲜嫩,冷热均可。

2）原料选择
带皮猪五花肉1000克,猪肠1000克,猪血1000克,酸菜丝300克,葱段50克,姜片20克,精盐60克,味精10克,胡椒粉20克,砂仁粉4克,桂皮粉4克,肉桂粉4克,紫蔻粉4克,丁香粉2克,醋100克。

3）工艺详解
白肉制法
将肉叉于铁叉之上,用中火烤,烤出油,放入清水中浸泡,刮洗干净;肉皮向下,放入水锅中,放入葱段、姜片,改小火焖煮约1小时,至八成熟时,捞出晾凉;用刀切成长约8厘米、厚0.5厘米的薄片。

血肠制法
①将猪肠翻转,洗净后加精盐、醋,搅拌起白沫,清水再次冲洗,刮净肠壁脂肪和污物,放入冷藏箱待用。
②刚宰杀好的温热鲜猪血加入清水、精盐,以及味精、砂仁粉、桂皮粉、肉桂粉、紫蔻粉、丁香粉,搅拌均匀。
③取出猪肠,翻转复原,灌入猪血,将猪肠用棉绳捆扎,分成四等份,放入沸水锅中烧煮,待水开后转小火煮10分钟,至血肠漂浮于水面时捞出,放入冷水中浸凉取出,改刀成厚约1.5厘米的片,装盘待用。

烹调加工
①炒锅置火上,放入适量煮肉原汤,将白肉片、血肠片、酸菜丝,下锅煮沸烧开,加入精盐、味精、胡椒粉调好口味,装入大汤碗中,搭配蘸料上桌供食。
②蘸调料食用:调料用酱油、韭菜花酱、辣椒油、腐乳、蒜泥、虾油、芝麻油、香菜末调匀合成。

4）制作关键
①菜品烹调时煮开即成,久煮血肠易碎。
②灌制血肠须用刚宰杀的鲜猪血,调匀、搅拌、灌肠要尽快完成。

5）思考练习
详述猪血肠加工流程。

任务7 坛儿肉

1）菜品赏析

坛儿肉为山东名菜。坛儿肉以瓷坛为加热工具，故名。成菜颜色红亮，汁少味浓，肥而不腻，瘦而不柴，因为不着铁器，毫无异味，所以香醇可口。

2）原料选择

猪五花肉500克，肉桂5克，葱段30克，姜片10克，糖色15克，酱油100克，黄酒50克，鲜汤600克。

图2.7　坛儿肉

3）工艺详解

①先将猪肉焯制定型，取出切成2厘米见方的块，再用清水洗净。

②将肉块放入紫砂坛中，加入酱油、黄酒、糖色、肉桂、葱段、姜片、鲜汤（以浸没肉块为宜），加盖密封，在中火上烧开，移至微火上煨炖约3小时，至汤浓肉烂即成。

4）制作关键

①菜品制作过程中，熬制糖色时，最好选用冰糖。

②焖煮过程中，控制好火力，不能出现焦煳现象。

5）思考练习

①炒制糖色的注意事项有哪些？

②选择猪五花肉制作菜肴有何优点？

红烧肉1　　红烧肉2

任务8 山西扣肉

图2.8　山西扣肉

1）菜品赏析

山西扣肉，又名干扣肉，是山西风味的名菜。此菜的特点是不放盐，全凭海米本身的咸味渗入肉中。食之，肉含虾味，虾有肉香，集虾鲜、肉鲜于一体，回味悠长醇浓，肥而不腻，软烂可口。

2）原料选择

猪五花肉500克，海米50克，葱段15克，蒜瓣10克，姜片10克，黄酒15克，蜂蜜15克，精炼油等适量。

3）工艺详解

①选择边长约15厘米的猪五花肉1块，刮洗干净，在沸水锅中煮八成熟捞出，趁热在表皮上抹一层蜂蜜晾干；海米剁成碎米。

②炒锅置火上，舀入精炼油，烧至八成热时，放入抹好蜂蜜的猪肉块（皮朝下），炸成枣红色，捞在沸水中泡软、晾凉。

③将卤好的肉皮朝下放在砧板上，先从中间切一刀，再横着每隔1.5厘米切一刀，深度至皮为止，翻过来对准下面的刀口，用刀尖在肉皮上轻轻划成虚线，并将四周修理整齐。

④改好刀的肉方（皮朝下）摆在大碗中，把海米末填入肉缝中，再放上葱段、姜片、蒜瓣、黄酒，上笼蒸烂，出笼后拣去葱段、姜片、蒜瓣，扣入大盘中即成。

4）制作关键

猪五花肉最好选择上五花，抹蜂蜜油炸上色是此菜的难点，抹多了炸后皮面变黑，抹少了半成品色泽不红，得不到诱人的色彩，要求趁热带着水汽，抹薄抹匀。

5）思考练习

猪肉内侧剞深刀纹的目的是什么？

任务9 冰糖肘子

图2.9 冰糖肘子

1）菜品赏析

冰糖肘子是"济南三肘"之一，也是经烤、炸、蒸等技法合烹而成的山东名菜。冰糖肘子成菜色泽红亮，香甜味浓，肥而不腻，质地酥烂，肘香肉鲜，常作为大件菜登席。

2）原料选择

带皮猪肘子1个（约1200克），糖色100克，葱段30克，姜片20克，冰糖100克，白糖50克，酱油25克，黄酒20克，湿淀粉10克，鲜汤75克，花椒油25克，精炼油等适量。

3）工艺详解

①将肘子架在火上烤至皮面变焦时，放入温水中泡透，用刀刮净焦皮，见焦黄后洗净，用刀顺骨剖开至露骨，放入汤锅中，煮至六成熟时捞出，趁热用净布擦干肘皮上面的油，抹上糖色，晾干备用。

②炒锅内放精炼油，烧至八成热时，将猪肘放入油锅内，炸至微红，肉皮起皱纹或起小泡时捞出，用刀剔去骨头，在肉内侧剞成核桃形的块（深度为肉的2/3）。

③取大碗1个，将肘子皮朝下放入碗内，冰糖磨碎放入碗内，然后放入白糖、酱油、黄酒、鲜汤、葱段、姜片上笼，用旺火蒸烂取出，扣在盘内。

④炒锅置于火上，将滗出的原汤倒入锅内，用湿淀粉勾芡，淋上花椒油即成。

4）制作关键

①猪肘捞出，用净布擦干水，趁热抹上蜂蜜，做到薄而均匀，然后再晾干，入油锅炸制时油温要控制在八成热，这样炸制出来的肉片表层微红透亮，猪皮酥化起孔，便于在后期烹调过程中达到酥松可口的要求。

②蒸猪肘，火旺汽足，需要约2小时，以软烂不失形为度。

5）思考练习

①"济南三肘"分别是哪三道菜？

②熬制糖色的关键点是什么？

任务10 招远丸子

1) 菜品赏析

招远丸子是以地方名称取名的菜肴,此菜又称山东蒸丸、招远蒸丸。

2) 原料选择

猪里脊肉200克,猪肥膘肉200克,白菜心100克,海米25克,鹿角菜25克,香菜50克,鸡蛋75克,精盐5克,味精3克,姜末5克,葱15克,胡椒面2克,芝麻油10克,食醋15克,鲜汤300克。

图2.10 招远丸子

3) 工艺详解

①将猪里脊肉洗净,剁成蓉,加鸡蛋搅均匀,猪肥膘肉切成厚0.5厘米见方的丁。

②鹿角菜用温水泡开洗净,摘去硬根切成细末;海米用温水泡软、洗净、剁成末;白菜心洗净剁成细末;香菜择洗干净,取30克切成细末,取20克切成长3厘米的段;葱取8克切成细丝,取7克切成末。

③取一大碗,放入瘦肉蓉、肥肉丁、葱末、姜末、海米、鹿角菜末、白菜末、香菜末,加入胡椒粉、味精、精盐搅拌均匀,制成直径约3厘米的丸子,平摆在盘内,入笼旺火蒸熟取出,放在大汤碗内。

④汤锅内放入鲜汤、精盐、味精,旺火烧开后加入胡椒粉、食醋,撇去浮沫,倒入大汤碗中,淋上芝麻油,撒入葱丝、香菜段即成。

4) 制作关键

①此菜要选择新鲜的猪肉,肥、瘦猪肉的比例为1∶1。

②制馅时要注意加调味料的顺序,搅拌时应顺同一方向,使肉馅上劲。

③蒸制的时间不能过长,一般以用旺火蒸8~10分钟为宜。

5) 思考练习

①招远丸子的烹调工艺有何特点?

②招远丸子和四喜丸子在制作工艺上有何异同点?

任务11 松仁小肚

1) 菜品赏析

松仁小肚是东北特色美食,色红清香,入口爽利,易咀嚼,常用于下酒或烧饼夹食。

2) 原料选择

猪小肚5000克,猪瘦肉2500克,松仁50克,砂仁末10克,花椒粉5克,葱花20克,姜末25克,精盐150克,味精5克,淀粉1200克,芝麻油20克。

图2.11　松仁小肚

3）工艺详解

①将瘦猪肉切成0.2厘米厚的薄片；将切好的肉片装入盆内，加入淀粉、松仁、精盐、芝麻油、砂仁末、葱花、姜末、味精、净水调拌均匀待用。

②将猪小肚清洗干净，将调好的肉片装入各个猪小肚内，用干净竹签把各个猪肚穿起来待用。

③卤锅置火上，将制好的猪肚下入卤锅内，先用大火烧开，随即改用小火焖熟后捞出。

④另取炒锅置火上，加入松木屑，覆盖上松枝，产生烟雾后，将猪肚置于竹算上，烟熏约10分钟，待猪肚均匀上色后，即可改刀装盘。

4）制作关键

①卤汤最好选用煮鸡的老卤汤。

②焖烧时，火不宜大，以免猪肚破裂。

5）思考练习

①避免猪肚破裂的方法有哪些？

②烟熏的注意事项有哪些？

任务12　九转大肠

1）菜品赏析

九转大肠于清朝光绪年间由济南九华楼酒楼首创。店主杜某是个巨商，在济南府开设了九家店铺，"九华楼"酒楼是其一。这位掌柜对"九"字有着特殊的爱好，什么都冠以"九"字。"九华楼"酒楼设在县东巷北首，规模并不大，但司厨都是名师高手，此菜品为该店看家菜。

图2.12　九转大肠

2）原料选择

熟猪大肠3根（约750克），白糖100克，酱油25克，醋50克，鲜汤150克，精盐4克，黄酒10克，胡椒面2克，肉桂面1克，砂仁面2克，葱末、姜末、蒜末各10克，香菜末10克，花椒油15克，精炼油等适量。

3）工艺详解

①把熟大肠切成长2.5厘米的圆形段，放沸水中烫透，捞出后控净水。

②炒锅置火上，放少许精炼油，下入白糖炒至酱红色时，迅速倒入大肠，颠翻煸炒，使大肠上色（呈棕红色），随后放入葱末、姜末、蒜末和醋烹制，倒入鲜汤，加精盐、黄酒、白糖调好底味，急火烧开，慢火煨制。

③待汤汁将尽时，放入砂仁面、肉桂面、胡椒面，淋上花椒油，颠翻均匀，整齐摆入平盘中，撒入香菜末即成。

4）制作关键

①熟大肠一定要用沸水烫透。

②胡椒面、砂仁面、肉桂面在汤汁稠浓时放入。

5）思考练习

①九转大肠有几味调料？其投放顺序如何排列？

②九转大肠的特点和操作关键是什么？

 # 任务13　油爆双脆

1）菜品赏析

油爆双脆是在油爆肚仁的基础上延续而来的。此菜色泽洁白，质地脆嫩，芡包料，油包芡，亮油爆汁，食后盘内余留汤汁。

2）原料选择

生猪肚头200克，生鸡胗200克，冬笋50克，葱30克，蒜10克，精盐3克，味精2克，黄酒10克，醋5克，鲜汤25克，湿淀粉30克，芝麻油5克，精炼油等适量。

图2.13　油爆双脆

3）工艺详解

①猪肚头去外皮内筋洗净，两面交叉剞直刀，深度为肚壁的2/3，切成3厘米大小的方块；鸡胗洗净切两半，去掉外层皮筋，取内紫红色肉剞上十字花刀，深度为原料3/4，然后切成1.5厘米见方的块；把加工成形的肚头、鸡胗放入碗内，加清水浸泡去异味和血污。冬笋切成长1厘米、厚0.2厘米的菱形片，葱切成长0.5厘米的雀舌段，蒜切片。

②将肚头、鸡胗放入沸水中略烫后迅速捞出控净水。

③炒锅洗净，置于火上，舀入精炼油，烧至八成热时，放入鸡胗、肚头爆至原料卷曲成花时，捞出控净余油。

④将鲜汤、精盐、味精、湿淀粉同放入碗内搅匀兑成调味芡汁。

⑤炒锅复置火上，留少许精炼油，放入葱段、蒜片炒出香味，加入笋片略炒，加入肚头、鸡胗，调入黄酒、醋翻炒片刻，淋入兑好的芡汁，旺火颠翻，淋上芝麻油盛入盘内即成。

4）制作关键

①主料必须选择新鲜的生肚头和生鸡胗，否则影响菜肴的成品质量。

②必须将肚头的外皮和内筋、鸡胗的外皮筋去净，并保持肉质的厚度。

③肚头、鸡胗在剞花刀时，刀距要均匀，深度要相等，成形要均匀。

5）思考练习

①油爆双脆的主料是什么？如何改刀？

②油爆双脆的特点和操作关键是什么？

油爆双脆

任务14　汤爆双脆

图2.14　汤爆双脆

1）菜品赏析

"汤爆双脆"与"油爆双脆"合称"历下双脆"。汤爆双脆是济南的传统风味名菜，已有200多年的历史。

2）原料选择

猪肚头2个，净鸡胗10个，香菜3克，味精2克，酱油75克，胡椒粉1克，精盐2克，黄酒25克，葱、姜各10克，鲜汤500克，食碱3克。

3）工艺详解

①用刀将肚头片开，剥去外皮，在清水中洗净，去掉里面的筋杂，剞兰花花刀（深为肚厚的2/3），呈渔网状。然后切成长2.5厘米的块，放入碱粉与沸水兑成的碱水溶液中浸泡3分钟，捞出冲洗干净，放入清水中待用。

②将鸡胗剞成兰花花刀（深度为鸡胗厚的2/3），用清水洗净，放入另一碗内备用。

③汤锅内放入清水，置旺火上烧沸后，放入鸡胗、猪肚头焯水漂烫，立即捞在汤碗内，加葱、姜、黄酒拌匀，撒入香菜末、胡椒粉。

④汤锅洗净，复置火上。倒入鲜汤、酱油、精盐、葱、姜、黄酒，置旺火上烧沸，撇去浮沫，加味精浇入汤碗内，速上桌，落桌后将主料推入汤内即成。

4）制作关键

①剞花刀时，要注意运刀手法，做到刀下生花，汤里开花。

②选料要精细，汤汁要好，用沸水焯原料时，必须先下鸡胗，因为成熟度不同，后下肚尖，时间不能过长，否则质地会变老。

5）思考练习

①碱水溶液致嫩的关键点有哪些？

②剞花刀时有哪些注意事项？

任务15　水盆羊肉

1）菜品赏析

水盆羊肉据传是由1000多年前的"羊羹"发展而来。因其在农历六月上市，故名"六月鲜"。水盆羊肉乃甘肃传统名肴。

2）原料选择

羊肉2000克，盐40克，花椒2.5克，葱段10克，桂皮8克，姜片20克，大茴香10克，黄酒50克，味精2克。

3）工艺详解

①将羊肉剔骨，分别泡水洗净。

图2.15　水盆羊肉

②将羊肉放入锅内,加水烧沸,再将羊骨砸断放入锅内,继续煮半小时,撇去浮沫,捞出羊肉切成小块。

③将改好刀的羊肉块放入原锅内,倒入煮羊肉的汤汁,先用大火烧沸,投入桂皮等香料(布袋扎紧)、葱段、姜片、黄酒,转中火煮约3小时,加上盐调好口味,再用小火慢煮10小时,撇清油沫,捞出肉放在案板上,切成块装碗。随即用原汤浇在肉块上,加味精少许即成。

4)制作关键

①羊肉宜选鲜嫩膘厚者,成菜肥美可口。

②小火慢煮时,火候要保持肉汤微沸状态。

5)思考练习

煮汤时,敲断羊骨的目的是什么?

 ## 任务16 胡羊肉

1)菜品赏析

北魏贾思勰描写的"胡炮羊肉",则是用一岁羔羊,"生缕切,著浑豉盐,擘葱白、姜椒、荜拨,令调适净洗,羊肚翻之,以切肉脂,肉于肚中,以白满为限,缝合作浪中,坑火烧,使亦,却灭火内,肚著坑中,还以灭火覆之于上,更燃火坑,一面米顷便熟,香美异常,非煮炙之例"。这种方法名曰"胡"。

图2.16 胡羊肉

2)原料选择

羊胸脯肉800克,水发木耳15克,黄花15克,葱结25克,食盐5克,香菜15克,花椒5克,小茴香5克,蒜苗15克,姜片5克,山奈5克,草果1枚,味精1克,酱油15克,花椒粉5克,芝麻油15克,湿淀粉10克。

3)工艺详解

①将羊肉漂洗干净,整块投入锅中,用旺火煮约半小时,撇净血沫,然后改微火;花椒、小茴香、姜片、山奈、草果用纱布裹成包,放入清水中浸泡洗净,投入锅内,肉煮至九成熟,捞出晾凉。

②将煮熟的羊肉切成长7厘米、厚0.3厘米的长条,先摆放在大汤碗内,再放上葱结、姜片,加入适量原汤,调上花椒粉、食盐、味精,上笼蒸40~50分钟,肉烂后滗出汤汁。

③炒锅置火上,将汤汁倒入炒锅内,投入木耳、黄花,调上酱油,用淀粉勾芡,淋芝麻油浇入盘中,将蒸好的羊肉翻扣上,撒香菜、蒜苗即可。

4)制作关键

注意刀工,羊肉条要长短一致,厚薄均匀,码放整齐,不得松散。

5)思考练习

简述扣菜的工艺特点。

任务17　爆糊

图2.17　爆糊

1）菜品赏析

相传，北京鼓书大王刘宝全每天说书之后都要到"馅饼周"的爆肉摊上吃爆肉，而愿意听他说书的人总爱围着和他聊天，可是爆肉必须现爆现吃，吃不完只能放在铛上燸着，燸的时间长了，肉的表面开始变焦，还有香味，刘宝全尝后发现，这样的肉焦黄酥嫩，别有一番滋味。

2）原料选择

鲜羊后腿肉300克，葱段20克，香菜梗50克，姜末10克，蒜末10克，鱼露30克，味精2克，盐3克，芝麻油5克，精炼油等适量。

3）工艺详解

①将鲜羊后腿肉去筋膜，顶丝切成厚0.5厘米的薄片。

②炒锅置火上，倒入适量精炼油，下入羊肉反复煸炒至肉片卷曲，散发香味时，放入姜末、蒜末、葱段、鱼露、味精、盐等调料继续翻炒，直至煸炒汁干、肉焦煳时淋入芝麻油出锅装盘，撒上香菜梗即可。

4）制作关键

此菜肴采用干煸的制作方法，要求成菜焦而略煳，无汁，味咸鲜。

5）思考练习

①干煸工艺技法的特点是什么？

②干煸工艺技法的制作关键是什么？

任务18　西夏石烤羊

1）菜品赏析

西夏人原为游牧民族，喜食牛羊肉。当时，在河西走廊广阔的草原上，牛羊成群，祁连山山麓和戈壁滩上遍布石羊、黄羊。"石烤羊"是用河西羊肉在当地产的青石板上烤炙而成，鲜嫩酥香，风味独特，流传至今。

2）原料选择

去骨羊肉800克，丁香1.5克，桂皮2.5克，花椒7.5克，黄酒25克，食盐7克，精炼油等适量。

图2.18　西夏石烤羊

3）工艺详解

①祁连山石板1块，厚约2厘米，用木炭火或木柴火烧热，擦油。

②将肉洗净,片成薄片,贴在烤热的石板上,加盖烤制。

③将各种调料研成碎末,加食盐和黄酒搅拌均匀。当羊肉烤至八成熟时,均匀撒上调料,直至烤熟呈金黄色,盛盘趁热食用。

4)制作关键

①羊肉宜选"上脑""三叉肉"或"磨档"肉,剔净筋膜,片成大薄片,要求厚薄均匀,长短均匀。

②石板必须先烧烫,然后再贴羊肉片,烤的时间不能过长,以10分钟之内为准,以保持羊肉的鲜嫩。

5)思考练习

①石烹工艺的特点是什么?

②简述整羊分档取料的步骤。

 任务19　拖羊尾

1)菜品赏析

拖羊尾是大同地区传统的"八八"筵席中的一道甜菜。酥润甜香,外脆里嫩,肥而不腻,十分可口,在大同地区广为流传。

2)原料选择

去骨绵羊尾250克,鸡蛋3个,面粉50克,糖色75克,白糖75克,干淀粉25克,青红丝5克。

3)工艺详解

①绵羊尾用沸水煮至三成熟时,捞出切成长5厘米的段。鸡蛋、面粉、干淀粉调拌成糊。

图2.19　拖羊尾

②油锅烧热后,把羊尾裹上面糊,逐个放入油锅,炸硬后捞出。待油烧至七成热时,复下入油锅炸至呈浅黄色后捞出装盘。

③把糖色、白糖放入锅,加热浇淋在炸好的羊尾肉上,撒上青红丝即成。

4)制作关键

拖羊尾采用"烹"的技法加工而成。烹是将用油炸透的原料,以适量的调味汁蘸匀的过程。凡是烹的菜都必须经过油炸,都得经过刀工处理成小块形的原料。

5)思考练习

①详述该菜品的烹调技法。

②绵羊尾沸水煮至三成熟的目的是什么?

任务20　小鸡炖蘑菇

图2.20　小鸡炖蘑菇

1）菜品赏析

小鸡炖蘑菇是东北名菜"四大炖"（小鸡炖蘑菇、猪肉炖粉条、鲇鱼炖茄子、排骨炖豆角）之一，通常是用干蘑菇、鸡肉和粉条一同炖制而成。

2）原料选择

光仔鸡1只（约1500克），蘑菇250克，葱段30克，姜片10克，青蒜花10克，干辣椒段4克，八角4克，精盐3克，味精3克，酱油50克，花椒水30克，黄酒20克，精炼油等适量。

3）工艺详解

①将光鸡开膛取出内脏洗净，斩成4厘米见方的块，鸡爪、鸡肫、鸡心、鸡肝、鸡腰留用。

②将干蘑菇用温水泡30分钟，撕成块洗净，泡蘑菇的水过滤留用。

③炒锅置火上，舀入精炼油，烧热后放入葱段、姜片、干辣椒、八角炒香，投入鸡块、鸡肫、鸡爪翻炒至变色断生，淋入酱油炒匀颜色，加入盐、味精、黄酒、花椒水，倒入砂锅，加入蘑菇和泡汁及适量的水，加盖烧开后放入鸡心、鸡肝、鸡腰，再改小火慢炖40分钟，至鸡肉离骨、汤汁收浓时熄火，撒上青蒜花，即食。

4）制作关键

①鸡肉要用油煸至断生，出油、出水、出香，形整不碎。

②焖至汤水减半、汁浓味厚方可。

5）思考练习

①炖鸡配野生干蘑菇有何特色？

②简述蘑菇的干制工艺。

任务21　布袋鸡

1）菜品赏析

布袋鸡又名"海味什锦鸡"，源于元初，盛于乾隆，系夏津传统特色名吃，后为满汉全席主菜之一。因其状如布袋，故而得名。

2）原料选择

活雏母鸡1只（约600克），瘦猪肉50克，熟火腿50克，水发冬菇50克，水发玉兰片50克，水发海米30克，葱末、姜末5克，葱段、姜片10克，鲜汤250克，酱油40克，黄酒20克，味精3克，精盐2克，湿淀粉20克，花椒油10克，精炼油等适量。

图2.21　布袋鸡

3）工艺详解

①将鸡宰杀、泡烫煺毛后洗净，在鸡脖子向后背顺开一道长6厘米的刀口，剔去骨骼和内脏，冲洗干净，剁去爪尖、嘴尖、翅尖。

②将猪肉、火腿、冬菇、玉兰片、海米均切成1厘米见方的丁。

③炒锅置火上，舀入适量精炼油，烧热后放入葱末、姜末煸香，放入加工好的配料，加酱油、味精、精盐、黄酒煸炒成熟后，装入鸡布袋中，用竹签封住口，将鸡全身均匀地抹上酱油，放入热油中炸上色捞出。

④上色后的鸡放在大汤碗内（腹部朝下），加入鲜汤、味精、精盐、酱油、葱段、姜片，上笼蒸至酥烂，去掉葱段、姜片，滗去汤汁，腹部朝上放在大汤盘中。滗出的汤汁重新调好味，用湿淀粉勾芡，淋上花椒油，浇在鸡上即可。

4）制作关键

①注意鸡皮完整，不可破皮。

②填馅以八分满为宜，过满易胀裂。

③蒸制时，火候要恰当。

5）思考练习

①蒸制时，鸡腹朝下的目的是什么？

②布袋鸡的特点和制作的关键是什么？

 # 任务22　福山烧鸡

1）菜品赏析

福山烧鸡是福山县的传统菜。福山名厨辈出，其厨师遍及国内外，素有"厨师之乡"的美誉，其传统佳肴制作非常精美。烧小鸡，相传在明代福山民间已广为流传。福山烧鸡主料选用当地产的一种食鸡，经精细初加工后，再炸、蒸而成。因其体较小，又为当年雏鸡，又名烧小鸡。民国初期烟台"顺香斋"餐馆所制最佳。现"松竹林"饭店承袭旧制有所发展，烧制的小鸡形态美观，红润油亮，肉嫩味香，浓郁醇厚，软绵适口，成为长盛不衰的传统名肴。

图2.22　福山烧鸡

2）原料选择

仔鸡500克，八角1克，茴香1克，姜25克，精盐20克，葱50克，美极鲜15克，高粱秸13厘米，五香粉1克，饴糖25克，精炼油等适量。

3）工艺详解

①将仔鸡去毛、去内脏洗净，剁去小腿。将姜切片，葱切丝，八角、茴香碾碎与精盐调拌均匀，涂在鸡身上，腌制3～4小时后，挂起吹干。将鸡的两条大腿骨砸断，在鸡腹上切3厘米长的小口，把鸡的两条腿交叉塞入腹内，用高粱秸顺肛门插入，饴糖加清水50克调匀，均匀地涂在

鸡身上。

②炒锅置火上，舀入精炼油，烧至八成热时，将鸡放入锅内，炸至紫红色时捞出，控净油待用。

③先将葱、姜切成末，与五香粉调和，然后均匀地抹入鸡腹。将鸡放入一盘内，浇上美极鲜，入蒸锅用旺火蒸15分钟取出，将鸡腹内的高粱秸取出即可。

4）制作关键

①鸡在腌制时要勤翻动，使其入味均匀。

②鸡身上饴糖时不要涂得过厚，以免在炸制时颜色过深，影响色泽。

5）思考练习

①高粱秸在菜肴制作过程中有何作用？

②炸制鸡的过程中，怎样才能使原料均匀上色？

任务23　济南肴鸡

图2.23　济南肴鸡

1）菜品赏析

济南肴鸡至今已有200年的历史，由"齐鲁斋"熟食店所创。济南肴鸡继承了传统制作工艺，具有选料精、配料全、烹制精细等特点。

2）原料选择

公鸡1只（500克），大茴香0.5克，姜片5克，红曲粉50克，草果0.5克，葱段10克，盐25克，桂皮5克，花椒0.5克，丁香0.5克，白芷0.5克，鲜汤1500克。

3）工艺详解

①将鸡宰杀去净污物，开膛，去内脏，并用清水洗净，把翅膀、鸡腿盘起备用。

②取一盆，将鸡放入并加入盐水，以淹没鸡为宜，腌制24小时。

③腌好后用水冲净，用葱段、姜片、花椒塞入鸡腹内。

④取一汤锅，锅内加入鲜汤烧开，先将全部香料用纱布包好放入锅内，再将剩下的葱段、姜片连同腌制好的鸡一道放入锅内煮沸后，改小火煮2小时取出，挖出腹中葱段、姜片即成。

4）制作关键

①腌制鸡时，放盐要适度，过咸味感差，过淡味感不佳。

②煮鸡时，汤沸后一定要改小火，以免将鸡煮得过烂，失去其风味。

5）思考练习

简述整鸡取内脏的几种方法。

任务24　黄焖全鸡

1）菜品赏析

黄焖全鸡是济宁地区历史悠久的传统名菜。制作此菜时，因为秋天是黄金时节，所以主料必须选用当年的嫩鸡。此菜为济宁历史名店"温泰和"的看家菜之一。

2）原料选择

雏鸡1只（约750克），姜片3克，葱段2克，八角5克，黄酱40克，酱油50克，精盐3克，黄酒10克，花椒油5克，湿淀粉30克，鲜汤150克，精炼油等适量。

图2.24　黄焖全鸡

3）工艺详解

①将鸡宰好，剁掉嘴尖、爪尖，再整鸡脱骨、洗净，放在盘内，加酱油20克、黄酱10克，调匀抹在鸡身上浸渍。

②炒锅置中火上，舀入精炼油，烧至七成热时，炸至鸡皮呈金黄色时捞出控油。

③炒锅内留底油50克，放入葱段、姜片、八角，煸炒出香味，待葱段、姜片呈黄色时，加入鸡、黄酱、酱油、黄酒、鲜汤、精盐。烧开后，锅移至小火上，加盖炖10分钟将鸡翻身，至炖熟时出锅控汤，腹部朝下放入大碗内，倒入炖鸡的原汤，入笼用旺火蒸20分钟，熟透时出笼，原汤滗出，再把鸡扣入大碗内。

④将原汤倒入炒锅内，烧开后，用湿淀粉勾薄芡，淋入花椒油，浇在鸡上即成。

4）制作关键

加工精细，整鸡脱骨，保持原形。需用微火焖煨，方能达到酥烂不失形。

5）思考练习

详述整鸡脱骨的步骤。

 任务25　魏家熏鸡

1）菜品赏析

魏家熏鸡历史悠久，为聊城关魏家于1810年前后所创制，经大运河远销京津和大江南北，深受食客欢迎。迄今，民间仍流传着"东昌府（今聊城）有三黑儿——乌枣、香疙瘩和熏鸡儿"的俗语。此熏鸡色呈栗红、香醇味美、质地酥软、熏香浓郁、久贮不变质。

2）原料选择

嫩公鸡5只（约4000克），肉蔻10克，姜块、白芷10克，丁香10克，八角15克，精盐50克，砂仁10克，桂皮10克，茴香5克，糖色30克，精炼油等适量。

图2.25　魏家熏鸡

3）工艺详解

①将公鸡宰杀煺毛，除去内脏洗净，放入清水中烫泡出血污后捞出，控净水晾干；盘窝成形后抹上糖色。把肉蔻拍烂，桂皮掰开，姜整块拍碎。

②炒锅中火上，舀入精炼油，烧至八成热时，下入抹好糖色的鸡，炸至皮呈深红色时捞出，沥净油。

③将各种香料、调料、姜块一起下入清水锅，烧沸后把炸好的鸡逐只放入煮锅内，旺火煮30分钟，转小火焖两小时出锅，控净汤汁。

④熏锅下部放松、柏、枣木锯末，点燃后，上部放熏鸡架铁网，将煮好的鸡摆放在架网上，盖上竹席，保持空气流通，熏制1小时后翻动鸡身，接着半小时翻1次，熏5小时即可。出锅后，逐个表面抹上精炼油即成。

4）制作关键

①先擦干鸡身上的水，再抹糖色，注意要抹匀。

②熏时勤翻鸡身，要求色泽均匀。

③食时蒸热，然后撕成丝，酒饭皆宜。

5）思考练习

①涂抹糖色时，要注意哪些问题？

②熏制过程中，要注意哪些问题？

任务26　沟帮子熏鸡

1）菜品赏析

沟帮子熏鸡始创于清光绪十五年，创始人尹玉成因行善机缘偶遇光绪御厨，得皇家宫廷

图2.26　沟帮子熏鸡

熏鸡秘方，建熏鸡坊，名曰"沟帮子熏鸡"，凭十六道精细工序、三十种甄选配料，四代老汤，薪火传承，创"沟帮子熏鸡"百年老字号，深受当地百姓及过往客商青睐，被誉为中国"四大名鸡"之首，蜚声四方。

2）原料选择

仔公鸡40只，肉桂30克，五香粉10克，丁香30克，胡椒粉10克，姜50克，香辣粉10克，豆蔻10克，砂仁10克，白芷30克，桂皮30克，陈皮30克，草豆蔻20克，白糖400克，精盐50克，味精50克，芝麻油50克。

3）工艺详解

①将鸡宰杀、整理干净。将鸡腹部向上放在案板上，用刀将鸡肋骨和椎骨中间处切断，并用手按折。先取1根小木棒放入肚腹内撑起，然后在鸡下脯尖处开一小口，将鸡腿交叉插入口内，两翅交叉插入口内，再晾干表面的水待用。将鸡和香料装入布袋内扎好。

②将姜、五香粉、胡椒粉、味精、香辣粉放入加清水的锅内调和，煮沸后，晾凉。先将装有香料的布袋放入锅内，浸泡1小时，然后用小火煮至半熟加盐，再继续煮到成熟。

③将煮好的鸡趁热抹上芝麻油，放入锅内竹算子上，锅底烧至微红时，下入白糖，小火加

热熏至表皮均匀上色即成。

4）制作关键

①煮鸡要掌握好火候，要烂而不散，以保持完整鸡形，以利于进行下一道工序。

②熏制时间不可过长，否则颜色过重，影响外观。

5）思考练习

①为什么不选用成年公鸡？

②卤制过程中，有哪些注意事项？

任务27　德州扒鸡

1）菜品赏析

德州扒鸡是山东德州市的传统名肴，由"德顺斋烧鸡店"的韩世功等师傅所创制。他们总结了几百年做鸡的经验，做到了工艺精、配料全、焖得酥烂脱骨、香味十足，被评为"全国五大名牌鸡"之一。

图2.27　德州扒鸡

2）原料选择

活鸡1500克，口蘑10克，老姜5克，酱油250克，精盐25克，饴糖50克，草果0.5克，桂皮3克，草豆蔻0.5克，丁香2克，山奈2克，花椒5克，大小茴香各3克，陈皮3克，白芷0.5克，砂仁0.5克，鲜汤1000克，精炼油等适量。

3）工艺详解

①在活鸡颈部横割一刀，将血放净，放入85～90 ℃的热水冲烫煺毛，剥掉脚上的老皮，在肛门处横开长3厘米的刀口，取出内脏并将肛门割去，用清水洗净。先将鸡左翅从颈下刀口处插入，使鸡翅由嘴内侧伸出，别在鸡背上，再将鸡右翅也别在鸡背上。将鸡腿用刀背砸断交叉在一起，鸡爪塞入腹内，晾干水。

②饴糖加清水50克调匀，均匀地涂在鸡身上。锅内舀入精炼油，烧至八成热时，将鸡放入油锅，炸至金黄时捞出，沥干油。

③汤锅放入炸好的鸡，加鲜汤淹没。香料用布包好，和口蘑、酱油、精盐、老姜一起放入锅内，用重物将鸡压住，上大火烧沸，撇去锅内浮沫，移至小火上焖煮至酥烂时即可。

4）制作关键

①煮鸡时，大火烧开后应马上开小火并保持卤汤微滚的程度，火候不宜过大，否则会煮成烂泥，成形不佳。

②烫拔羽毛时，水温不宜太热或太凉，太热不易拔去细毛。炸后色泽发白，水温太凉则炸后色泽不美观。

③用锅煮多只鸡时，鸡的老、嫩程度要基本相同，否则嫩鸡已酥烂，而老鸡火候不够影响其风味。

5）思考练习

①德州扒鸡在选料上有什么讲究?

②德州扒鸡在操作过程中存在哪些关键因素?

 任务28　北京烤鸭

1）菜品赏析

相传，烤鸭之美是源于名贵品种的北京鸭。北京鸭是当今世界非常优质的一种肉食鸭。据说，这一特种纯北京鸭的饲养约起于千年前，是因辽金元的历代帝王游猎，偶获此纯白野鸭种，后为游猎而养，一直延续下来，才得此优良纯种，并培育成今天的名贵的肉食鸭种。因用填喂方法育肥，故名"填鸭"。

图2.28　北京烤鸭

2）原料选择

净填鸭1只（约2000克），饴糖水35克，甜面酱、葱白段、蒜泥、荷叶饼等适量。

3）工艺详解

①鸭坯处理。光鸭洗净后经过打气、掏膛、洗膛、挂钩、烫皮、打糖、晾皮等多道工序处理。首先要向鸭体皮下脂肪与结缔组织之间充入气体约八成满，使鸭体膨胀，再掏膛，取净内脏、气管、食管，将高粱秆做成的鸭撑放进鸭膛，将鸭膛撑起，并用清水冲洗鸭膛，将鸭子挂在铁钩上。用沸水烫洗鸭皮，使其绷紧，油亮光滑。然后打糖色，在鸭身上均匀地浇淋上饴糖水，使鸭皮呈浅枣红色，接着将鸭子挂在阴凉通风处吹干。

②烤制。通常用挂炉烤。在鸭子入炉之前，先在肛门处塞入一节8厘米长的高粱秆，塞严肛门（有节处塞入肛门里边），并从刀口处灌入八分满的沸水。鸭子入炉后，先烤鸭的右背侧（即有刀口的一侧），使热气从刀口处进入鸭膛，把水烧沸，6~7分钟后转向左背侧烤3~4分钟，再烤右体侧3~4分钟，并燎左裆30秒；烤左体侧3~4分钟，燎右裆30秒；鸭背烤4~5分钟。按上述顺序循环地烤，直到鸭身呈红色成熟为止。

③片鸭方法。烤鸭出炉后，先倒出膛内沸水，再行片鸭。片鸭的方法有两种：一种是皮肉不分，片片带皮，片成条形或片形；一种是皮肉分开，先片皮，后片肉。以前者为主。操作时，戴上一次性手套，左手扶着鸭腿骨尖或鸭颈，右手持刀片鸭头，拇指压在刀的侧面，片进鸭肉后，拇指按住鸭皮，把鸭肉片掀下。片鸭的顺序是：先割下鸭头，鸭脯朝上，从胸脯前（胸凸起的前端）向颈根部斜片一刀，再从右胸侧片三四刀，左胸侧片三四刀，切开锁骨向前掀起。然后沿着胸骨两侧各划一刀，使脯肉和胸骨分开，再从右胸侧片起，片完翅膀肉后，将翅膀骨拉起来，向里别在鸭颈上。片完鸭腿肉后，将腿骨拉起来，别在腋窝中，片到鸭臀部为止。右边片完后再片左边。1只约2000克的烤鸭，可片出90片肉，再大者可片108片。最后将鸭嘴壳剁掉，将鸭头从中间竖切一刀成两半，再将鸭尾尖片下，将附在鸭胸上的左右两条肉撕下，一起放入大盘中，配荷叶饼、甜面酱、葱白段、蒜泥上席。

4）制作关键

①鸭坯充气要适中，太足会破口或跑气，太少则干瘪不丰满。

②烫淋鸭皮要适度，过度则鸭皮出油不易着色，太少则毛孔不紧闭，容易跑气，烤制过程中鸭皮容易松弛。

③打糖色要进行两次，以保证上色均匀，成品色泽好。

④炉内温度控制在230~250 ℃。过高鸭皮会紧缩，过低则会使胸脯起皱，同时，不能将鸭脯直接对着火烤。

5）思考练习

①鸭坯为何要充气？以充多少为度？

②鸭坯为何要用沸水烫皮？操作上有何技巧？

③鸭坯淋浇饴糖水的作用是什么？为何要浇两次？

④鸭坯腹腔中为何要灌入沸水？怎样防止漏水？

⑤如何掌握烤鸭的温度和时间？

⑥如何掌握烤鸭的操作手法和各部位烤制的顺序？

 任务29　山西烧鸭

1）菜品赏析

山西烧鸭又名"香酥鸭"，是山西风味鸭类菜肴中的名品，虽然在制作工艺上与其他风味的"香酥鸭"有些相同之处，但在主料的选用及辅料的调配上有很大的不同。在吃法上是用"气鼓饼"、葱条、黄酱夹食，体现了山西烧鸭的独特风味。

图2.29　山西烧鸭

2）原料选择

肥鸭1只（约2500克），酱油100克，黄酒50克，葱白100克，黄酱100克，姜15克，精盐5克，味精10克，香料5克，白糖15克，芝麻油20克，精炼油等适量。

3）工艺详解

①将鸭背开取内脏，去气管、鸭肺、食囊、鸭臊等，然后洗净，剁去翅尖，拔去鸭舌，剁去1/2鸭嘴，把脊骨横剁数刀，皮朝下放在盆中，用酱油、黄酒、盐、味精、芝麻油、葱白、姜、白糖、香料腌4小时。

②腌好的鸭子带调料入笼，旺火蒸4小时至软烂取出，滗净卤汁。放入八成热的油锅中，炸至表皮上色捞出，在漏勺中翻身，待油烧至九成热时，鸭脯朝上，下锅继续炸至外皮松酥捞出，再把油烧至九成热，炸制第三次，直到炸成金黄色，酥透捞出，装盘。

③黄酱加白糖入笼蒸透，加芝麻油调匀。葱白切劈柴条，分别装小碟，配山西面点"气鼓饼"，一起装盘。

4）制作关键

①在鸭肉腌制过程中，要勤翻身，使鸭肉入味均匀。

②在炸制过程中，控制好火候和油温。

5）思考练习

简述烧鸭的制作过程。

任务30 葱烧海参

1）菜品赏析

袁枚《随园食单》记载："海参无为之物，沙多气腥，最难讨好，然天性浓重，断不可以鲜汤煨也。"有鉴于此，北京丰泽园饭庄老一代名厨王世珍率先进行了改革。他针对海参"天性浓重"的特点，采取"以浓攻浓"的做法，以浓汁、浓味入其里，浓色表其外，达到色、香、味、形四美俱全的效果。

图2.30　葱烧海参

2）原料选择

水发海参350克，章丘大葱200克，酱油25克，黄酒20克，味精3克，精盐4克，姜块25克，白糖15克，糖色3克，湿淀粉50克，鲜汤300克，精炼油等适量。

3）工艺详解

①将海参用清水洗净，切成1.5～3厘米宽的厚片，汤锅内放入凉水，放入海参煮透捞出，控净水；葱白切成长4厘米的段，姜块拍松，待用。

②炒锅置火上，舀入适量精炼油，烧至六成热时，放入葱段，炸至金黄色时捞出，葱油备用。

③汤锅内加入鲜汤、葱段、姜块、盐、黄酒、酱油、白糖、海参，旺火烧沸，转微火煨2分钟，然后倒入漏勺内控净水，拣去葱段和姜块。

④炒锅置火上，舀入精炼油，加入海参、炸好的葱段、精盐、鲜汤、白糖、黄酒、酱油、糖色，烧开后移至微火煨至汤汁浓稠后，再转旺火撒入味精，勾琉璃芡，淋入葱油，盛入盘中即成。

4）制作关键

①海参本身有腥味，初步处理时用凉水慢慢加热，焯水时加一些黄酒、葱段、姜块，以便去掉腥味。

②炸葱时，要掌握好油的温度及炸制的时间，一般以金黄色为好。

③糖色与酱油的使用要合理，一般为1∶2。

5）思考练习

简述海参的去腥工艺。

任务31 糟溜鱼片

1) 菜品赏析

糟溜鱼片是鲁菜名菜,此菜肉质滑嫩,鲜中带甜,糟香四溢。因为糟是指用香糟曲加绍兴老酒、桂花卤等泡制酿造而成的香糟卤,所以烹制出的鱼片香郁鲜嫩,味美无比。

图2.31 糟溜鱼片

2) 原料选择

带皮黄鱼肉250克,水发木耳25克,鸡蛋(1个)清,黄酒10克,香糟酒25克,白糖15克,精盐4克,味精2克,葱姜汁15克,湿淀粉50克,鲜汤200克,湿淀粉20克,精炼油等适量。

3) 工艺详解

①将黄鱼洗净去骨,切成薄片,加精盐、鸡蛋清、干淀粉拌匀上浆。木耳用沸水余烫,倒入碗内,待用。

②炒锅置火上,舀入精炼油,烧至三成热时,将鱼片散落下锅,待鱼片变成米白色时捞出沥油。

③炒锅复置火上,留少许底油,放入鲜汤、精盐,把鱼片轻轻地放入锅里,用小火烧沸后,撇去浮沫,加木耳、香糟酒、葱姜汁、白糖、精盐、味精后,轻轻地晃动锅,淋入湿淀粉勾薄芡,大翻锅,淋入明油即可。

4) 制作关键

①鱼片洁白鲜嫩,芡汁呈浅金黄色,口味甜中带咸,咸中带鲜,糟香味浓郁。

②用具、汤、油、作料等必须洁净。

5) 思考练习

①大翻锅的目的是什么?

②香糟酒何时淋入效果最佳?

任务32 拖蒸偏口鱼

图2.32 拖蒸偏口鱼

1) 菜品赏析

拖蒸是鲁菜的特殊烹调技法,为煎和蒸技法的结合。采用此法制作的菜肴,原料多是质地鲜嫩的海产鱼类,尤以偏口鱼最为适宜。

2) 原料选择

鲜偏口鱼1条(约500克),鸡蛋黄200克,肥膘肉丝15克,面粉150克,大料4克,葱丝4克,精盐6克,姜丝4克,味精3克，葱姜汁6克，黄酒5克，香菜梗3克，花椒5克，芝麻油3克，精炼油等适量。

3）工艺详解

①将偏口鱼刮净鳞，去掉鳃、内脏，然后洗净，用刀在鱼身两面剖上斜一字花刀，加葱姜汁、精盐、味精、黄酒抹匀全身，腌制10分钟左右。将鸡蛋黄用筷子搅成蛋黄液。

②平底锅置火上，舀入精炼油，烧至六七成热时，先将偏口鱼带白皮的那一面的面粉拍匀，蘸裹上蛋黄液，放平底锅内煎至金黄色时大翻锅，将另一面略煎，然后拖入鱼盘内，撒上精盐、味精、黄酒、葱丝、姜丝、肥膘肉丝、花椒、大料上笼中蒸8分钟左右，熟时取出。

③拣去花椒、大料，盘内原汤入锅内烧开，撇净浮沫，加味精、精盐调味，撒入香菜梗，淋入芝麻油，均匀地浇在鱼身上即成。

4）制作关键

①煎鱼时，要正确掌握火力。过旺，原料易煳；过弱，容易脱煳。

②蒸鱼时，应准确掌握时间，嫩熟即可，保持鱼肉的鲜嫩特点，以不超过10分钟为度。

5）思考练习

①拖蒸烹饪技法有何特点？

②煎鱼时，关键点有哪些？

任务33　葱油鲤鱼

图2.33　葱油鲤鱼

1）菜品赏析

鲤鱼入馔的历史悠久。《诗经》咏曰："岂其食鱼，必河之鲤。"这说明远在春秋时鲤鱼已是美味佳肴。山西黄河鲤鱼为当地著名特产，用于制馔由来已久，金鳞耀目，肥美无比。大者2500~3000克，最佳者为尾紫、鳞黄。此菜肴为山西的名菜。

2）原料选择

鲜鲤鱼1条（约750克），葱姜丝15克，葱段50克，胡椒粉20克，豉油25克，精盐7克，味精3克，黄酒6克，香菜梗5克，精炼油等适量。

3）工艺详解

①鲜鲤鱼刮去鳞，去掉鳃和内脏，用清水洗净。在鱼脊背剖上间距为1厘米左右的柳叶花刀，深至刺骨。

②将鲤鱼焯水，控净水，放入鱼盘内，撒上精盐、味精、黄酒略腌，再撒入葱姜丝。

③原料放笼屉内蒸至嫩熟，取出滗净汤汁，撒上香菜梗。

④炒锅置火上，舀入精炼油，烧至四成热时，放入葱段煸炸。待葱段焦黄时捞出，随即放入胡椒粉搅匀，再倒入豉油，烧沸后均匀地浇在鱼身上即成。

4）制作关键

①鲤鱼先改刀，用沸水氽透，可有效去除腥味。

②蒸鱼时，要准确掌握时间，不可太老，以嫩熟为好，时间约10分钟。

③炸制葱油时用"鸡腿葱"风味更佳。

5）思考练习

①简述葱油熬制过程。

②怎样去除鲤鱼的腥味？

 任务34 芝麻鱼卷

1）菜品赏析

芝麻鱼卷是烟台传统名菜，以民国年间"大罗天"饭店制作的最佳。

2）原料选择

鲜牙片鱼肉200克，猪五花肉100克，鸡蛋黄75克，精面粉50克，芝麻100克，黄酒4克，葱、姜各8克，精盐4克，味精2克，芝麻油4克，精炼油等适量。

图2.34 芝麻鱼卷

3）工艺详解

①将牙片鱼肉放案板上，片成长5厘米、宽3厘米、厚0.2厘米的长方片，用精盐、味精初步入味。

②将猪肉剁成细泥，加鲜汤、精盐、味精、葱、姜、黄酒、芝麻油搅匀为馅，分别抹在鱼片上，卷成长3厘米、直径1.5厘米左右的鱼卷。

③先用清水将鱼卷表面抹后裹匀精面粉，再蘸匀鸡蛋黄液，滚匀芝麻。

④炒锅放油，烧至七成热时，下芝麻鱼卷炸熟，呈金黄色时捞出沥干油，整齐摆在盘内即成，随花椒盐上桌。

4）制作关键

①鱼肉宜选择肉质细腻、丝缕一致的牙片或鲈鱼等鱼类，不宜选用蒜瓣肉之类的鱼，如鲅鱼、鲐鱼等，以免菜肴制成后破碎，形状不整齐。

②猪肉泥稀稠适度，过稠、过稀皆影响菜肴的质量和造型。

③鱼卷挂糊均匀。炸时油温不要过高。

5）思考练习

①制作鱼卷时有哪些注意事项？

②怎样操作可以使芝麻均匀粘裹在鱼卷表面？

任务35　糖醋黄河鲤鱼

图2.35　糖醋黄河鲤鱼

1）菜品赏析

糖醋黄河鲤鱼是山东济南的汉族传统名菜，是宴会上的佳品。《济南府志》上早有"黄河之鲤，南阳之蟹，且入食谱"的记载。

2）原料选择

黄河鲤鱼1条（约1200克），酱油10克，葱2克，蒜3克，姜2克，白糖200克，米醋120克，黄酒10克，湿淀粉100克，鲜汤300克，盐、精炼油等适量。

3）工艺详解

①将鲤鱼去鳞，开膛取出内脏，挖去两鳃后用水冲洗干净，在鱼身的两面每隔2厘米直剞（1.5厘米深），斜剞（2厘米深）成翻刀，直刀剞至鱼骨时向前推剞，在根部划一个刀口，便于鱼肉翻卷，然后提起鱼尾使刀口张开，将黄酒、盐撒在鱼身腌制入味。

②鲜汤、酱油、黄酒、醋、白糖、盐、湿淀粉放入碗中兑成芡汁。

③腌制好的鱼身均匀地裹上一层湿淀粉，手提鱼尾放在七成热的油锅中炸制，待外皮焦化转硬时，移至微火上浸炸3分钟取出。锅内的油继续烧至九成热时，将鱼放入炸至金黄色时捞出摆放在盘中，然后用手垫净布，将鱼捏松。

④锅内留少许净油，烧热后放入葱、姜、蒜，煸炒出香味，倒入兑好的芡汁，舀入炸鱼的沸油冲入芡汁搅匀，迅速浇到鱼身上即成。

4）制作关键

①鱼身两面的刀口要对称，每片的深度、大小要基本相同。

②糖醋汁要炒成"活汁"，就必须在芡汁糊化过程中冲入沸油。

③掌握好糖、醋、盐的比例，一般用白糖200克，醋120克，盐3克，兑糖醋汁。

5）思考练习

①剞刀的操作关键是什么？

②加工处理时，剞花刀的注意事项有哪些？

③浇汁时，怎样才能使之发出"吱吱"的响声？

任务36　浇汁四鼻鲤

1）菜品赏析

浇汁四鼻鲤是山东名菜，用微山湖特产四鼻鲤鱼烹制而成，因乾隆皇帝赏识而分外知名。

2）原料选择

四鼻鲤1条（约650克），白糖5克，酱油5克，黄酒10克，味精2克，姜末5克，芝麻油3克，鲜汤100克，精炼油等适量。

3）工艺详解

①鱼去鳍、鳃和鱼鳞，开膛去净内脏，鱼身两侧每隔1厘米横切一刀，成斜一字形花刀。

②炒锅放入清水，旺火烧开，将鱼放沸水里烫2~3秒，使刀口张开，去腥味。

图2.36　浇汁四鼻鲤

③炒锅放入精炼油、白糖，大火推炒，注入鲜汤，用手勺调匀。汤开后放味精、黄酒和酱油，再将烫过的鱼放入汤中，烧开后，改微火焖约20分钟，等汤汁减少1/3时，转旺火上烧开，快速将鱼捞出，放入鱼盘中。

④锅内底汤继续放旺火上，并用手勺不停地搅动，待汤汁稠浓后淋入芝麻油，浇到鱼盘中的鱼身上，撒上姜末即成。

4）制作关键

①剞花刀时，要注意切口的方向和深度，防止开口过大，导致原料不成形。

②调制味汁时，注意原料口味的把握。

5）思考练习

①四鼻鲤鱼与河鲤有什么区别？

②以鲫鱼为例，说出野生鲫鱼的特点。

任务37　包封鲫鱼

图2.37　包封鲫鱼

1）菜品赏析

包封鲫鱼是陕西传统风味名菜，以鲫鱼为主料，加猪油及多种调料腌制而成，工艺独特，风味绝佳。

2）原料选择

鲜鲫鱼2条（约1000克），姜25克，葱30克，黄酒100克，精盐7克，白糖100克，白酒100克，八角10克，花椒10克，猪网油250克。

3）工艺详解

①鲫鱼刮鳞去鳃，剖腹取出内脏，用水冲净，撒上精盐1克，涂抹均匀。

②将葱、姜洗净，切成细丝。猪网油撕去薄膜，剁成小块，调入精盐6克、白酒、白糖、黄酒、八角、花椒浸腌待用。

③鱼揿干水，腹部装入腌好的猪油块，用锡纸将鱼包严，用绳捆好，悬挂在通风处，约3个星期。

④将鱼取回，打开封皮，加入葱丝、姜丝拌匀，上笼蒸20分钟即成。

4）制作关键

包封鲫鱼多在立冬后制作。盛夏酷暑，天气湿热，易于变质，不宜制作。

5）思考练习

①猪网油在菜品制作过程中起什么作用？

②包封鲫鱼适合在什么样的季节制作？请说出原因。

 任务38　官烧比目鱼

1）菜品赏析

图2.38　官烧比目鱼

官烧比目鱼是天津市传统名菜，以渤海湾特产半滑舌鳎鱼为主料烹制而成。此菜入席之后色呈黄、白、黑、绿，逗人喜爱，鱼肉外酥内脆，质地分外细嫩，酸中带甜，开人胃口。冠名"官烧"，是因为清朝时乾隆皇帝品尝过这道菜。比目鱼的全身只生一根大刺，鳞片小，肉质极细嫩、鲜腴。"官烧比目鱼"主料呈金黄色，白、绿、深棕色配料点缀其间，色调和谐明快，鱼条口感外酥里嫩，汁包主料，酸甜中略带咸味，为独具特色的佐饮上品。

2）原料选择

净比目鱼肉250克，水发冬菇20克，净冬笋20克，净黄瓜20克，鸡蛋半个，葱丝1克，姜丝1克，蒜片1克，精盐1克，白糖40克，姜汁15克，黄酒15克，香醋30克，干淀粉20克，湿淀粉25克，鲜汤75克，花椒油8克，精炼油等适量。

3）工艺详解

①将比目鱼肉切成长4厘米、直径1.5厘米见方的条，用姜汁、黄酒腌制10分钟。将冬笋、黄瓜切成长3厘米、直径1厘米见方的条。另将冬菇用模具压成长约3厘米的小鱼形（冬笋、黄瓜亦可同样处理）。

②把鸡蛋、淀粉调成稠糊，加精盐、注入少许精炼油搅匀，放入比目鱼条。

③炒锅置旺火上，舀入精炼油，烧至七成热时，将比目鱼条蘸匀稠糊下入，炸成金黄色，倒入冬菇、冬笋、黄瓜过油速炸，一并倒入漏勺沥油。

④原锅留底油，复置火上，下葱丝、姜丝、蒜片爆香，烹姜汁、黄酒、香醋、鲜汤，精盐、白糖，汤沸后，用湿淀粉勾芡，倒入比目鱼条、冬菇、冬笋、黄瓜颠翻均匀，淋花椒油出锅。

4）制作关键

①调配全蛋糊时，要控制好蛋糊的比例和浓稠度。

②炸制油温要控制在七成热以上，防止因低油温加热而导致原料松散。

③烧制、调味过程中，减少翻锅次数。

5）思考练习

①详述全蛋糊调配工艺。

②烹调时，对火候有什么要求？

任务39 软溜鲤鱼带焙面

1) 菜品赏析

庚子事变后，著名的厨师孙可法在招待慈禧的大宴上做了道糖醋溜鱼。慈禧和光绪吃后十分欣赏，光绪说"古汴珍馐"，慈禧则说"膳后忘返"。随行的一位太监听后，随即书写了"溜鱼何处有，中原古汴州"之句赐给开封。

图2.39 软溜鲤鱼带焙面

2) 原料选择

黄河鲤鱼1条（约750克），精白面粉500克，葱花10克，姜汁15克，精盐4克，白糖200克，醋50克，黄酒25克，湿淀粉20克，鲜汤400克，食碱0.5克，精炼油等适量。

3) 工艺详解

①制焙面。面粉加盐、碱水，和成面团稍饧，经溜条后抻成细如发丝的细面条，盘成4盘，放在小面板上。炒锅置火上，放入精炼油，烧至170 ℃时，逐盘放入龙须面，炸成金黄色时捞出，沥净油，排叠入腰盘中备用。

②鲤鱼洗净，用刀在鱼身两面剞上月牙形花刀，用少许精盐搓遍鱼身内外腌制。

③炒锅置火上，舀入精炼油，烧至180 ℃时，放入鲤鱼炸制，定型后转微火浸炸，经过几次重油，至鲤鱼外层酥脆时捞出沥油。

④锅内留少许净油，放入鲜汤、精盐、白糖、醋、黄酒、姜汁、葱花和鲤鱼，烧入味后用湿淀粉勾芡，汤汁收浓时，淋入少许热油，用手勺搅打芡汁，直至糖醋汁黏稠透亮时，将鲤鱼铲出，装入大鱼盘，浇上糖醋芡汁，与焙面一同上桌供餐。

4) 制作关键

鲤鱼过油时，高温定型，低油温浸透，高温重油，外层酥脆。

5) 思考练习

①此菜与脆溜的糖醋黄河鲤鱼在制法上有何不同？

②鲤鱼过油时，为何要反复低浸炸和重油？

任务40 白汁银鱼

图2.40 白汁银鱼

1) 菜品赏析

白汁银鱼是天津风味名菜。银鱼见于东亚咸水和淡水中，在中国被誉为"美味"。其体细长，似鲑，无鳞或具细鳞，很少长于15厘米。口大，牙大而尖利。

2) 原料选择

鲜银鱼20条（约300克），葱花2克，姜汁5克，精盐3克，味

精2克,面粉25克,黄酒7克,湿菱粉20克,鲜汤150克,精炼油等适量。

3)工艺详解

①银鱼去眼洗净揾干,蘸匀面粉。

②炒锅置火上,放入精炼油烧至四成热时,将银鱼逐条下入油锅中炸熟,捞出沥油。

③锅内留少许精炼油,煸香葱花,放入盐、姜汁、鲜汤、黄酒、味精,然后放入银鱼,烧沸后改小火稍焖,用湿菱粉勾米汤芡,淋明油,大翻锅,起锅装入鱼盘中即成。

4)制作关键

①银鱼蘸匀面粉后要注意形状的完整。

②烧银鱼时,要注意火候和口味的把握。

5)思考练习

①炸鱼时如何把握油温和鱼的成熟度?

②怎样才能保持银鱼的完整?

 ## 任务41　绣球干贝

图2.41　绣球干贝

1)菜品赏析

绣球干贝为山东传统的名贵海味菜,是将对虾、猪肉制泥后做成丸子,将搓成细丝的干贝滚在丸子的周身,蒸熟后勾芡浇汁。其制作方法考究,成菜造型酷似绣球,洁白光亮,口感爽嫩,鲜而不腻,甘美多汁。

2)原料选择

水发干贝200克,虾仁150克,猪肥膘肉50克,火腿15克,冬笋15克,水发冬菇15克,葱丝、姜丝各3克,葱姜水20克,鸡蛋清50克,精盐3克,味精2克,黄酒5克,鲜汤300克,湿淀粉15克,精炼油等适量。

3)工艺详解

①将干贝挤净水搓成细丝;火腿、香菇、冬笋均切成2厘米长的细丝,用沸水焯烫,晾凉并挤干水,与干贝丝拌匀。

②虾仁、肥猪膘肉剁成细泥,放在碗中加鲜汤、精盐、味精、黄酒、葱姜水、鸡蛋清搅匀,挤成2.5厘米大小的丸子,放在干贝丝料中裹蘸均匀,做成绣球干贝生坯。

③将葱丝、姜丝均匀地撒在生坯上,然后放入笼中蒸至成熟,取出滗净汤汁。炒锅内放入鲜汤,加黄酒、精盐、味精烧开后撇净浮沫,用湿淀粉勾成琉璃芡,淋入精炼油,均匀地浇在绣球干贝上即成。

4)制作关键

①各种辅料切丝要细而且均匀。

②注意蒸制的火候和调制芡汁的浓度。

5)思考练习

简述干贝去腥的工艺流程。

任务42 熸大虾

1）菜品赏析

20世纪50年代前后，我国四大名旦之一尚小云到烟台演出时，对"蓬莱春"饭店所制的"熸大虾"特别嗜好，屡屡到此设宴，并言传于他人，"蓬莱春"便由此名噪港城。"熸大虾"是该店的名菜之一。

图2.42 熸大虾

2）原料选择

新鲜大虾10只（约600克），白糖50克，葱段8克，姜片8克，蒜片5克，精盐3克，黄酒5克，醋3克，味精2克，鲜汤200克，精炼油等适量。

3）工艺详解

①将大虾去腿、须，挑去背部的虾线，除去沙带洗净。

②炒锅置火上，放入精炼油烧热，加葱段、姜片、蒜片、大虾煎至两面深红，烹入醋、黄酒，加鲜汤、精盐、白糖烧沸，撇去浮沫，用慢火熸熟，待汤汁浓稠时，加入味精，将虾取出整齐地放在盘内，余汁加上精炼油搅匀，淋浇在虾身上即成。

4）制作关键

①大虾初步加工时，确保体形完整。

②必须采用慢火烹制，谨防糊底。

5）思考练习

①怎样对大虾进行初步加工？大虾初步加工的关键点有哪些？

②汤汁浓稠而红亮的主要原因是什么？

任务43 凤尾桃花

图2.43 凤尾桃花

1）菜品赏析

凤尾桃花质地鲜润而嫩，口味酸甜咸香，形似桃花、凤尾。色泽鲜艳，层次分明，造型别致，是辽宁地方名菜之一。

2）原料选择

对虾10只，虾仁50克，海参50克，鸡肉50克，香菜叶2克，黄酒25克，番茄酱20克，奶油15克，盐2.5克，鸡蛋200克，面包糠100克，味精2.5克，葱40克，姜40克，淀粉50克，鲜汤、精炼油等适量。

3）工艺详解

①大虾去头、皮，留尾，挑掉沙线后，切成两段，靠头部的一段从背部划3刀，成虾球坯料。虾尾从背部下刀劈开，下部相连，斩断筋，再用黄酒、精盐腌制入味，铺开卷入0.5厘米粗、1.3

厘米长的奶油条,从刀断面处卷至尾端。

②将海参、虾肉、鸡肉均切成小细丁。炒锅置火上,加入精炼油,烧热后放入葱、姜煸香,投入切好的三鲜丁翻炒,再烹入黄酒、酱油、味精、精盐,炒熟,然后调好口味,出锅装在碗内备用。

③取鸡蛋黄,制成直径为12厘米的圆形蛋皮一张,将炒好的三鲜丁堆在蛋皮上,鸡蛋清打蛋泡糊,覆盖在三鲜丁表面,用香菜叶点缀成花草,全部制成后用小火蒸熟取出,成为雪墙三鲜摆在盘中间。

④将卷好的虾拍满干淀粉,裹匀蛋液,蘸面包渣,投入五成热油锅中炸制定型,捞出,待油烧至八成热时,复炸虾球至表面金黄捞出,沥净油。锅内留少许底油,将番茄酱下入煸炒,待油色变红时,倒入鲜汤,调入精盐、味精,把炸好的虾球放入,移至慢火上煨烤,待汁浓入味时,淋入精炼油,夹出摆在雪墙三鲜四周即可。

4)制作关键

①面包渣要蘸均匀,炸成明黄色即可。

②三鲜丁炒熟即可,否则发紫。

③打蛋泡糊以能立住筷子为佳。

④蒸好的雪墙不要马上出锅,待虾球煨好后,再揭盖取出,不然上面香菜叶会发黄。

5)思考练习

①炸制虾的过程中要注意哪些问题?

②煨制工艺的特点是什么?

任务44 烩乌鱼蛋

图2.44 烩乌鱼蛋

1)菜品赏析

烩乌鱼蛋是山东菜系中一款历史颇为久远的传统名菜,为明末清初以来的珍馐美味。烟台的各大酒楼均有出售,备受食客的称赞。

2)原料选择

水发乌鱼蛋150克,香菜末5克,精盐2克,黄酒10克,醋50克,葱段5克,姜块10克,白胡椒面2克,味精2克,湿淀粉30克,鲜汤750克,芝麻油5克,精炼油等适量。

3)工艺详解

①将乌鱼蛋的外层皮膜去掉,切成片状,用清水反复洗净。将香菜切成末,放在碗内,待用。

②炒锅置火上,加入清水烧沸,放入乌鱼蛋片汆烫,倒入漏勺内控净水。

③炒锅洗净,复置火上,舀入精炼油,烧至五成热时,放入葱段、姜块,煸香取出,倒入鲜汤和乌鱼蛋,调入精盐、黄酒,烧开后撇去浮沫,加上醋、味精,用湿淀粉勾芡,撒上胡椒面和香菜末搅匀,盛入汤碗内淋上芝麻油即成。

4）制作关键

①氽制乌鱼蛋的时间不宜太长，确保质地滑嫩。

②调味要准确，咸鲜适宜，酸辣适中。

③勾芡后在火源上加热时间不能过长，避免汤汁混浊。

5）思考练习

①什么是乌鱼蛋？怎样对其进行涨发加工？

②此菜的操作关键与质量要求是什么？

 # 任务45　彩云鱼肚

1）菜品赏析

彩云鱼肚选用质厚、晶莹、透亮的山东半岛盛产的黄鱼肚为主料烹制而成，是济南历史悠久的传统名菜。

2）原料选择

油发鱼肚400克，火腿10克，鸡蓉75克，黄蛋糕10克，黄瓜皮10克，冬菇10克，鸡蛋（3个）清，黄酒25克，精盐3克，干淀粉30克，湿淀粉10克，鲜汤100克，味精2克，精炼油等适量。

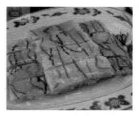

图2.45　彩云鱼肚

3）工艺详解

①将火腿、黄瓜皮、冬菇、黄蛋糕切成长3厘米、截面成0.1厘米见方的丝。鸡蛋清与干淀粉搅拌成糊备用。

②发好的鱼肚改切成长10厘米、宽8厘米的大片，放入鲜汤内焯烫，捞出晾凉沥干水，用精盐、味精，腌制入味，分层抹上蛋清糊、鸡蓉，交叉相间地放上火腿、冬菇、黄蛋糕、黄瓜皮丝，放入盘内入笼蒸约5分钟取出，切成宽1.5厘米的横条，放入平盘内。

③锅内加入鲜汤、精盐、味精、黄酒烧开，撇去浮沫，用湿淀粉勾芡，淋上精炼油，浇在鱼肚上即可。

4）制作关键

鱼肚涨发：先将整个鱼肚用温油浸软，捞出改成小方块，再下入热油内（保持温度不减），泡3~4小时，另烧七八成沸的油，下入鱼肚，发响声膨胀时，用漏勺压浸在油内，并反复翻动。怎样检查鱼肚是否已经发透？其办法有两种：一是用勺敲打，若响声松脆即已发透，否则再继续发。二是捞出一块，一掰即成两半即已发透，若掰时中间相连不断则未发透，可继续发。发的整个过程中要注意掌握火候、时间，并不停地用勺推动，使其受热均匀。发好的鱼肚颜色不黄不焦则为正常。若未发透，用水泡时会呈浆糊状而报废。发好后存起来，用时温水泡上，压以重物，使鱼肚完全浸泡在水里，待浸透发软时捞出，轻轻地挤去水，根据做菜需要修改成形。用热水加食碱洗去油质，再用热水洗净，用凉水清洗一次，再用凉水泡上。当时不用可存放于冰箱保鲜室内或通风、温度低处，每日换两次水。

5）思考练习

①常用鱼肚种类有哪些?

②详述鱼肚的涨发过程。

任务46 炸蛎黄

图2.46 炸蛎黄

1）菜品赏析

炸蛎黄制作简便,色泽金黄,外面焦酥芳香,肉鲜嫩多汁,是烟台地区渔村中的家常名肴。

2）原料选择

蛎黄500克,面粉150克,精盐3克,花椒油5克,精炼油等适量。

3）工艺详解

①蛎黄拣去杂质,用清水洗净,沥干水,撒上精盐腌制入味,蘸满面粉。

②炒锅内放入精炼油,烧至七成热时,将加工好的蛎黄放进油内炸约1分钟,待表面呈黄色时,立即捞出,待油烧至九成热时,再将蛎黄入油复炸,盛入盘内,上桌时外带花椒盐。

4）制作关键

①蛎黄加盐腌制,入冰箱保鲜室冷冻片刻后再炸,质味皆佳。

②炸蛎黄必须复油,颜色金黄,外焦里嫩。

5）思考练习

高温油炸蛎黄时应注意哪些问题?

任务47 油爆大蛤

1）菜品赏析

油爆大蛤,在山东沿海历史悠久,宋朝时已有烹制,沈括《梦溪笔谈》中就记载有用油烹制蛤的方法。此法经历代厨师改进,于清朝年间形成现在的"油爆大蛤",成为山东传统菜品。

2）原料选择

鲜大蛤肉200克,水发玉兰片10克,青菜20克,葱段5克,姜片5克,蒜片3克,精盐5克,黄酒3克,鲜汤150克,芝麻油2克,湿淀粉、精炼油等适量。

图2.47 油爆大蛤

3）工艺详解

①大蛤肉用清水洗净，切成大薄片，下锅用沸水略汆，捞出控净水。鲜汤、精盐、湿淀粉调成兑汁芡。玉兰片、青菜分别切成片，备用。

②炒锅内加入精炼油，旺火烧至八成热时，将大蛤肉下锅爆制成熟，迅速捞出控净油。

③锅内留少许精炼油，用葱段、姜片、蒜片煸香，加玉兰片、青菜略炒，烹入黄酒，倒入蛤肉及兑好的芡汁，颠翻均匀，淋上芝麻油即成。

4）制作关键

蛤片水烫断生，爆前调好兑汁芡，高油温爆制作，要求汁卤紧抱，脆嫩爽口。

5）思考练习

加热过程中，怎样才能保持蛤片鲜嫩多汁的特点？

 任务48　芙蓉干贝

1）菜品赏析

芙蓉干贝是山东传统名菜，历史悠久，也是福山各大饭馆的家常菜。"芙蓉干贝"以干贝为主料，加鲜汤上屉蒸熟，再将鸡蛋清上屉蒸熟呈芙蓉状，将蒸好的干贝撒在上面，倒入高汤，淋上芝麻油即成。蒸制成的芙蓉干贝，鸡蛋清如同芙蓉出水，干贝恰似石榴莲子出壳，食之鲜嫩可口，回味绵长。

图2.48　芙蓉干贝

2）原料选择

水发干贝100克，鸡蛋（3个）清，青豆10克，火腿15克，精盐3克，味精2克，黄酒5克，湿淀粉30克，鲜汤300克，精炼油等适量。

3）工艺详解

①火腿切丁，鸡蛋清放入碗内，加入精盐、味精、鲜汤搅拌均匀，去掉浮沫，倒入汤盘内，上笼用慢火蒸熟备用。

②炒锅内加入鲜汤、干贝、青豆、火腿、精盐、黄酒烧开，打去浮沫，放入味精，用湿淀粉勾芡倒在芙蓉上面，淋上明油即成。

4）制作关键

①干贝涨发要透。

②蒸芙蓉底要恰当掌握火候和加入鲜汤的比例。

5）思考练习

①简述芙蓉蛋的制作过程。

②芙蓉干贝的制作关键是什么？

任务49　甲第魁元

图2.49　甲第魁元

1）菜品赏析

甲第魁元，又名炖甲鱼，是山西传统筵席中的高档菜肴和地方风味珍肴。山西昔日河溏水秀，盛产甲鱼，以甲鱼为主料的菜肴就有炖甲鱼、凤翅长寿鱼、红炖甲鱼等数十种，在洪洞还有著名的"甲鱼筵"，其中，最具代表性的要数甲第魁元。

2）原料选择

甲鱼650克，净母鸡750克，黄芪20克，红萝卜75克，黄酒50克，葱段5克，姜片5克，精盐3克，味精1克，精炼油等适量。

3）工艺详解

①将甲鱼放入盐水桶内静养，使其吐净腹中杂物。光母鸡斩成块，放入沸水中焯水去血污，捞出洗净浮沫。红萝卜切成滚刀块，焯水待用。

②将甲鱼宰杀，从腹中开口，去掉内脏，用沸水稍烫，刮去黑衣，揭开背部的硬壳，清洗干净。

③砂锅置火上，放入甲鱼，甲鱼腹内放入黄芪、葱段、姜片，加入清水、鸡块、黄酒，大火烧沸后，转小火炖1小时至原料酥烂，去掉葱段、姜片，放上甲鱼硬壳，放入红萝卜，加入精盐、味精，再加热10分钟，离火，一起上桌即成。

4）制作关键

①甲鱼在宰杀前最好活养，以去掉部分甲鱼内的异味。

②母鸡要选用仔母鸡，过老肉质不嫩。

③注意原料投放顺序。

5）思考练习

①为何太小的甲鱼滋补性较差？

②简述甲鱼初加工的步骤。

任务50　氽西施舌

1）菜品赏析

氽西施舌是山东名菜，用贝类中的珍品西施舌氽制而成。西施舌为软体动物门蛤蜊科动物，其壳呈三角形，薄而光滑，壳顶淡紫色，宛如少女红润的面颊。其肉形似舌，肉质细嫩，洁白如玉，味道鲜美，故以我国春秋时美女西施命名。西施舌在唐代已作为入馔的海味上品。这是一道上等的汤菜。

2）原料选择

西施舌肉200克，韭青5克，香菜10克，精盐2克，味精2克，黄

图2.50　氽西施舌

酒5克,鲜汤500克,芝麻油适量。

3)工艺详解

①香菜、韭青洗净切末,西施舌肉洗净,用沸水氽烫,捞出控净水,放平盘内备用。

②炒锅置火上,加鲜汤、精盐、黄酒烧开,撇去浮沫,加入味精、香菜末、韭青末,淋上芝麻油,倒入汤碗内。

③将氽过的西施舌随热汤上桌,倒入碗内即可。

4)制作关键

①西施舌切忌烫老。

②上菜方法独特,必须在餐桌上把氽过的西施舌倒入汤内,以保持西施舌的鲜嫩。

5)思考练习

西施舌与乌贝舌有什么异同点?

 # 任务51　上汤娃娃菜

1)菜品赏析

上汤娃娃菜是洛阳风味名菜。唐朝开元年间,唐玄宗为讨好杨玉环,令御膳房将一棵棵大白菜都剥成小巧玲珑的小菜心,用水焯熟后浇上高汤,杨玉环大悦,吃罢,对唐玄宗说:"你现在是皇帝,来世还是皇帝,来来世仍是皇帝,妾此生为你妾,来生仍为你妾!"唐玄宗感动不已。几天后,唐玄宗封杨玉环为贵妃,汤浸娃娃菜就成了杨贵妃养颜美容的"专有美食",没有传入民间。直至清代,"满汉全席"中有了"上汤"一说,当年唐玄宗御膳房厨师的一位后裔有贵妃"汤浸娃娃菜"的做法,并将其进行完善,从此,"上汤娃娃菜"才正式流入民间。

图2.51　上汤娃娃菜

2)原料选择

娃娃菜400克,生鸡脯肉50克,熟火腿片50克,熟笋片30克,水发香菇片15克,皮蛋1个,鸡蛋(1个)清,黄酒10克,蒜3克,精盐5克,味精1克,干淀粉5克,鲜汤250克,精炼油等适量。

3)工艺详解

①将娃娃菜洗净,剖成4瓣。熟火腿片切成菱形片,蒜切成小瓣,皮蛋切丁。

②将生鸡脯肉切成长7厘米、宽1厘米、厚0.1厘米的柳叶片,放入精盐、鸡蛋清、干淀粉拌匀。

③炒锅放置火上,倒入精炼油,烧至130 ℃时,将娃娃菜放入焐油,待菜梗透明时捞出沥油,将鸡片放入油锅中滑油,全部呈现米白色时倒入漏勺中沥去油。

④将娃娃菜整齐地摆放在砂锅内,将香菇片、笋片、火腿片、鸡脯片均匀码放在上面,放入精盐、黄酒、味精、鲜汤置旺火上烧开,转微火上炖约15分钟,淋入精炼油即成。

4)制作关键

①娃娃菜要用温油焐透。

②炖菜时,应掌握火候,保持汤汁透清。

5)思考练习

①如何使娃娃菜炖制时保持形态完整,且炖透入味?

②火腿、鸡脯、冬笋、香菇为何要切成薄片?

上汤娃娃菜

任务52　炒合菜

图2.52　炒合菜

1)菜品赏析

炒合菜在北京民间流传很广,名为"炒合菜盖帽"。北京人在春分时节讲究吃春饼卷炒合菜,淡雅宜口,也求合美之意。

2)原料选择

猪瘦肉100克,绿豆芽250克,嫩菠菜150克,水发粉丝100克,韭菜75克,鸡蛋2个,黄酒5克,米醋3克,精盐3克,味精2克,葱末1克,姜末1克,精炼油等适量。

3)工艺详解

①将猪肉切成长8厘米、宽0.33厘米的肉丝。菠菜择洗干净,切成长8厘米的段,用沸水焯烫。韭菜择洗干净,切成长3厘米的段。将水发粉丝切成长6厘米的丝,鸡蛋打散加盐1克和葱末少许。

②炒锅烧热,舀入精炼油,放入葱末、姜末煸炒出香味,随即放肉丝,炒至粉白色,烹入黄酒,淋入少许清水,加盐,放入菠菜、粉丝同炒。

③另取炒锅1只,舀入精炼油,放绿豆芽,旺火急炒,随后放盐1克及米醋,以除豆腥味,滗去菜水,将韭菜放入锅内继续炒匀,倒入炒好的肉丝、粉丝,加味精炒匀,即成合菜。

④炒锅烧热,加入精炼油,待热时将打散的鸡蛋倒入锅中,摊成蛋饼,盖在合菜上,即全部完成。

4)制作关键

①绿豆芽一定要掐去头尾,成"掐菜"。

②制作过程中,可以将摊好的鸡蛋皮切丝同菜一起煸炒。

5)思考练习

该菜品与东北"炒合菜"有什么不同?

任务53　酿羊肚菌

1)菜品赏析

羊肚菌是一种美味食用菌,因体态形似羊肚而得名,它与猴头蘑、银耳、竹笋、草菇、花菇、驴窝菌、口蘑统称"草八珍"。"酿羊肚菌"是甘肃名肴中的一枝新花。20世纪50年代,朱德元帅视察甘肃时品尝后盛赞其滋味鲜美,从此,酿羊肚菌很快在兰州、甘南、武都等地区广泛流传。

图2.53 酿羊肚菌

2)原料选择

羊肚菌12个,菠菜100克,猪肥膘100克,胡椒粉1克,葱白5克,姜5克,精盐2.5克,味精5克,酱油10克,黄酒25克,鸡脯肉100克,鸡蛋4个,湿淀粉30克,鲜汤100克,芝麻油6克,精炼油等适量。

3)工艺详解

①将羊肚菌用温水泡发,摘去根蒂,用清水洗净泥沙,使其空心口露在外面。

②葱白切成雀舌葱。姜切成末,菠菜择洗干净,切成段。将蛋黄打入碗内,加湿淀粉调成糊状。

③鸡脯肉、猪肥膘肉洗净剁成蓉。混合均匀,加鸡蛋清、精盐,用竹筷顺一个方向搅打成海绵状,加淀粉制成鸡蓉。

④羊肚菌口朝上,肚尖朝下,用小竹板铲上鸡蓉,酿灌在菌腹中,酿满后用蛋糊封口,上笼蒸约10分钟取出。

⑤炒锅置火上,加入精炼油烧热,放入葱白、姜末煸香后,然后倒入鲜汤200克,加食盐、酱油、胡椒粉,烧开撇去浮沫,投入菠菜,加味精,勾薄芡,浇在羊肚菌上,淋上芝麻油即成。

4)制作关键

①酿羊肚菌制作的关键是制好馅,投料比例要合适,调味要恰当。因为以肉类为馅料,蒸熟后出油收缩,所以填酿时必须充实饱满。

②羊肚菌酿好馅后,蒸时要掌握火候,不可过烂,要保持酿馅的主料完整。

5)思考练习

①羊肚菌的功效有哪些?

②简述干羊肚菌的涨发工艺。

 任务54 淄博豆腐箱

图2.54 淄博豆腐箱

1)菜品赏析

淄博豆腐箱是一道闻名遐迩的地方代表菜。形成至今,代代传承,在博山地区成为一种普遍的菜品。从饭店到家庭,几乎都可以做这道菜,也因各家口味不同,而形成了各类不同的豆腐箱。淄博豆腐箱造型如箱子,内装馅心,色泽鲜艳,味道清香可口,营养丰富,深受食者喜爱。

2)原料选择

豆腐750克,水发海米50克,冬笋20克,猪五花肉300克,水发木耳50克,薹菜心10克,精盐5克,香醋20克,味精3克,湿淀粉10克,姜5克,菱角粉5克,酱油30克,黄酒10克,鲜汤150克,葱5克,蒜10克,精炼油适量。

3）工艺详解

①将豆腐切成长5厘米，宽、厚各25厘米的块（共计16块），放入盘内。猪肉、海米、水发木耳、葱、姜均切成末，蒜切成片，冬笋切成长4厘米的片，菜心切成长4厘米的段。

②锅中加水烧开，将笋片、菜心均用沸水焯水，晾凉待用。

③炒锅控干水，置于火上，舀入精炼油，烧至六成热时，加入葱末、姜末煸炒出香，加入肉末煸炒，至变色出香后，放入黄酒、酱油、精盐、海米、木耳、味精炒匀，盛入盘内，加菱角粉拌匀。

④另取炒锅置于上火，舀入精炼油，烧至七成热时，放入豆腐块，炸至外皮呈金黄色时捞出控净油。用刀贴着豆腐的长边向上留0.2厘米的片，留一面相连，用小刀挖去中间的豆腐，中间填上馅，摆入盘内入笼蒸熟取出。

⑤炒锅内留少许底油，放入葱末、姜末、蒜片煸炒出香味然后烹入醋，加入冬笋片、木耳、菜心、鲜汤、酱油，烧开后用湿淀粉勾芡，浇在豆腐箱上即成。

4）制作关键

①豆腐箱在油炸中的颜色呈金黄色，并且注意颜色必须均匀。

②用刀切开箱盖后，挖出的豆腐应留在壁厚留有2厘米的豆腐以保持箱形完好。

③箱内加馅时应以使箱盖平整为宜，不得太少或太多。

5）思考练习

①怎样才能确保"豆腐箱"的成形规整？

②"豆腐箱"中的馅料分为几种？

 任务55　赛螃蟹

图2.55　赛螃蟹

1）菜品赏析

赛螃蟹是以黄花鱼为主料，配以鸡蛋，加入各种调料炒制成的菜肴，黄花鱼肉雪白似蟹肉，鸡蛋金黄如蟹黄。此菜鱼蛋软嫩滑爽味鲜赛蟹肉，不是螃蟹，胜似螃蟹，故名"赛螃蟹"。

2）原料选择

黄花鱼肉200克，鸡蛋250克，葱末5克，姜末5克，醋10克，精盐3克，黄酒25克，湿淀粉10克，鲜汤100克，芝麻油5克，精炼油等适量。

3）工艺详解

①将黄花鱼肉洗净切成小条，先加入黄酒、味精、盐腌制一会儿，然后加入鸡蛋清、湿淀粉备用。

②炒锅内倒入精炼油，烧至六成热时，先加入葱末、姜末炸香，然后把浆好的鱼条过油至八成熟，倒入漏勺控净油。

③将鸡蛋磕入碗内拨散搅匀，将滑好的鱼条倒入碗内一起搅拌均匀，将黄酒、味精、盐、鲜汤、湿淀粉兑汁芡。

④另取锅,入油烧热,将鱼条、鸡蛋液倒入锅内,拌炒熟后,随下兑汁芡,颠翻均匀,淋入芝麻油即成。外带姜醋汁一起上桌。

4)制作关键

①选用新鲜的黄花鱼,多用鸡蛋黄,少用鸡蛋清,以便保证菜肴的颜色。

②过油滑鱼时,油温不宜过高,要将鱼条的余油控净。炒制时,采取多颠翻少搅拌的方法,避免鱼肉碎烂如泥。

5)思考练习

该菜肴的主料是什么?

 任务56　水炒鸡蛋

1)菜品赏析

水炒鸡蛋原在黑龙江省嫩江流域流行,是一道有着悠久历史的传统风味菜,做法别致,现已被一些高级餐馆列为筵席上的高档菜。

2)原料选择

鸡蛋5个,水发木耳1克,水发香菇5克,水发海米10克,胡萝卜片5克,菠菜叶5克,熟火腿10克,盐5克,味精2克,花椒水2克,芝麻油10克。

图2.56　水炒鸡蛋

3)工艺详解

①鸡蛋打在碗中,搅匀,香菇切成指薄片。胡萝卜、木耳、菠菜叶切成指甲般大小的象眼片,一起放入沸水锅内氽一下,取出控干水。大的海米切碎,熟火腿切成象眼片。

②锅内加清水约350克,加入盐烧沸后,将鸡蛋倒入,用勺贴锅底轻轻推动到全部结块时,将配料香菇、木耳、火腿、胡萝卜、菠菜、海米等全部倒入烧沸,撇去浮沫,加上盐、味精、花椒水、姜汁调好味,起锅倒在汤盘内,浇上芝麻油即成。

4)制作关键

①烹制过程中,注意炒锅的热度和火力的控制。

②水养蛋时,注意不要太散。

5)思考练习

简述水炒鸡蛋的烹调特点。

 任务57　三不粘

1)菜品赏析

三不粘最早是清代皇宫御膳房名菜,有150多年历史。后来广和居有位姓牟的厨师结识了

图2.57　三不粘

一位清宫御膳房里的厨师，学到制作此菜的技艺并稍加改进，使其成为广和居名菜。

2）原料选择

鸡蛋黄12个，白糖250克，干淀粉150克，精炼油等适量。

3）工艺详解

①将鸡蛋黄放入大碗中，加入干淀粉、白糖、温水，用筷子打匀，过细筛。

②将炒锅置于火上，放入精炼油烧热，倒入调好的蛋黄液，迅速搅动，待蛋黄液呈糊状时，一边炒一边放油，炒至蛋黄糊变柔成形、色泽黄亮、不粘炒锅时即成。

4）制作关键

①只用鸡蛋黄，不用鸡蛋清，用油量约为100克。

②此菜火候要掌握好，要做到大火熬至糊状，中小火推搅炒，双手并用，一手搅炒，一手淋油，直到颜色由淡黄变成深黄。

③炒此菜易粘锅，要随时擦净粘在锅边的蛋液。

5）思考练习

为什么不用鸡蛋清制作该菜品？

任务58　蜜三果

1）菜品赏析

蜜三果是历史悠久的山东传统甜菜，"三果"指山楂、栗子、白果，加白糖、桂花酱、蜂蜜，经小火烹制而成。其成菜色泽红、白、黄三色相间，洁雅鲜艳。山楂软烂浓酸，栗子粉糯甘香，白果柔韧适口，是山东风味筵席上的压桌甜菜。

图2.58　蜜三果

2）原料选择

山楂250克，栗子250克，白果250克，白糖200克，桂花酱5克，蜂蜜50克，精炼油等适量，食碱5克。

3）工艺详解

①山楂用水洗净，放入汤锅内加清水（以浸过山楂为宜），中火煮至五成熟时捞出，用0.5厘米粗的铁管捅去核，去皮，用水冲洗干净。栗子洗净，在顶部用刀划成"十"字刀口，放入沸水锅中煮1分钟捞出，剥去外壳、内皮，用温水洗净。白果用刀稍拍，剥去外壳放入盆内，加入沸水及碱粉，浸泡至皮肉分离，刷去软皮，剔除白果心，淘洗干净，放入沸水锅内，用小火煮2~3分钟捞出，沥净水。

②将栗子、白果放入盆内，加清水上笼蒸20分钟，熟透取出，滗净水。

③炒锅内放入精炼油，加入白糖，用中火炒至浅红色时，加清水、蜂蜜、山楂、栗子、白果，煮沸后改用小火烧至糖汁浓稠时放入桂花酱，淋上精炼油，拌匀装盘即成。

4）制作关键

此品蜜汁、主料不用油炸，甜而不腻，清淡爽口。糖汁用小火烧至浓稠如蜂蜜，注意不要
煳锅。

5）思考练习

简述食碱在白果去皮过程中的作用。

项目3

淮扬菜
餐饮集聚区名菜

教学名称： 淮扬菜餐饮集聚区名菜

教学内容： 淮扬菜餐饮集聚区名菜概述

淮扬菜餐饮集聚区代表名菜制作

教学要求： 1.让学生了解淮扬菜餐饮集聚区代表名菜的传说与典故。

2.让学生掌握淮扬菜餐饮集聚区代表名菜的特点、原料选择、烹调加工以及制作关键。

课后拓展： 要求学生课后完成本次实验报告，并通过网络、图书等多种渠道查阅方法，学习淮扬菜餐饮集聚区其他风味名菜的相关知识。

　　淮扬菜餐饮集聚区名菜是以江苏、浙江、上海、安徽为主的餐饮区名菜集聚。重点建设淮扬风味菜、上海本帮菜、浙菜、徽菜创新基地，建设中餐工业化生产基地。

　　浙江菜又称浙菜，由杭州、宁波、绍兴和温州4个地方流派组成。杭州自南宋以来就是东南经济文化的重镇。烹饪技艺前后一脉相承，菜肴制作精细、清鲜爽脆、淡雅细腻是浙菜的主流。宁波、绍兴濒临东海，兼有渔盐平原之利，菜肴以"咸鲜合一"的独特滋味，菜品实在，色彩和味道浓厚。宁波菜选料以海鲜居多，绍兴菜选料以河鲜、家禽居多，具有浓厚的乡村特色，用绍兴酒糟制作的糟菜、豆腐菜充满田园气息。温州素以"东瓯名镇"著称，其菜肴以海鲜原料为主，口味清鲜，淡而不薄。浙江菜的风味特色是选料讲究细、特、鲜、嫩，烹调擅长炒、炸、烩、溜、蒸、烧。口味注重清鲜脆嫩，保持主料的本味，造型讲究精巧细腻、清秀雅丽。其代表菜肴有东坡肉、宋嫂鱼羹、龙井虾仁、油焖春笋、八宝豆汤、雪菜大汤黄鱼、炸响铃、干菜扣肉、白鲞扣鸡、蒜子鱼皮、马铃黄鱼等。

　　上海菜又称沪菜，包括本地风味传统菜和吸收其他风味并经创新而成的海派菜两大组成部分。上海菜的发展与上海城市的变化密切相关。在17世纪前，上海菜以本地风味为主，17世纪80年代后，随着上海的发展，人们从世界各地蜂拥而至，他们给上海带来了丰富多彩的饮食文化。至19世纪40年代，上海汇集了京、津、粤、川、宁、扬、苏、锡、杭、闽、徽、湘、豫等近20种风味，以及各式西菜、西点。许多餐馆利用本地资源，在原有菜肴的基础上制作出符合当地人口味的菜肴，代表菜肴如烟鲳鱼、松仁玉米、扒乌参、扣三丝、炒蟹黄油、干烧鱼等。上海菜的风味特色是清新秀美，温文尔雅，风味多样，具有时代气息等。

干烧鱼

　　安徽菜又称徽菜，起源于歙县一带，与徽商的发展密不可分，可以说哪里有徽商，哪里就有徽菜馆。徽商的足迹几乎遍天下，使得徽菜广泛与各地风味交流。安徽菜由皖南、沿江、沿淮三个地方风味构成。皖南风味以徽州地方菜肴为代表，是徽菜的主流。沿江风味盛行于芜湖、安庆及巢湖地区，以烹调河鲜、家禽见长。沿淮风味主要盛行于蚌埠、宿县、阜阳等地，质朴、酥脆、咸鲜、爽口。安徽菜的风味特色是就地取材，选料严谨。就地取材充分发挥了盛产山珍野味的长处，选料立足于原料的新鲜活嫩，巧妙用火，功夫独特。一道菜肴有时需要不同的火候烹调，创造了多种巧妙控制火候的特殊技艺，擅长烧、炖，浓淡相宜。安徽菜的烹调技法擅长烧、炖、熏、蒸，使安徽菜具有酥、嫩、香、鲜的特色，讲究食补，以食养生。

　　江苏菜又称苏菜，由淮扬、金陵、苏锡、徐海4个地方构成，其影响遍及长江中下游广大地区，在国内外享有盛誉。江苏风味菜肴的特点是用料以水鲜为主，融江淮湖海特产为一体，禽蛋蔬菜四季长供，刀工精细，注重火候，擅长炖、焖、煨、焐，追求本味，清鲜平和，咸甜醇正适中，适应面很广，菜品风格雅丽，形质兼美，酥嫩爽脆而益显其味。

　　江苏素称"鱼米之乡"，兼有海产之利，饮食资源十分丰富。著名的动物水产有太湖银鱼、长江鲥鱼、龙池鲫鱼、扬州青鱼、两淮鳝鱼、南通车螯和盐城泥螺等。植物水产则有太湖莼菜、淮安蒲菜、宝应莲藕和众多湖荡所产的鸡头米、茭白、水芹菜等。名特产还有湖熟鸭、扬州鹅、狼山鸡、泰兴猪、南京香肚、如皋火腿、靖江肉脯、界首茶干、海州铁雀和无锡油面筋等。四季常青的鲜蔬则有南京瓢儿菜、板桥萝卜、扬州梅岭菜心、仪征菜等以及枸杞头、马兰头等，都为江苏风味菜肴提供了深厚的物质基础。选料不拘一格，食料物尽其用，因料加工施艺，是江苏烹饪工艺的一大特色。猪头虽本属低档食材，但经扬州厨师烹制成"扒烧整猪头"，却滑黄流香；鸭胰原为弃物，但经南京厨师调制成"美人肝"，却身价10倍。斑肝之类为常时所不取，经苏州厨师制成"肝肺汤"，顿成名士所咏之珍馐。江苏菜刀工精细，刀法多变，或细切粗斩，或先片后丝，或脱骨浑制，或雕镂剔透，都显示了刀艺的精湛超群。如南京的冷切拼盘、苏州的花刀造型和扬州的西瓜灯雕等，都是江苏菜刀工名品。江苏菜重视火候，讲究火工。江苏宜兴为中国陶都，所产砂锅焖钵，为炖、焖、煨、焐提供了优质炊具，还有蒸、烤、熏、熬等烹调技法，均可见火工精妙。著名的"镇扬三头"（扒烧整猪头、清炖蟹粉狮子头、拆烩鲢鱼头）、"苏州三鸡"（常熟叫花鸡、西瓜童鸡、早红橘酪鸡）和"金陵三叉"（叉烤鸭、叉烤鱼、叉烤乳猪）等均堪称众多菜品的代表作。淮扬风味以扬州、两淮（淮安、淮阴）为中心，以大运河为主干，南起镇江，北至洪泽湖周边，东至里下河并及于沿海。这里水网交织，江河湖荡所出甚丰。菜肴以清淡见长，味和南北，概称为"淮扬菜"。

拆烩鲢鱼头　　扬州概况　　扬州厨刀的
历史文化等

任务1　叉烤酥方

1）菜品赏析

叉烤酥方是淮扬传统名菜，菜品皮面松脆异常，肉质干香酥烂，油而不腻。

图3.1　叉烤酥方

2）原料选择

带骨小排五花肉1块（约3500克），葱白150克，芝麻油50克，绵白糖15克，甜面酱150克。

3）工艺详解

①将葱白切成长4厘米的段，用小刀破成花鼓形，放入清水中浸泡。

②甜面酱放小碗内，拌上绵白糖，上笼蒸熟取出，加少许芝麻油调匀。

③将方肉洗净，放砧板上，用刀从中间将肋骨斩断，将四周修平，切成宽25厘米、长37厘米的一块长方块，用竹签在猪里脊肉部分戳上若干蜂眼。

④用烤叉从方肉的第2根至第6根肋骨间插入，沿骨缝叉至4~5厘米深处，翘起叉尖，叉出肉面，再从与叉出处相隔3~4厘米的地方叉入，叉尖从肉的另外一面叉出，用竹签将肉别在叉齿上，使之平整。

⑤用青砖或石块砌一个长1米、宽6~7厘米的烤池，将木炭放在烤池内点燃，烧至无火苗又无烟时，将炭拨成"凹"形，平持叉柄将皮朝下伸入炉内，不断摆动，时长约20分钟，至肉上的水烤干，肉皮呈黑黄色时离火，用湿布盖在肉皮上润湿，用刀刮去肉皮上的焦污，再按前述方法烤刮一次，用细钢针在肉皮上戳小眼，将肉皮朝下再放入炉内在微火上烤约20分钟。刮净皮上污物，翻过来肉骨向下烘烤均匀，至肋骨收缩，骨头伸出时取出。这时经过4次烘烤、3次刮皮，皮已很薄，肉已均匀熟透。最后将肉皮朝下微火烤半小时，使肥膘油渗出肉皮，发出"吱吱"响声时，抽去烤叉、竹签，用刀刮尽肉皮和周围的焦屑，即成烤方。

⑥将烤好的烤方，切成薄片，蘸甜面酱调成的酱料食用。

4）制作关键

①烤时要在肉皮上戳小眼，使闭塞的小眼扦透，烘烤时热气畅通，不致肉皮鼓起，皮与肉仍保持相连。

②火力要均匀，烤时不断移动，皮色要烤得均匀。

③焦皮要刮净，刮时要顺刮。

5）思考练习

①烤制过程中，为什么要在肉皮和瘦肉上戳蜂窝孔？

②甜酱的制作工艺是怎样的？

 **任务2 松子熏肉**

1）菜品赏析

松子熏肉选南乡猪肉为主料，滋味绝佳。南京中华门外南去30千米，便是江南闻名的鱼米之乡——湖熟镇。这是一座历史悠久的文明古镇。由于它地处南京近郊的南端，故被世人称为"南乡"。此处地理条件优越，物产丰富，富甲江南，素有"小南京"之美誉。

图3.2 松子熏肉

2）原料选择

猪五花肉500克，松子仁15克，豌豆苗125克，花椒3克，黄酒50克，芝麻油6克，酱油30克，精盐9克，白砂糖30克，味精1克，小葱30克，冰糖30克，陈皮8克，姜8克，精炼油等适量。

3）工艺详解

①豌豆苗择洗干净，备用。葱叶择洗干净，葱白洗净，切段。姜洗净，切片。

②猪五花肉修齐四边，切成长18厘米、宽14厘米、厚2.5厘米的长方块，洗净放入盘中。

③将精盐与花椒一起拌和后，均匀地擦在肉上，腌制后取出洗净，用洁布吸去水。

④用铁叉插入肉内，皮向下，在旺火上烘烤，待皮烤焦后，离火抽去铁叉。

⑤将肉放入冷水泡至肉皮回软取出，刮去皮上的焦污，使皮剩约0.5厘米厚，再用清水洗净。

⑥将竹算置于砂锅内垫底，放入葱白段、姜片，皮朝下再放入猪肉，加酱油、黄酒、冰糖、陈皮、松子仁，添清水淹没肉身，盖上锅盖，在旺火上烧沸，移至微火上，焖至肉酥烂时取出。

⑦将杉木屑、茶叶、白糖适量放入空铁锅内，架上铁丝网，网上平放葱叶，再放猪肉，盖好锅盖，置旺火上烧2~3分钟，当锅内冒出浓烟时离火，熏至肉色金黄时取出。

⑧肉皮朝上置砧板上，用芝麻油涂擦肉皮，斜切成8块（刀距约2.2厘米），每块再从中间切一刀，成16块，保持原状，皮朝上仍成长方形，装入长盘中间。同时，将砂锅内的松子仁捞出，摆在肉皮上。

⑨在熏肉改刀的同时，炒锅置旺火上，舀入精炼油，烧至六成热，下入豌豆苗，加精盐3克、白糖5克、味精适量，炒熟后起锅，放在肉块两头即成。

4）制作关键

①用盐、花椒腌制肉块，夏季2小时，冬季4小时。

②炖肉块，大火烧开，微火炖至酥烂，约需2小时。

③发烟材料中加少许肉桂粉，熏味更香。

5）思考练习

①叉烤过程中，应注意哪些细节？

②肉桂粉的主要成分是什么？

任务3 蜜汁火方

图3.3 蜜汁火方

1）菜品赏析

蜜汁火方是苏州传统名馔。与扬州"鲜汤火方"合称"南北二方"。袁枚在《随园食单》中介绍蜜腿的制法时说道："取好火腿连皮切大方块，用蜜酒煨及烂，最佳……余在尹文端公，即江苏巡抚尹继善，苏州公馆吃过一次，其香隔户便至，甘鲜异常，此后不能再遇此尤物矣。"由此可见，蜜汁火方与清代的蜜火腿有一定渊源。

2）原料选择

熟南火腿1块（约500克），白糖莲子50克，松子仁25克，蜂蜜50克，桂花糖3克，冰糖125克，鲜汤90克，湿淀粉30克，精炼油等适量。

3）工艺详解

①将南火腿修成大方块，皮朝下放在砧板上，用刀剞小方块，深度至肥膘一半。皮朝下放碗中，加入清水，上笼蒸约2小时30分钟取出，滗去汤汁，然后加冰糖、鲜汤，上笼蒸约30分钟取出，放入白糖莲子再上笼蒸30分钟，取出滗去卤汁，合入同一盘中。

②将锅置旺火上，舀入精炼油，烧至五成热时，放入松子仁炸至呈金黄色时，取出待用。

③将锅置旺火上，倒入卤汁，加蜂蜜烧沸，用湿淀粉勾芡，放入糖桂花搅匀，浇在火方上面，再撒上松子仁即成。

4）制作关键

蒸制一方面可以加快原料成熟的进度，使火腿达到软烂。另一方面，可以降低火腿中盐的含量，最终实现菜品的咸甜适口。

5）思考练习

①图示火腿的分档取料。

②详述淡鲜汤加工工艺。

任务4 白汁蹄筋

1）菜品赏析

白汁蹄筋是江苏传统风味名菜。菜品以水发猪蹄筋为原料采用燴制工艺加工而成，色泽悦目，柔嫩软糯。其原料包括猪后腿蹄筋、熟鸡脯、熟火腿等。

2）原料选择

猪后腿蹄筋350克，熟鸡脯100克，熟火腿100克，水发冬菇50克，精盐1.5克，黄酒15克，味精1.5克，生姜10克，葱10克，湿淀粉40克，鲜汤300克，精炼油等适量。

图3.4 白汁蹄筋

3）工艺详解

①将蹄筋洗净，放入锅中，加清水烧沸，用小火焖透，捞入清水中，撕去叉筋，剔除余肉，漂洗干净。

②将生姜、葱、鸡脯、火腿、冬菇分别改刀成片。将蹄筋从叉头处切断。

③炒锅上火，舀入清水烧沸，放入蹄筋，加黄酒10克及葱片、生姜片，烫5分钟，倒出沥干水。

④炒锅复置火上，舀入精炼油烧热，倒入鲜汤，将蹄筋、火腿、鸡脯、冬菇放入，烧沸，加精盐、黄酒5克，放入味精略燴，用湿淀粉勾芡，淋入明油，起锅装盘即成。

4）制作关键

①清洗蹄筋时，要用小火慢焖，剔除余肉。

②勾芡时，要控制好汤汁的浓稠度。

5）思考练习

①白汁技法的成菜特点是什么？

②猪后腿蹄筋与前腿蹄筋有何区别？

任务5 无锡酱排骨

1）菜品赏析

无锡酱排骨是无锡传统名菜，又名"无锡排骨"或"酱炙排骨"，由猪肋排烧煮而成。传说济公引制此菜。他向肉庄老板讨肉吃后，给了老板几根蒲扇上的茎，叫老板放在肉骨头里一起烧。老板如法炮制，果然异香扑鼻，此菜便一举成名。

2）原料选择

猪仔排1000克，洋葱60克，大葱10克，葱5克，蒜头5克，姜5克，辣椒2克，蚝油50克，酱油10克，黄酒30克，番茄酱30克，冰糖20克，大料3克，桂皮3克，精炼油等适量。

图3.5　无锡酱排骨

3）工艺详解

①排骨洗净后剁大块，用酱油抹匀，辣椒洗净切段，洋葱洗净切大块，大葱洗净切段，蒜头洗净，姜洗净拍松待用。

②锅内放油，烧至七成热时，放入辣椒、洋葱、姜块、葱段、蒜头炸香后捞出。

③将排骨放入油锅内，炸成金黄色后捞起沥油。

④锅内留少许精炼油，先放入辣椒、洋葱、葱段、蒜头、排骨，再加入大料、桂皮、酱油、蚝油、酒、冰糖、番茄酱及水，小火焖煮至肋排肉熟软后取出摆盘，淋上锅中余汁即可。

4）制作关键

①烹制前，必须将排骨腌透，使其充分吸收调味汁。

②烹制时，用小火焖烧、窝酥，使汁浓入味。

5）思考练习

①选料时，为什么选用太湖猪前腿的椎排和胸排切成20克重的长方形肉块？

②菜肴制作的不同时期如何把握火候？

任务6　清汤火方

1）菜品赏析

清汤火方是扬州传统菜肴，与苏州传统名菜"蜜汁火方"合称"南北二方"，以汤清味醇、火腿酥香而脍炙人口。其制汤方法能反映出扬州厨师高超的"吊汤"技艺。采用多种原料，经3次吊制，汤清澈见底，味鲜汁醇。火方则需选用金华火腿或如皋火腿的上腰峰部分。

图3.6　清汤火方

2）原料选择

火腿腰峰500克，火腿脚爪75克，净母鸡2只（重约1600克），水发冬菇25克，冬笋片150克，精盐25克，黄酒75克，葱结20克，味精15克，姜片25克。

3）工艺详解

①火腿选用中峰部位1块，修切整齐，放入温水浸泡后取出，去毛修去夹黄部分，再用清水洗净。母鸡剖腹去内脏洗净。水发冬菇去根蒂洗净。

②取用1只母鸡，取下鸡脯肉，去皮斩蓉成白吊。取下鸡腿肉去皮斩蓉成红吊。剩下的鸡骨架斩去头尾，撕去鸡皮，连同另1只鸡的鸡颈（去皮）斩碎成蓉为骨吊。

③取另1只母鸡同猪蹄入沸水锅内烫洗一次后取出洗净，放入砂锅中，加黄酒及姜片、葱结、虾子等调料，放满清水后，置中火上烧沸，撇去浮沫，转小火焖2小时左右，捞出鸡、猪蹄（作别菜用）。

④将汤倒入炒锅中，烧沸，同时用清水将骨吊烂成厚糊状，缓缓倒入汤中，用手勺轻轻搅动，待汤微沸时，撇去浮沫，用细眼漏勺捞出骨吊，用手捏成圆饼形再放回汤内烧沸，撇去浮沫，捞清骨吊。此为第一道吊汤方法。第二道用红吊吊汤。第三道用白吊吊汤。方法均同第一道吊汤，但不再加姜片、葱结、黄酒。鲜汤经3次吊汤后，再用中火烧沸，加精盐，撇去浮沫，或用滤器将汤滤清，即成鲜美清澈的清鲜汤。

⑤取竹垫1只，放入砂锅内，将火腿放入，加黄酒及姜片、葱结等调料，清水漫过腿肉，置中火上烧沸，移至小火上焖至七成熟取出。待冷后，用刀修齐四边成长方形，并在肉面上剞成边长3厘米的正方格，肉皮一面浅划成同样花纹。

⑥火腿放炖盅内（皮朝下），加清水、黄酒，上笼蒸30分钟，取出滗去汤水，换水复蒸一次后，再换清鲜汤，复蒸两次，直至火腿肉酥烂。同时，将冬菇、笋片用盘装好，上笼蒸熟。

⑦从笼内取出火腿，皮朝上，装入大汤碗内，上覆冬菇、笋竹，舀入烧沸的清鲜汤即成。

4）制作关键

①使用骨馅、红馅、白馅，分3次吊汤，以汤清见底、滋味鲜醇为准。

②"中华三腿"为火腿名品，即浙江金华火腿、江苏如皋火腿、云南宣威火腿，简称南腿、北腿、云腿。此菜宜选北腿上腰峰，突出扬州正宗风味。

5）思考练习

①简述"三吊汤"制作工艺。

②"中华三腿"分别是哪3种火腿？

 任务7　扒烧整猪头

1）菜品赏析

扒烧整猪头是扬州菜中素享盛名的"三头"之一。"三头"即"拆烩鲢鱼头""清炖蟹粉狮子头""扒烧整猪头"。其中，以"扒烧整猪头"历史较为悠久，声誉最高。

2）原料选择

黑毛猪头1只（约4500克），黄酒1000克，酱油100克，香醋150克，冰糖350克，葱段50克，姜片50克，桂皮5克，八角5克，菜心50克，香叶3片。

图3.7　扒烧整猪头

3）工艺详解

①将猪头镊毛洗净，放入清水中刮洗干净。猪面朝下放在案板上，在后脑中间划开，剔去骨头和猪脑，挖出舌头，放入清水中浸泡约2小时，漂净血污，入沸水锅中煮约20分钟，捞出，再放入清水中刮洗，用刀刮净猪睫毛，挖出眼球，切下两腮肉，剔除淋巴肉，刮去舌膜。再将猪眼、腮、舌头一起放入锅内，加满清水，用旺火连续煮2次，每次煮约20分钟取出。把桂皮、八角、香叶放入纱布袋中扎好口，做成香料袋。

②锅中用竹算垫底，放入姜片、葱段，将猪眼、舌、腮、头肉按顺序放入锅内，再加冰糖、酱油、黄酒、香醋、香料袋、清水，盖上锅盖，用旺火烧沸后，转用小火焖约2小时至猪头酥烂。

③先将猪舌头放在大圆盘中间，头肉面部朝下盖住舌头，再将腮肉、眼球按猪头原来的部位装好，成整猪头形，围上焯过水、入锅烧入味的菜心即成。

4）制作关键

①猪头淋巴肉要剔除干净。

②猪头要反复烫洗，去除异味。

③正确运用火候，注意造型完整。

扒烧整猪头

5）思考练习

扒制烹调工艺的关键点有哪些？

任务8　东坡肉

图3.8　东坡肉

1）菜品赏析

东坡肉是宋代大文学家苏东坡流传下来的。苏东坡不仅才学出众，对烹饪也颇有研究。"慢著火，少著水，火候足时他自美。"这就是苏东坡的烧肉经验。"东坡肉"是苏东坡将百姓送来的猪肉、黄酒，吩咐家人烧好，连酒一起送给民工，家人误以为酒肉一起烧，结果烧出的肉特别香醇味美，别有滋味，一时传为佳话，人们纷纷传颂苏东坡的为人，仿效他独特的烹调方法做"东坡肉"。从此，"东坡肉"便流传下来。

2）原料选择

猪五花肉500克，白糖20克，姜片10克，葱段10克，精盐3克，黄酒100克，酱油15克，鲜汤400克。

3）工艺详解

①将猪五花肉刮洗干净，切成5厘米见方的块，放入沸水锅内煮7分钟，取出洗净表面浮沫。

②砂锅置火上，用竹箅垫底，放入葱段、姜片，猪肉皮面朝下放入锅内，加入白糖、酱油、黄酒、精盐、鲜汤，盖上锅盖，用牛皮纸将砂锅边缝围起扎紧，烧沸后转微火焖3小时，开盖后将肉块皮朝下，转中火收稠卤汁，即可上桌食用。

4）制作关键

①宜选用"两头乌"猪的五花肉。

②肉块大小一致，并刮洗干净。

③加热时火力不宜过大。

5）思考练习

①"两头乌"猪有什么特点？

②砂锅密封对菜肴风味有哪些影响？

③如何理解火力大小与猪肉肥而不腻之间的关系？

任务9 清炖蟹粉狮子头

1）菜品赏析

清炖蟹粉狮子头属于狮子头菜品中的一种。《资治通鉴》记载，在1000多年前，隋炀帝带着嫔妃、随从乘着龙舟和四艘船只沿河南下时，"所过州县，五百里内皆令献食。一州至百舆，极水陆珍奇"。扬州所献的"珍奇"食馔中已有"狮子头"，不过当时为"葵花斩肉"。在隋炀帝下扬州看琼花时，这道菜已很出名。

2）原料选择

净猪五花肉（肥六成瘦四成）1000克，蟹肉125克，蟹黄50克，白菜叶25克，鸡蛋（2个）清，虾子1克，精盐8克，黄酒20克，葱末10克，姜末10克，湿淀粉20克，鲜汤350克，精炼油等适量。

图3.9 清炖蟹粉狮子头

3）工艺详解

①将肥瘦猪肉细切粗斩成石榴米状，放入盆内，加鸡蛋、葱末、姜末、蟹肉、虾子、精盐、黄酒、湿淀粉搅拌上劲。

②将锅置旺火上烧热，舀入精炼油，放入青菜心煸至断生，加虾子、精盐、鲜汤，烧沸后离火；取砂锅一只，用精炼油润滑锅底，再将白菜叶放入，倒入鲜汤置中火上烧沸。

③将拌好的肉分成直径约4.5厘米的圆球，逐份放在手掌中，用双手搓四五下，搓成光滑的肉丸。再将蟹黄分嵌在每只肉丸上，盖上白菜叶后盖上锅盖，烧沸后移至微火上炖焖约2小时，上桌时揭去白菜叶。

4）制作关键

①肉馅加入各种调料，在大碗中搅拌，直至"上劲"为止。

②要重视火工，在烹制肉丸时要区别情况，恰当用火。

5）思考练习

①炖制菜肴有哪些特点？

②狮子头酥烂的关键是什么？

狮子头　　清炖蟹粉
　　　　　狮子头

任务10 荷叶粉蒸肉

1）菜品赏析

荷叶粉蒸肉是杭州享誉颇高的一款特色名菜。荷叶粉蒸肉始于清末，相传与西湖十景之一的"曲院风荷"有关。"曲院风荷"在苏堤北端。宋时，九里松旁，旧有曲院，造曲以酿官酒，其地方植荷花，旧称"曲院荷风"。

图3.10　荷叶粉蒸肉

2）原料选择

猪五花肉600克，酱油75克，粳米100克，鲜荷叶2张，籼米100克，姜丝30克，葱丝30克，桂皮1克，山奈1克，丁香1克，八角1克，黄酒40毫升，甜面酱75克，白糖15克。

3）工艺详解

①将粳米和籼米淘洗干净，沥干水。把八角、山奈、丁香、桂皮同米一起放入锅内，用小火炒拌至黄色，冷却后磨成粉。

②刮尽肉皮上的细毛，洗净，切成长约5厘米、厚约0.6厘米的长方片，每块肉中间各剞一刀。

③将肉块盛入容器中，加入甜面酱、酱油、白糖、黄酒、葱丝、姜丝，拌和后约置1小时，使卤汁渗入肉内。然后加入米粉搅匀，使每块肉的表层和中间的刀口处都沾上米粉。

④先用沸水将荷叶烫至翠绿，再将每张荷叶切成4片，放入块肉包成小方块，上笼用温火蒸2小时即成。

4）制作关键

①炒米时，注意火候的控制，不能炒焦、炒煳。

②菜肴调味方式，属加热前调味，应该准确把握好菜肴口味。

③蒸制过程中，要合理控制火候。

5）思考练习

①荷叶的苦涩味应如何去除？

②选取猪五花肉作为主料有哪些优点？

任务11　砂锅炖驴肉

1）菜品赏析

砂锅炖驴肉是江苏省连云港地区的传统名菜，制作讲究，很有特色。而驴肉的营养价值也很高，含有蛋白质、钙、磷、铁等，是烹制菜肴的上好原料。

2）原料选择

生驴脯肉1000克，鲜冬笋100克，葱10克，姜8克，大茴香1克，花椒0.5克，白果100克，胡椒粉0.5克，精盐5克，白糖10克，黄酒25克，酱油50克，味精1克，鲜汤500克，芝麻油3克，精炼油等适量。

图3.11　砂锅炖驴肉

3）工艺详解

①生驴脯肉用清水洗净，切成3~4厘米见方的块，用铁钎在肉上扎眼，下沸水锅煮透，捞出放凉水内泡1小时，使其出尽血沫。

②冬笋切秋叶片。花椒、大茴香洗净后用布包好。白果下锅煮熟，去壳去心，葱切成段。

③砂锅置火上,加入精炼油烧热后加入葱段、姜,放入驴肉块及各种配料调料、鲜汤,大火烧开,转小火炖约2小时,待肉酥烂、汤色棕黄时取出布包,撒上胡椒粉,原锅上桌。

4)制作关键

①驴肉要泡水除尽血污。

②火候把握要准,肉要酥烂。

5)思考练习

①驴肉为什么要除尽血污?否则对菜肴有什么影响?

②简述驴肉的食疗功效。

 任务12 沛公狗肉

1)菜品赏析

元代大德年间,樊哙的后裔樊信在徐州开"樊信狗肉店",据说仍用"鳖汤"煮肉。著名书法家鲜于枢去北京任职,夜寝徐州,忽然夜风带来阵阵扑鼻奇香,晨起循之而去,方知是樊信煮的狗肉出锅。品尝痛饮之际,乘兴挥毫题"夜来香"三字相赠。正配上前辈留下的"地羊入馔沛公留,误食鳖肉异香出"的对文。从此,樊信的狗肉店便改名为"沛公狗肉"店,且门庭若市。

图3.12 沛公狗肉

2)原料选择

狗肉1200克,甲鱼1只(约650克),黄酒50克,精盐5克,酱油10克,白糖10克,葱段10克,姜片7克,八角1个,花椒10粒。

3)工艺详解

①先将狗肉洗净,切成3厘米见方的块,放入盆中,加入精盐、黄酒、姜片、葱段,拌匀后腌2小时,用清水浸泡1小时,放入沸水锅中焯水后再洗净。

②砂锅置火上,垫上竹箅,将狗肉放入,加清水(淹没狗肉)、黄酒、酱油、精盐、白糖、葱段、姜片、八角、花椒,烧沸后,撇去浮沫,盖上盖,转中小火焖至狗肉七成烂。

③将甲鱼宰杀放血,先放入沸水锅中浸烫至可将背壳取下时刮去黑衣,去壳、内脏及黄油,洗净切成3厘米见方的块,再放入沸水锅中焯水,洗净,放入砂锅中。将甲鱼蛋煮熟,围在甲鱼四周,甲鱼壳盖在肉上,盖上锅盖,同狗肉一起焖至酥烂,挑去葱段、姜片、八角、花椒,即成。

4)制作关键

①应选择1岁左右的狗,太小香味不足,太大肉质较老。

②要注意调节火力。

③甲鱼因容易成熟,应待狗肉七成烂时,再放入一起加热。

5)思考练习

①狗肉初加工时为何要浸泡?

②选择狗肉应注意哪些方面?

任务13　三套鸭

图3.13　三套鸭

1）菜品赏析

清代《调鼎集》上曾记有套鸭的具体制作方法："肥家鸭去骨，板鸭亦去骨，填入家鸭肚内，蒸极烂，整供。"后来扬州菜馆的厨师将野鸭去骨填入家鸭内，菜鸽去骨再填入野鸭内，又创制了"三套鸭"。

2）原料选择

去毛仔鸭1只（约2000克），野鸭1只（约750克），鸽子1只（约250克），熟火腿片100克，水发冬菇100克，冬笋片100克，黄酒100克，精盐6克，葱结35克，姜块25克。

3）工艺详解

①将家鸭、野鸭和鸽子宰杀，煺去毛，分别洗净。先将三禽分别整料出骨，然后放入沸水锅略烫。将鸽子头朝外塞入野鸭腹内，空隙处填放冬菇、熟火腿片。再将野鸭塞入家鸭腹中，空隙处放冬菇、熟火腿片、冬笋片，即成三套鸭生坯。

②将生坯入沸水中稍烫，取出沥干水，放入有竹箅垫底的砂锅内，投入洗净的肫、肝和葱结，以及拍松的姜块、黄酒、清水，以淹没鸭身为度，移至中火上烧沸，撇去浮沫，用平盘压住鸭身，盖住锅盖，用小火焖至酥烂，拣去葱结、姜块，拿掉竹箅，将鸭翻身。胸脯朝上，捞出肫、肝，切片，与冬菇、熟火腿片、冬笋片间隔排在鸭身上，放入精盐再焖半小时即可上桌。

4）制作关键

①家鸭选用2000克左右为宜，野鸭选用750克左右为宜，鸽子选用250克左右为宜。

②三套鸭选料严格，家鸭需用老雄鸭。清代，李渔《闲情偶记》云："诸禽尚雌，而鸭独尚雄，诸禽贵幼，而鸭独贵长。"野鸭需择肥壮之"对鸭"，鸽子应用当年的仔鸽。

5）思考练习

①详述整鸭出骨的步骤。

②用鹌鹑代替鸽子，制作该款菜肴。

三套鸭

任务14　镇江肴蹄

1）菜品赏析

镇江肴蹄是镇江特有的名菜，迄今已有300多年的历史。据镇江民间传说，八仙之一的张果老，应王母娘娘的邀请，倒骑神驴去瑶池赴蟠桃会，路经镇江，闻到肴肉的香味，连忙下驴，变成一老翁到凡间吃肴肉，竟忘了赴蟠桃会，可见其美味。肴蹄肉红皮白，光滑晶莹，卤冻透明，犹如水晶，故有"水晶肴蹄"之称，具有香、酥、鲜、嫩四大特点。瘦肉香酥，食时佐以姜丝和镇江香醋,更是别有风味。可谓"风光无限数金焦,更爱京口肉食饶,不腻微酥香味逸,嫣红嫩冻水晶肴"。

2)原料选择

猪蹄100只,盐13.5千克,花椒75克,八角75克,黄酒250克,葱250克,姜丝125克,硝水3000克,明矾300克。

3)工艺详解

图3.14 镇江肴蹄

①猪蹄逐只放在砧板上,用刀从蹄骨处齐中平剖至腿部,掀开,拆去骨,镊净毛,后蹄割去蹄筋,去骨时,骨不带肉,否则肴蹄上就会有小凹坑。

②蹄肉皮朝下逐只平摊在砧板上,用铁钎在瘦肉处不规则地戳若干孔,每只均匀地洒上硝水300克,盐90克,揉匀搽透。平放在缸内,腌约7天出缸(腌的目的是让它上色,秋冬季节腌上7天色才够。腌蹄子时,数量多相互才能压紧,保证色泽红润),放入冷水中浸泡8小时,去涩味。

③锅内放清水50千克,加盐4000克,明矾15克,蹄肉皮朝上入锅,逐层相叠,最上面一层皮朝下,用旺火烧沸后撇去浮沫,将葱、姜丝、花椒、八角分装在两只布袋内,投入锅中,加黄酒,取竹箅1只,盖于蹄肉上,然后用重物压紧蹄肉,小火煮约1小时后,将蹄肉上下换翻,再煮约3小时,至九成烂时出锅,捞出香料袋,汤留备用。

④取大铁锅,将原汤舀入蹄肉中,放火上,锅内汤卤烧沸,撇去浮油,加明矾15克,清水2500克煮沸,撇去浮沫,舀入蹄盆,填满空隙,放在阴凉处冷却成冻即成。

4)制作关键

①腌制猪蹄髈随着气候的变化,用盐量和腌制的时间也有所不同。夏季每只用盐125克,腌6~8小时;冬季每只用盐95克,腌7天;春秋两季每只用盐110克,腌3~4小时。

②按肴蹄的不同部位,切成各种肴蹄块,将猪前蹄爪上的部分老爪肉(肌腱)切成片形,状如眼镜,叫眼镜肴,食之筋纤柔软,味美鲜香。将前蹄爪旁边的肉切下来弯曲如玉带,叫玉带钩肴,其肉极嫩。前蹄爪上的走爪肉(肌腱),叫三角棱肴,肥瘦兼有,清香柔嫩。后蹄上部一块连同一根细骨的净瘦肉,名为添灯棒肴,香酥肉嫩,为喜食瘦肉者所欢迎。

5)思考练习

①硝水、明矾对人体的危害有哪些?

②为什么该地区食客未出现硝中毒现象?

 **任务15 百鸟朝凤**

1)菜品赏析

百鸟朝凤又名水饺童鸡,早在明朝以前就有了,那时的水饺统称为馄饨。当时的"鸡馄饨"就是"水饺童鸡",即"百鸟朝凤"的前身。

图3.15　百鸟朝凤

2）原料选择

嫩鸡1只（约1250克），猪后臀肉200克，富强面粉100克，火腿50块，葱结5克，姜块5克，黄酒25克，味精5克，精盐7.5克，芝麻油5克，精炼油等适量。

3）工艺详解

①将鸡在沸水中焯烫出血污，去尽血水，捞出洗净。取砂锅1只，用小竹算垫底，放入葱结、姜块、黄酒、火腿，加清水2500毫升，在旺火上烧沸，再沸时移至小火上炖。

②后臀肉剁成末，加精盐、黄酒、味精、适量清水搅拌至有黏性，淋入芝麻油拌制成馅。面粉揉成面团，擀成水饺皮20张，放入馅料，包制成鸟形水饺煮熟。

③待鸡炖至酥熟，取出姜块、葱结、火腿，除去浮沫，放入精盐、味精，将鸟形水饺围放在鸡的周围，置火上烧沸，即成。

4）制作关键

①嫩鸡焯水时要除尽血污。

②面皮要有韧性，以防后期烹调过程中破损。

③不同原料，成熟时间要做到一致。

5）思考练习

①为什么要在砂锅底部垫上竹算?

②百鸟朝凤在烹调过程中要注意哪些方面?

任务16　醉蟹清炖鸡

1）菜品赏析

醉蟹清炖鸡是江苏传统名菜。两鲜同烹，鸡酥汤醇，酒香扑鼻，食之咸鲜可口。在清炖鸡中，此菜风味独特，以老母鸡、醉蟹、熟火腿等制作而成。

2）原料选择

活光母鸡1只（约2000克），醉蟹2只（约250克），火腿50克，醉蟹卤50克，黄酒20克，精盐12克，葱结15克，姜片10克。

3）工艺详解

①将活鸡宰杀出血，烫去毛，从脊背切开，整理内脏、鸡油一起焯水洗净，醉蟹洗净，将醉蟹卤用细汤筛过滤。

图3.16　醉蟹清炖鸡

②砂锅内放竹算垫底，先将鸡腹朝下，鸡油、肫、肝、火腿一起放入，加满清水，再加入黄酒、盐、葱结、姜片，盖上盖，置中小火上烧沸，撇去浮沫，移至微火上焖约3小时，直至酥烂，揭去锅盖，取出竹算、葱结、姜片，捞出肫、肝、心、火腿，并分别切成片。将鸡翻身（腹朝上），随后将肫片、肝片、鸡心片整齐地铺在鸡身上。同时，将醉蟹上笼蒸两分钟取出切开放在砂锅内，浇上醉蟹卤，略烧沸即成。

4）制作关键

①醉蟹不能和母鸡一起炖制。

②鸡内脏一定要清洗干净。

5）思考练习

①简述醉蟹醉制方法。

②为什么不能将醉蟹和鸡一起炖制？

 任务17　清炖鸡孚

1）菜品赏析

清炖鸡孚是江苏南京地区脍炙人口的地方传统名肴，属于苏菜中的金陵菜。此菜采用传统的清炖方法烹制而成，汤汁清澄、醇厚，入口酥烂，味美可口。已故著名学者胡小石生前尤嗜此菜。

2）原料选择

去骨鸡腿肉180克，净猪肉180克，水发香菇60克，熟火腿片60克，鸡蛋（4个）清，精盐2克，姜末5克，黄酒15克，葱末2.5克，干淀粉30克，鲜汤600克，精炼油等适量。

图3.17　清炖鸡孚

3）工艺详解

①将猪肉切细，剁成米粒状，放入碗内，加葱末、姜末、精盐1克拌匀。将鸡肉皮朝下，平摊在砧板上，用刀在鸡肉上轻轻排剁一次。将肉蓉均匀地平铺在鸡肉上。仍用刀在肉蓉上横竖交叉剁两遍，使猪肉、鸡肉紧密粘在一起，再将鸡肉切成边长3厘米的菱形块。

②先将鸡蛋清倒入盘中，搅打成蛋泡糊，加干淀粉拌匀，再将鸡肉块放入蘸满蛋泡糊。

③炒锅置旺火上烧热，放入精炼油烧至五成热时，将鸡块分3次逐块放入，炸约1分钟，待鸡块稍起软壳，呈白色时用漏勺捞出，沥油。

④炒锅复置火上，留少许底油，加鲜汤、火腿片、黄酒、精盐，盖上锅盖，用旺火烧沸后，再用小火焖25分钟，待鸡肉酥烂，放入冬菇，再焖5分钟即成。

4）制作关键

①净猪肉选肥三瘦七者为宜。

②刀在鸡肉上排剁时，不要将鸡皮斩断。在鸡肉和肉蓉上排剁时，刀深接近鸡肉为宜，不要过深。

③炸鸡孚时，油温要适当，五成热即成。

5）思考练习

①为什么在斩鸡肉时，鸡皮不能斩断？

②怎样才能打好蛋泡糊？

任务18　芙蓉鸡片

图3.18　芙蓉鸡片

1）菜品赏析

芙蓉鸡片是在清代芙蓉鸡、芙蓉蛋的基础上发展形成的一道名菜。随着厨师技艺的改进和经验的积累，他们将鸡蛋清打成蛋泡糊，滑成大小均匀的柳叶片烹制而成。芙蓉鸡片，是一道美味可口的传统名菜。

2）原料选择

鸡脯肉100克，鸡蛋（6个）清，豌豆苗25克，熟猪肥膘肉15克，精盐2克，味精1克，葱姜汁5克，黄酒3克，湿淀粉6克，精炼油等适量。

3）工艺详解

①鸡脯肉去皮、筋、油，洗净血水，掺入熟猪肥膘肉剁成蓉，取出放碗内，加葱姜汁、黄酒、鸡蛋清、精盐，搅匀上劲。将余下的鸡蛋清搅打成发蛋后，倒入鸡蓉内，加味精，再搅拌至上劲待用。

②将炒锅反复用油炙好，舀入精炼油烧至四成热，离火，用手勺将鸡蓉舀剜成柳叶片，逐片放入油锅内。油锅再上火，待鸡片"养"成白玉色时，轻轻地倒入漏勺沥油。

③炒锅内留少许精炼油，置火上烧热，放入豌豆苗略煸炒，加黄酒、精盐、味精、用湿淀粉勾芡，放入鸡蓉片，颠翻均匀，盛入盘内即成。

4）制作关键

①鸡脯肉、肥膘肉要斩细，斩时要保持清洁。

②控制好油温，防止过高，以免鸡片变老、色泽变黄。

5）思考练习

①油温过高时，有哪些措施可以降低油温？

②采取哪种方法可以使鸡片饱满洁白？

任务19　富贵鸡

1）菜品赏析

据说，乾隆微服出访江南，流落荒野之时，一个好心的叫花子在无锅无调料的情况下将鸡活杀，掏出内脏，裹满黄泥，埋入火堆烧烤，熟后，鸡肉酥嫩，香味四溢，入口鲜嫩油润。乾隆吃完后问其名，叫花子不好意思说叫花鸡，就随口说叫富贵鸡，乾隆赞不绝口。叫花鸡也因为皇上的金口一开，成了富贵鸡流传至今。

图3.19　富贵鸡

2）原料选择

仔鸡1200克，荷叶30克，猪里脊肉150克，水发香菇30克，冬笋100克，淀粉5克，大葱50克，姜5克，酱油20克，黄酒25克，盐2克，味精5克，白砂糖5克，冬菜40克，精炼油等适量。

3）工艺详解

①先切去鸡的脚掌，再用刀背敲扁（鸡骨敲碎，但不要弄破皮），和大葱、姜、酱油、黄酒等腌10分钟，香菇泡软去蒂，将猪里脊肉、香菇、冬菜、冬笋、大葱切成细丝备用。

②炒锅置火上，舀入精炼油，烧至七成热时，将鸡放入，炸至金黄色捞起。

③炒锅留少许精炼油，放猪里脊肉、香菇、冬菜、竹笋、大葱翻炒至熟，淋入湿淀粉颠翻均匀，填入鸡腹内。

④先将鸡移至玻璃纸上，分别裹上3层，以麻绳捆绑，再分别裹上荷叶2层，同样以麻绳绑紧，然后包上锡箔纸，放置在烤箱中，用中火烤约2.5小时即可取出，盛入盘中上桌供食。

4）制作关键

整鸡炸制过程中，要注意上色均匀。

5）思考练习

①简述富贵鸡的由来。

②油炸的温度是多少？

 **任务20 霸王别姬**

1）菜品赏析

公元前202年，楚霸王项羽兵败彭城，被困军中，夜饮帐中，忽听四面楚歌，自知败局已定，项羽欲突围，但又不忍丢下虞姬，难舍难分，虞姬乃执酒奉饮，舞剑助兴，舞毕自刎，以免项王后顾之忧，项羽突围后也自刎乌江。彭城厨师根据这段故事，借鸡、鳖形象的烘托，使霸王别姬这一历史题材含意委婉，意境甚妙。

图3.20 霸王别姬

2）原料选择

活甲鱼1只（约500克），光仔母鸡1只（约750克），熟笋片10克，水发香菇片10克，熟火腿15克，青菜心3棵，精盐5克，黄酒50克，味精1克，葱段10克，姜片10克，鲜汤500克，精炼油等适量。

3）工艺详解

①将光仔鸡洗净，两翅从宰杀口插入嘴中抽出，呈"龙吐须"状，鸡爪弯至鸡肋出，焯水后洗净。

②将甲鱼宰杀烫洗，去掉黑衣膜后去壳和内脏，洗净，将甲鱼蛋与甲鱼一起放入锅中焯水，蛋捞入盘中，甲鱼肉捞出后沥干去水，与甲鱼蛋放入腹中，盖上壳，仍呈甲鱼形状。

③将鸡、甲鱼背朝上，两头方向相反，放入砂锅中，倒入鲜汤，加姜片、葱段、黄酒、精盐、精炼油，上笼蒸熟后取出，去掉姜片、葱段，加入味精、笋片、香菇片、火腿片、青菜心，蒸2分钟

取出即成。

4）制作关键

①鸡、甲鱼初步加工时，要正确按照鸡和甲鱼的形状处理。

②甲鱼蛋易破，注意操作方法，避免浪费。

③鸡、甲鱼焯水后要洗净浮沫。

5）思考练习

①熟悉和了解霸王别姬的典故，加深对这一名菜的理解。

②此菜的选料有何要求？

③此菜的营养与食疗功效如何？

任务21　龙凤腿

图3.21　龙凤腿

1）菜品赏析

龙凤腿是苏锡风味名菜，慈禧太后对饮食十分讲究。御厨里有一位苏帮厨师，姓王名阿坤。龙凤腿以鱼肉、羊肉为主，配上虾仁、香菇、冬笋和各种作料，拌和在一起，放在笼屉里蒸熟。然后用网油包成鸡腿状，滚上一层蛋粉，下入油锅里滑一下，再将其每一只的细头插上熟笋，乍一看，简直像鸡腿一样，鸡皮油光锃亮，连毛孔都隐约可见。慈禧觉得这道菜的样子不仅味道鲜美，而且干中有卤，脆中有柔，便赐名"龙凤腿"。

2）原料选择

鸡丝450克，虾仁100克，猪网油200克，鸡蛋2个，笋条10根，味精1克，葱花5克，胡椒粉1克，白糖5克，辣酱油50克，面包糠100克，干淀粉50克，精炼油等适量。

3）工艺详解

①取一个鸡蛋打散，与鸡丝、虾仁、葱花、白糖、辣酱油、味精、胡椒粉拌匀，待用。

②猪网油切成10厘米见方的方块，将拌匀的鸡丝、虾仁等原料均分在网油上，包成鸡腿形状，滚上面包糠，在上端插上笋条1根，即成龙凤腿生坯。

③炒锅置火上，倒入精炼油，烧至170℃时，将10只龙凤腿坯逐只放入，炸至淡金黄色，移至小火上养熟，倒入漏勺中沥去油，整齐排列在盘中，另带一个小碟辣酱油一起上桌即成。

4）制作关键

①网油应洗净。

②包制时要包牢。

③油炸时既要炸熟，又不能使其含油。

5）思考练习

①猪网油是猪身上的什么部位？

②怎样控制油炸的油温?

③制作时,应掌握哪些关键?

 任务22　松仁鸭方

1)菜品赏析

松仁鸭方是淮扬传统名菜,菜品造型美观,口味鲜香。

2)原料选择

光鸭1只(约2000克),虾仁250克,松子仁50克,鸡蛋(2个)清,干淀粉25克,花椒盐10克,葱姜汁100克,黄酒100克,精盐2克,精炼油等适量。

图3.22　松仁鸭方

3)工艺详解

①将光鸭去内脏,从脊背处切开洗净,用花椒盐搓匀鸭身内外,腌制2小时后,上笼旺火蒸2小时取出,斩去头颈,剥去骨架,保持皮肉完整,再将鸭皮朝下放砧板上,将鸭精肉修平。将虾仁洗净沥干水,斩成蓉放入碗内,加精盐、葱姜汁、黄酒,搅拌成虾蓉。将虾蓉均匀覆盖在鸭肉上。松仁洗净沥干,入油锅炸香取出。

②将松仁嵌在虾蓉上,修齐四边,做成松仁鸭方生坯。鸡蛋清放入碗中,加干淀粉和少量水调成蛋清糊。

③炒锅放火上,加入精炼油,待油温七成热时,将鸭方蘸上蛋清糊,放入油锅中炸至起脆、变色时取出。切成菱形块,撒上花椒盐即成。

4)制作关键

①覆盖虾蓉时,一定要盖严、盖实,防止鸭肉和虾蓉分离。

②炸制过程中,油面要宽,便于保存鸭方形态完整。

5)思考练习

如何用鱼蓉代替虾蓉制作此菜?

 任务23　盐水鸭

图3.23　盐水鸭

1)菜品赏析

南京盐水鸭制作历史悠久,积累了丰富的制作经验。鸭皮白肉嫩、肥而不腻、香鲜味美,具有香、酥、嫩的特点。而以中秋前后、桂花盛开季节制作的盐水鸭色味最佳,名为桂花鸭。

2)原料选择

肥仔光鸭1只(约1500克),花椒5克,葱段20克,姜片

5克, 大料3克, 黄酒20克, 精盐、热椒盐等适量。

　　3) 工艺详解

　　①将宰杀后的肥仔鸭洗净, 斩去小翅和脚掌, 再在右翅窝下开约7厘米长的小口, 从开口处拉出气管和食管, 取出内脏, 放清水浸泡, 洗净血水, 沥干待用。

　　②将锅置火上, 放入精盐、花椒, 炒熟后装入碗中。先将鸭子放在案板上, 再将热椒盐从翅下刀口塞入鸭腹拌匀。先用热椒盐搓遍鸭身, 再用热椒盐从鸭颈的刀口处和鸭嘴塞入。将鸭子放入陈卤缸中腌制 (夏季1小时、春秋3小时、冬季4小时), 然后取出, 在翅下刀口放入姜片, 葱段20克, 大料2克。

　　③将汤锅置火上, 舀入清水烧至沸腾。放入姜片、葱段、大料, 改用微火, 取一根空心芦苇插入鸭肛门内, 将鸭腿朝上, 放入锅内, 加盖焖约20分钟后, 转用中火, 待锅边起小泡时, 揭盖, 提起卤鸭, 将鸭腹内的汤汁滗入锅内, 将其放入汤锅内, 使鸭肚内灌入热汤, 如此反复3~4次, 再用微火焖约20分钟取出, 抽出芦苇秆, 滗去汤汁, 冷却后剁成小块, 摆盘即成。

　　4) 制作关键

　　①加工鸭子时内脏一定要去除洗净。

　　②制作过程中, 要经过盐腌、复卤、吊坯、汤锅等工序。前人在制作盐水鸭时, 留下这样的口诀:"热盐腌、清卤复、烘得干、焐得透、皮白肉红香味足。"

　　5) 思考练习

　　①取鸭子内脏时为什么要从右翅下开口?

　　②刀工处理时, 为什么待其凉后才能进行改刀?

 任务24　美人肝

图3.24　美人肝

　　1) 菜品赏析

　　美人肝创制于20世纪20年代。由于鸭胰其量甚微, 因此极为人重视。此菜积少成多, 用作主料, 可谓独具匠心。鸭胰熟后白中略显微红, 极为鲜艳。因为有人用美人来形容此菜之艳美, 所以取名"美人肝", 亦寓食此肝是一种美好享受。美人肝自问世以来盛誉不衰, 深得广大食客所喜爱。

　　2) 原料选择

　　鸭胰白30条, 生鸡脯肉50克, 水发冬菇10克, 冬笋30克, 红椒20克, 鸡蛋 (1个) 清, 精盐2克, 味精1克, 黄酒10克, 湿淀粉15克, 鲜汤50克, 精炼油等适量。

　　3) 工艺详解

　　①将鸭胰白放入沸水锅内, 烫约10分钟取出, 放入清水中冷却, 然后撕去膜筋, 切成丝, 放入盘内。

　　②将鸡脯肉切成丝, 放入鸭胰白盘内, 加鸡蛋清、湿淀粉、精盐抓拌均匀。水发冬菇去蒂、洗净、切片, 冬笋、红椒分别切成比鸭胰略小的薄片。

③炒锅置火上烧热，舀入精炼油，烧至四成热时，将鸭胰白、鸡脯丝放入锅内滑油。

④炒锅复置火上，留少许精炼油，将冬菇片、冬笋片、红椒片投入煸炒，舀入鲜汤，加精盐、黄酒、味精，用湿淀粉勾芡，随即将鸭胰白、鸡脯丝倒入颠翻，淋上明油，装盘即成。

4）制作关键

①鸭胰白和鸡脯肉的刀工处理要得当。

②鸡脯丝颜色变白时，要马上捞出，防止质地过老。

5）思考练习

①此菜的烹调方法是什么？

②简述鸭胰白的营养功效。

 # 任务25 无为熏鸭

1）菜品赏析

元顺帝（1333—1368年）年间，有个养鸭青年，外出卖鸭，在回程路上，遇上几个放牛孩子在野外用柴草烧烤鸭子，该青年便好奇地站在一旁观看，等鸭子烤到外皮金黄时，孩子们将鸭子撕开分食，此刻一股特有的香味扑鼻而来。青年人受到启发，回家后便试着在盐水鸭的基础上，加了一道熏制过程，鸭子的色、香、味果然胜于盐水鸭，于是他一边养鸭一边改进加工工艺，使熏鸭一举成名。

图3.25 无为熏鸭

2）原料选择

麻鸭1只（约1500克），葱片100克，姜块100克，八角2粒，桂皮1片，酱油20克，茴香25克。

3）工艺详解

①鸭子去毛、血、内脏，然后洗净，用盐搓遍鸭身，放缸中腌4小时。

②将鸭放入沸水中烫至皮缩紧，挂在风口处，擦去皮衣。

③熏锅中架放细铁棍，把鸭背朝下放好，熏5分钟后，翻身再熏5分钟。

④汤锅内放入香料、酱油、葱片、姜块，烧开后放入鸭子焖煮45分钟捞出，将鸭剁成块装盘即成。

4）制作关键

①腌制时间一定要充足。

②烫皮过程要迅速，防止鸭皮破损。

5）思考练习

①为什么要选用麻鸭？

②熏制过程中的注意事项有哪些？

任务26　芽笋烧鮰鱼

1）菜品赏析

芽笋烧鮰鱼是一道传统名菜，可红烧、可白烧，但最体现厨师烹饪技能的应该是白烧，又称“白汁”。

图3.26　芽笋烧鮰鱼

2）原料选择

鮰鱼1条（约1500克），春笋100克，黄酒50克，精盐7克，白糖2.5克，葱段10克，姜片5克，精炼油等适量。

3）工艺详解

①将鮰鱼破腹去内脏，挖去鳃，洗净，放砧板上，割下肚腩，切成两块，切下吻部，取下鱼头一破两片，将鱼身横切成1.5厘米的厚块后放入沸水锅中略烫，再用清水漂洗干净，春笋切成滚刀块。

②炒锅置旺火上烧热，舀入精炼油，烧至五成热，放入姜片、葱段，炸香时捞出，放入鱼块，加白糖、黄酒、精盐、笋块、清水，盖上锅盖，烧沸后移至小火上焖约10分钟，再移至旺火上烧到汤汁稠浓，起锅盛入盘中即成。

4）制作关键

①鮰鱼在初加工过程中，鱼肚不能丢弃。

②改刀过程中，鱼唇要保持完整。

5）思考练习

①为什么不用冬笋？

②鮰鱼最佳食用季节是什么季节？

任务27　酥熇鲫鱼

1）菜品赏析

酥熇鲫鱼是淮扬传统名菜，主料选用100克左右的小鲫鱼。清代曹寅诗中所谓的“雀目新熇二寸鱼”，即该款菜肴的主料。

图3.27　酥熇鲫鱼

2）原料选择

小活鲫鱼（6条）约600克，酱瓜丝50克，酱仔姜15克，葱丝50克，红椒丝25克，酱油50克，白糖50克，香醋25克，芝麻油200克，黄酒150克，精炼油等适量。

3）工艺详解

①将小鲫鱼去鳞、鳃，用刀从脊背剖开，去内脏，洗净，沥干水。

②炒锅放火上,放入精炼油,待油烧至八成热时,放入鲫鱼,炸至鱼身收缩,呈焦黄色时,用漏勺捞出沥油。

③取砂锅1只,内放竹垫,放入酱瓜丝、酱仔姜、葱丝、红椒丝。将鲫鱼脊朝上,鱼头朝外逐层叠起,在上面放上剩余的酱瓜丝、酱仔姜、葱丝、红椒丝,加酱油、白糖、香醋、芝麻油、黄酒、清水,将砂锅上旺火烧沸,移至小火上焖2小时收汁离火,取出竹垫,将鱼背朝上覆盖在盘内,淋上卤汁即成。

4）制作关键

①烹制酥鲫鱼需选用鲜活小鲫鱼,每条100克左右。

②烹制时,必须加醋用小火焖,才能保持鱼形完整,鱼骨酥化。

5）思考练习

①燠制技法的成菜特点是怎样的?

②烹调过程中加醋的目的是什么?

任务28　醋溜鳜鱼

1）菜品赏析

醋溜鳜鱼是淮扬传统名菜,在制作过程中需要厨师动作协调娴熟,加工时要求剖刀均匀,挂糊均匀,先后3次油炸,使肉骨皆炸酥。

2）原料选择

鳜鱼1条（约1000克）,葱10克,蒜瓣20克,香醋75克,白糖250克,韭黄段50克,姜10克,黄酒50克,酱油75克,湿淀粉600克,精炼油等适量。

图3.28　醋溜鳜鱼

3）工艺详解

①将鳜鱼去鳞、鳃、鳍,剖腹去内脏洗净。在鱼身的两面剖成牡丹花刀,用线扎紧鱼嘴,用刀将鱼头、鱼身拍松。

②炒锅置旺火上,舀入精炼油,烧至五成热时,将鱼身挂满湿淀粉,一手提鱼尾,一手抓住鱼头,轻轻地将鱼放入油锅内,初炸至呈淡黄色时捞起。待油烧至七成热时,将鱼放入油锅内炸至金黄色捞出。继续烧至九成热时,将鱼炸至焦黄色。待鱼身浮上油面,捞出装盘,用干净的布将鱼揿松。

③在第二次炸鱼的同时,另取1只炒锅放火上,舀入精炼油烧热,放入葱、姜、蒜瓣煸香,加酱油、黄酒、白糖和清水,烧沸后用湿淀粉勾芡,再淋入明油、醋、韭黄段,制成糖醋卤汁。

④趁热将卤汁浇在鱼身上,再用筷子将鱼拆松,使卤汁充分渗透鱼内部即成。

4）制作关键

①剖牡丹花刀时,刀距为2厘米,深至鱼骨,刀刃再沿鱼骨向前平切1.5厘米。

②此菜要工序明确,先后3次油炸,每次油温不同,每炸一次需"醒"一次。

5）思考练习

①将主料换成黄鱼制作此菜。

②该菜制作过程中为什么要炸3次油？

醋溜鳜鱼1　　醋溜鳜鱼2　　醋溜鳜鱼3

 任务29　徽州臭鳜鱼

图3.29　徽州臭鳜鱼

1）菜品赏析

相传在200多年前，沿长江一带的贵池、铜陵、大通等地的鱼贩在每年入冬时将长江名贵水产——鳜鱼用木桶装运至徽州山区出售（当时有"桶鱼"之称），途中为防止鲜鱼变质，采用一层鱼洒一层淡盐水的办法，经常上下翻动。如此七八天后抵达屯溪等地时，鱼鳃仍是红色，鳞不脱，质未变，只是表皮散发出一种似臭非臭的特殊气味，但是洗净后经热油稍煎，细火烹调后，非但无臭味，反而鲜香无比。于是，臭鳜鱼成为脍炙人口的佳肴一代又一代地延续下来，至今盛誉不衰。

2）原料选择

臭鳜鱼1条（1000克），老姜50克，老抽3克，黄酒20克，味精2克，青红椒4只，青蒜段30克，鲜汤200克，淀粉5克，白糖4克，精炼油等适量。

3）工艺详解

①将臭鳜鱼洗净，两面各剞斜刀花，待晾干后放入油锅略煎，至两面呈淡黄色时，倒入漏勺沥油。

②将老姜切厚片，拍松，青红椒切大指甲片。

③在原锅中留下少许油，将鱼放入，加酱油、黄酒、白糖、味精、姜片和鲜汤，用旺火烧开，再转用小火烧40分钟左右，至汤汁快干时，撒上青红椒片、青蒜段焖1分钟，将淀粉调稀勾薄芡，淋上茶油起锅即成。

4）制作关键

①在腌制过程中，鱼鳃、鱼鳞能帮助发酵。

②温度应保持在25 ℃左右，避光发酵。温度太低发酵味道不够，温度太高容易造成鱼腐败变质。

③焖鱼加水的量不要太多了，和鱼身平齐即可。

④酱油不要多了，稍微上色即可。

⑤臭鳜鱼的腌制过程：鳜鱼宰杀洗净，一分为二，无须冲洗。鳜鱼、盐、香料、蒜蓉按照125:5:1:8的比例投放在原料中拌匀。香料粉（丁香、甘草、八角、小茴香、花椒、香叶）按照1:1:2:2:2:2的比例磨碎制粉。将鱼放在室温25 ℃左右的环境中，经6~7天后，待腌好的鱼身发白，鱼鳃鲜红，鱼体发出似臭非臭的气味时即可。

5）思考练习

①详述臭鳜鱼的发酵原理。

②简述发酵温度对鱼品质的影响。

 任务30 鱼咬羊

1）菜品赏析

孔子曰："食不厌精，脍不厌细。"孔子在周游列国时，宣传自己的政治主张到处碰壁，甚至到了断粮的处境。他的学生讨来一小块羊肉和几条小鱼，因饥饿难忍，只好应急将羊肉和小鱼同煮。出乎预料，羊肉烩鱼汤，十分鲜美。传说圣人创造"鲜"字，由"鱼""羊"二字配合，由鱼和羊合烹的"鱼咬羊"又称"鲜炖鲜"，也流传至今。

图3.30 鱼咬羊

2）原料选择

鳜鱼1条（约750克），羊腰窝肉250克，葱段10克，姜片15克，酱油75克，精盐5克，白糖12克，香菜5克，黄酒25克，大料2克，胡椒粉12克，鲜汤750克，精炼油等适量。

3）工艺详解

①将鳜鱼去鳞、鳃，从脊背正中剖一刀口，取出脊背骨及内脏，用水洗净。

②羊肉切成长3厘米、宽3厘米的正方块，放在沸水锅里略烫一下，捞出沥干水。

③炒锅置火上，舀入精炼油，烧至五成热时，下羊肉煸炒出香。加入水、酱油、黄酒、白糖、精盐、葱段、姜片、大料煮至八成烂时，拣去葱段、姜片、大料，将羊肉取出装入鳜鱼腹内，用麻线捆住刀口，不让羊肉露出来。

④炒锅洗净，复置火上，放入精炼油，烧至六成热时，放入鳜鱼（鱼身两面抹一点酱油）煎成两面金黄色时取出，去掉麻线，放入砂锅。加入余下调味料以及鲜汤和烧羊肉的原汤，用旺火烧开，再移到微火上烧半小时，待汤浓、鱼酥肉烂时，拣去葱段、姜片、大料，撒上白胡椒粉、香菜即成。

4）制作关键

①选用新鲜的腰窝肉，其膻味较小，沸水焯烫除去异味，保持羊肉本身的鲜味。羊肉烧烂后，再装入鱼腹中，鱼、肉才能同熟。

②淮北地区的居民喜食羊肉，原来羊鲜汤中放鲫鱼，是奶汤菜，后改用鳜鱼。因鳜鱼膛较大，可灌入羊肉，小火红烧，成品鱼体完整，腹中有羊肉。

5）思考练习

①整鱼取内脏的方法有哪些？

②图述整羊分档去料。

任务31　方腊鱼

图3.31　方腊鱼

1）菜品赏析

方腊鱼是徽州名菜。以鳜鱼为原料,用蒸、炸、溜的不同方法制成。菜形奇异,鳜鱼昂首,张鳍翘尾,大有乘风破浪之势。鱼片呈番茄红色,在首尾和周围镶以虾、蟹,味道以咸鲜为主,微有甜酸,一菜多形多味。

2）原料选择

净鳜鱼1条（约750克）,青虾350克,猪五花肉50克,香菜10克,鸡蛋（3个）清,精盐10克,味精2克,葱、姜各25克,白糖30克,醋10克,干淀粉20克,番茄酱120克,鲜汤500克,黄酒10克,葱姜汁20克,精炼油等适量。

3）工艺详解

①将鳜鱼从脐门后下刀剖至中刺骨,顺脊背骨片下鱼肉,铲去鱼皮。鱼头尾和中刺骨连接在一起,将鱼头略拍一下,鱼肉片成0.3厘米厚的片,青虾挤出虾仁做成泥,其余的去头壳留尾壳洗净,猪五花肉剁成泥状。

②将头尾脊背骨腌制入味,虾放入容器中加葱姜汁、盐、黄酒、味精,搅拌上劲后,加入虾仁泥拌成馅,做成4只小蟹形（用带尾壳的虾捏成蟹爪和蟹足）,鱼片用精盐、黄酒、味精、鸡蛋（1个）清、淀粉抓匀上浆。另将鸡蛋（2个）清、淀粉调成蛋泡糊,将带尾壳的虾取出,用洁布吸干水,拍上干淀粉待用。

③将4个"小蟹"和头尾中刺骨部分（竖着摆）分别上笼蒸至成熟定型,保温待用。

④锅放在中火上加热,放入精炼油,烧至三成热时,将带尾壳的虾逐个蘸上蛋泡糊,下油中炸至外皮挺起捞出,再放入四成热油复炸,捞出沥油即成高丽凤尾虾。原油锅复置火上烧至五成热时,将鱼片分别投入油中炸至浅金黄色捞出,再用七成热油重炸捞出沥油,立即将鱼头尾连中刺骨按鱼形摆好,鱼片分别排在中刺骨两边,周围撒上香菜,4只小蟹放在大盘四角。同时,另取锅放入精炼油烧热,放入余下调味料熬至黏稠有光泽时均匀地浇在鱼片和蟹上,立即将凤尾虾的尾部向外围在四周即成。

4）制作关键

蛋泡糊又称高丽糊,因其色白、泡沫丰富、形似白雪,又名雪衣糊。制作时,将蛋磕在碗中,用打蛋器或筷子向同一方向搅拌,先慢后快,先轻后重,中间不间断,待泡沫丰富,颜色洁白时,将筷子竖在其中不倒即可。

5）思考练习

如何鉴定蛋泡糊调制是否合格?

任务32　鲜汤秃肺

1）菜品赏析

鲜汤秃肺由常熟山景园名厨朱阿二于1920年创制。取活青鱼的肝（苏南俗称秃肺），加香菇、火腿等同煮。由于选料严谨，制作精细，汤清味浓，毫无腥味。

2）原料选择

活青鱼肝400克，黄酒75克，冬笋片50克，香醋10克，熟鸡脯片25克，葱结25克，百叶150克，青蒜丝5克，白胡椒粉1克，熟火腿片25克，水发冬菇25克，姜块15克，精盐25克，姜汁水25克，味精1克，鲜汤1000克，精炼油等适量。

图3.32　鲜汤秃肺

3）工艺详解

①将活青鱼肝洗净，切成5厘米长的段，放入碗内，加黄酒腌制。将锅置旺火上，舀入清水，先放入姜块（拍松）、精盐，煮沸，再放入鱼肝，加醋烧约3分钟，用漏勺捞出，放入清水中漂清。

②将百叶切成长5厘米、宽0.3厘米的丝，用碱水浸泡后洗净，挤干水。将锅置旺火上，舀入鲜汤，放入百叶丝，加精盐，煮沸。将百叶丝捞入碗内，加入熟鸡油、味精。

③另起锅置火上，舀入精炼油、鲜汤，放入鱼肝、笋片、火腿片、鸡脯片、冬菇、黄酒、精盐、葱结，烧沸后撇去浮沫，拣去葱结，加入姜汁水，出锅倒入百叶丝碗中，撒上青蒜丝、白胡椒粉即成。

4）制作关键

①取青鱼肝时，注意不能弄破鱼胆，避免影响青鱼肝品质。

②烹调鱼肝过程中，要注意时间的掌握，过长易导致口感变差。

5）思考练习

①简述鲜汤的调制工艺。

②撒白胡椒粉的目的是什么？

任务33　爆鱼

1）菜品赏析

爆鱼，即爆鱼鱼汤，为无锡传统名菜。清光绪二十六年（1900年），无锡北塘大街上新福菜馆的厨师阿春见吃扑面的顾客喜喝汤，于是将面浇头改用爆鱼鱼汤，供顾客佐面吃，很受欢迎，爆鱼一举成名。

2）原料选择

净青鱼肉750克，酱油50克，笋片50克，味精1克，黄酒60克，姜片10克，葱结10克，水发香

图3.33 爆余

菇30克,鲜汤800克,精炼油1000克。

3)工艺详解

①将青鱼肉段斜片成1.5厘米厚的鱼块,用酱油、黄酒腌制10分钟。

②将锅置旺火上,舀入精炼油,烧至八成热时,放入鱼块,炸约5分钟至鱼块呈焦黄色时捞出。

③汤锅置火上,加入鲜汤,投入爆鱼坯、笋片、水发香菇、黄酒、葱结、姜片,烧5分钟,撒入味精即成。

4)制作关键

鱼块必须用酱油、黄酒腌制,成菜汤色黄白。

5)思考练习

①青鱼片为什么要腌制?

②味精的主要成分是什么?

 # 任务34 红烧望潮

1)菜品赏析

望潮,体短,卵圆形,无鳍,头部长有8枚吸盘代足以行。因生活在海滩,抬头观潮来,潮至下水觅食,故名"望潮"。

2)原料选择

望潮12条(约1000克),葱段30克,姜块10克,桂皮1克,八角1克,白糖20克,芝麻油10克,白糖15克,黄酒15克,酱油50克,醋5克,味精4克,精炼油等适量。

图3.34 红烧望潮

3)工艺详解

①将望潮剖腹,去净污物,撬去牙,挤去眼珠,刮洗净头须上的沙皮,然后下沸水锅焯烫,捞出漂净。

②炒锅置旺火上,下入精炼油,烧至七成热时,投入葱段、姜块煸香,放入望潮,烹入黄酒,加酱油、白糖、白汤、姜块、桂皮和八角,盖上锅盖烧沸,改为小火烧15分钟至汁浓将干时,加入醋、味精,颠翻均匀,拣去姜块、桂皮、八角,淋上芝麻油即成。

4)制作关键

①望潮初加工时,应刮洗净头须上的沙皮,注意头与身不能脱离。

②用小火煨至汤汁浓稠。

5)思考练习

望潮的营养功效有哪些?

任务35　头肚醋鱼

1）菜品赏析

头肚醋鱼是绍兴的传统风味菜。过去，绍兴市内水上交通中心——大江桥堍某店主人别出心裁地在店后的河上置一艘木船，专门活养3000克左右的鱼，以招待顾客。选用鱼头和肚裆作为主料，现烧现吃的"头肚醋鱼"颇受城乡客商青睐，成为家喻户晓的绍兴风味菜。

图3.35　头肚醋鱼

2）原料选择

鳙鱼头、肚裆肉400克，熟笋50克，葱末1克，白糖25克，黄酒25克，酱油60克，姜末1克，胡椒粉1克，甜面酱10克，醋20克，湿淀粉50克，精炼油等适量。

3）工艺详解

①将鳙鱼头、肚裆肉洗净，斩成长5厘米、宽2厘米的长方块，笋切成小长方块。

②将炒锅置旺火上，舀入精炼油，烧至六成热时，放入鱼头、鱼肚裆肉煎至表面金黄，烹入黄酒，加酱油、白糖、甜面酱、笋块和汤水，加盖烧沸后，再烧5分钟。用醋、湿淀粉调匀勾薄芡，淋入精炼油，起锅装盘，撒上葱末、姜末、胡椒粉即成。

4）制作关键

①选用2000~3000克的活鳙鱼，现烧现吃。

②鱼头及肚裆肉不宜多煮，芡要薄。

5）思考练习

图述整鱼分档取料。

任务36　烧二海

图3.36　烧二海

1）菜品赏析

烧二海是淮扬传统名菜。将海参和蟹肉、蟹黄同烧，味道鲜美无比，入口唇齿留香。

2）原料选择

水发海参900克，蟹肉（黄）200克，黄酒50克，姜片10克，葱25克，酱油25克，精盐2克，鲜汤250克，湿淀粉20克，香菜10克，白胡椒粉1克，精炼油150克。

3）工艺详解

①将水发海参去肠、脏，洗净，切成长6厘米、宽4厘米的厚片，放入沸水中略烫捞出待用。

②炒锅置火上，舀入精炼油，放入葱、姜片炸香捞出，放入蟹肉略煸，再加入海参略煸出香，加黄酒、鲜汤、酱油、精盐烧沸烧透，用湿淀粉勾芡，烧沸淋上精炼油，盛入盘内（放在蟹

黄上面）撒上胡椒粉，上桌带香菜碟。

4）制作关键

①海参焯水时间不宜过长。

②蟹黄煸炒过程中，注意火候的控制。

5）思考练习

海参品质鉴定方法是怎样的？

任务37 全家福

1）菜品赏析

图3.37 全家福

关于全家福传说的版本各地都有，但最有说服力的还是和乾隆皇帝有关。当时乾隆还没动身，就被两江总督事先得知。为了夸耀政绩进而邀功，除率百官恭迎圣驾之外，更是大摆筵席为皇上接风洗尘。不料看着那满桌美馔，乾隆大失所望。两江总督见此情景，便心领神会连忙如此这般对众厨说。其中有位老师傅早已胸有成竹，只见他从备好的原料中飞快地拣出火腿、海参、鸡脯、鱼片、玉兰片、笋丁、干贝、海米、虾仁等12种陆珍海鲜，混合烧成菜，乾隆接连又尝了几次，连声称奇，便传旨召见献此菜的厨子。询问菜肴制作方法，厨师忙回答："启禀万岁，天下的福分，皇上占得最全，今天给陛下做菜，就应当材料俱全、味道俱全，所以就献了个'全来到'。"乾隆皇帝笑道："这里的东西样样皆炒备，朕就给它取个名，叫'全家福'。"从此，"全家福"这道菜就流传到民间，成为一道全家团圆的象征菜。

2）原料选择

水发海参100克，水发鱿鱼50克，水发猪蹄筋50克，熟虾仁30克，熟鸡肉50克，炸丸子50克，熟猪白肉50克，水发肉皮40克，熟猪肘子肉50克，熟火腿50克，水发香菇50克，水发玉兰片50克，木耳50克，青椒50克，青菜心50克，韭黄50克，葱白20克，姜末10克，精盐15克，黄酒20克，味精2克，酱油10克，白糖10克，湿淀粉30克，鲜汤1000克，胡椒粉3克，精炼油等适量，芝麻油10克。

3）工艺详解

①将海参、鱿鱼、肉皮顺着切成5厘米长的斜刀片，蹄筋片成两半再切成5厘米的段，猪肘、猪白肉、鸡肉均切成5厘米长的薄片，将香菇、玉兰片、青椒切成片，韭黄切成4厘米长的段，菜心用刀劈开切成4厘米长段。

②炒锅置火上，倒入鲜汤，旺火烧沸后将改过刀的海参、鱿鱼、蹄筋、肉皮、肘子、白肉、鸡肉、玉兰片及丸子投入，汆透捞出，沥干汤汁备用。

③另取炒锅放入精炼油，加热至烧六成热，投入葱白、姜末爆出香味，放入菜心、青椒、木耳、香菇、火腿稍煸炒，将汆透的海参、鱿鱼等原料放入，翻炒几下加精盐、黄酒、酱油、白糖、味精、胡椒粉及鲜汤，翻炒均匀，味汁烧沸后放入韭黄，用湿淀粉勾芡，待汤汁收浓稠淋入

芝麻油拌匀, 出锅装入大碗内。

4） 制作关键

①各种原料成形要准确, 杂而不乱。

②烹制过程中, 要把握下料的顺序和时机。

③起锅装盘时, 要注意菜面摆形, 突出主料。

5） 思考练习

①如何统一不同原料的成熟时间?

②菜品装盘时, 要注意哪些问题?

任务38　软兜长鱼

1） 菜品赏析

据说, 古代余制长鱼是将活长鱼用纱布兜扎, 放入带有葱、姜、盐、醋的沸水锅内, 余至鱼身卷曲, 口张开时捞出, 取其脊肉烹制。成菜后鱼肉十分醇嫩, 用筷子夹起, 两端一垂, 犹如小孩胸前的兜肚带, 食时可以用汤匙兜住, 故名 "软兜长鱼"。

2） 原料选择

鳝鱼800克, 蒜片10克, 黄酒10克, 白糖10克, 酱油10克, 香醋35克, 味精1克, 精盐15克, 葱段5克, 姜片5克, 白胡椒粉1克, 湿淀粉10克, 鲜汤300克, 精炼油等适量。

图3.38　软兜长鱼

3） 工艺详解

①锅内放入清水、精盐、香醋、葱段、姜片, 用旺火烧沸后, 迅速倒入鳝鱼, 盖紧锅盖, 待鳝鱼停止窜动, 嘴张开, 水沸后再加入少量清水, 并用手勺轻轻地将鳝鱼推动翻身, 待鳝鱼全部张开嘴, 捞出, 放入清水中洗净, 捞出。取脊背肉一掐两段, 放入沸水锅中烫一下, 捞出沥去水待用。

②炒锅置旺火上烧热, 倒入精炼油, 烧至五成热时, 投入蒜片炸香, 放入鳝鱼脊背肉, 加入黄酒、味精、酱油、白糖、鲜汤, 烧至鳝鱼软烂时, 用湿淀粉勾芡, 淋入香醋、精炼油, 撒上白胡椒粉即成。

4） 制作关键

①鳝鱼选择毛笔杆粗为佳。

②制作此菜最好用脊背肉。

5） 思考练习

①为什么说 "小暑鳝鱼赛人参" ?

②举出其他烫杀鳝鱼的方法。

软兜长鱼

任务39　生爆鳝片

图3.39　生爆鳝片

1）菜品赏析

生爆鳝片是1956年浙江省认定的36种杭州名菜之一。

2）原料选择

大鳝鱼2条（约500克），虾仁10克，熟青豆5粒，大蒜头10克，白糖25克，精盐2克，湿淀粉50克，面粉50克，黄酒15克，酱油25克，醋15克，芝麻油10克，精炼油等适量。

3）工艺详解

①在鳝鱼颌下剪一小口，剖腹取出内脏，用剪刀尖从头至尾沿脊骨两侧厚肉处各划一长刀，再用刀剔去脊骨，斩去头、尾。先将鳝鱼肉洗净，背朝下平放在砧板上，剖上十字花刀（刀深为鳝鱼肉厚度的1/3），然后切成菱形角片，盛入碗内，加精盐、黄酒腌制10分钟，加入湿淀粉40克、水25克，撒上面粉搅拌均匀。虾仁上浆待用。

②将大蒜头拍碎斩末，放入碗中，加酱油、白糖、醋，以及黄酒、湿淀粉、水兑成汁芡。

③锅内放入精炼油，旺火上烧至七成热，将鳝片分散迅速入锅，炸至外皮起壳时，即用漏勺捞起，待油烧至八成热时，再将鳝片下锅，炸至金黄松脆时捞出，盛入盘内。锅内留少许底油，迅速将兑汁芡倒入，用手勺推匀，淋上芝麻油，浇在鳝片上，将滑好的虾仁、青豆点缀在鳝片上即成。

4）制作关键

爆法宜火大油热，迅速成菜，湿淀粉宜少不宜多。

5）思考练习

①简述爆法工艺的特点。

②简述黄鳝整料出骨。

 任务40　梁溪脆鳝

1）菜品赏析

梁溪脆鳝，又名无锡脆鳝，曾称太湖脆鳝，是江苏鳝肴中别具一格的传统名菜，饮誉海内外。此菜据传是由太湖船菜——脆鳝发展而来的，闻名于太平天国年间。无锡有梁溪河，西通太湖，无锡游船常由此河驶入太湖，于是船菜中颇受青睐的脆鳝被称为"梁溪脆鳝"。经无锡几代名厨改进，此菜日臻完美。

2）原料选择

鲜活鳝鱼1000克，酱油40克，黄酒50克，精盐50克，香醋

图3.40　梁溪脆鳝

50克, 白糖100克, 葱末25克, 姜末25克, 嫩姜丝25克, 味精1克, 胡椒粉0.5克, 干淀粉200克, 芝麻油25克, 精炼油等适量。

3) 工艺详解

①将锅置旺火上, 放入清水, 精盐和醋烧沸, 先放入活鳝鱼后随即加盖, 焖至鳝鱼嘴张开, 捞入清水中冷却、漂清, 然后用刀将鳝鱼逐条去骨划成鳝丝, 洗净沥干水, 将鳝鱼丝拍粉。

②炒锅置旺火上, 舀入精炼油, 烧至八成热时, 放入鳝丝炸, 并不断用漏勺捞起轻颠, 抖散入锅, 以防鳝丝相互黏结。炸约4分钟, 即用漏勺捞出, 待油锅里的油温降到五成热时, 再将鳝丝投入油锅, 如此复炸3次, 使鳝体基本排尽水, 里外肉质从硬化趋于脆化。

③炒锅留少许精炼油, 放入葱末, 煸香后, 加酒、姜末、酱油、糖, 烧沸成卤汁, 随即将炸脆的鳝丝放入卤汁锅内, 略烩后, 放入味精、胡椒粉, 颠翻几下, 淋入芝麻油, 起锅放入盘内堆起, 顶上放些嫩姜丝即成。

4) 制作关键

①配料时的比例, 主料在拍粉时注意要均匀。

②入油锅炸的过程中注意油温的控制(180~210 ℃)。

③在烧汤汁时, 注意把握勾芡的时间。

5) 思考练习

①为什么要选用干的香菇?

②糖醋汁调配的关键有哪些?

梁溪脆鳝

 任务41　响油鳝糊

1) 菜品赏析

江南水乡, 黄鳝遍布河道、田间沟边, 其特点在于鳝肉鲜美、香味浓郁、佐酒下饭、开胃健身。因为菜装盘后, 最后要淋上热油, 所以摆上桌那瞬间还会发出"滋滋"的声音, 这道菜还会勾芡, 成菜中仅有的那么一点点汤汁都包裹在鳝丝上, 于是得名"鳝糊"。

2) 原料选择

图3.41　响油鳝糊

鳝鱼500克, 冬笋50克, 火腿25克, 葱10克, 香菜3克, 姜5克, 大蒜10克, 酱油7克, 黄酒10克, 胡椒粉0.5克, 香醋8克, 精盐2克, 白糖10克, 味精1克, 湿淀粉15克, 鲜汤20克, 芝麻油3克, 精炼油等适量。

3) 工艺详解

①葱、香菜洗净切段, 姜块洗净拍松。大蒜洗净后部分剁成蓉。先将冬笋、火腿用沸水焯透, 冬笋、火腿切丝, 余下的葱段、姜块切成末。

②锅内放水, 加入醋、盐、黄酒、葱、姜, 水沸后放入活鳝鱼, 立即盖上锅盖, 改用微火煮至鳝鱼肉发软, 捞入凉水中, 划丝、切成长段, 用竹片从鳝鱼的头部下方割去鳝鱼腹部的老肉, 去掉鳝鱼骨, 将其余的鳝鱼肉切成段, 洗净后放在沸水中焯一下, 沥干水。

③炒锅放油烧热,下葱、姜、大蒜,煸香后,投入鳝段炒透,加入黄酒、酱油、盐、糖和鲜汤,略煮片刻,加味精、香醋,再用湿淀粉勾芡,撒胡椒粉,然后将鳝鱼装入盘中,撒上蒜末、冬笋丝、火腿丝、香菜段和胡椒粉,淋上热芝麻油即成。

4)制作关键

鳝丝在油锅中一定要煸透,黄酒、姜、葱的用量可略重,以便去腥。

5)思考练习

响油鳝糊的"糊"应怎样理解呢?

任务42 炖生敲

图3.42 炖生敲

1)菜品赏析

炖生敲是南京传统风味名菜之一,具有300年以上的历史,清明前后品尝,尤其可谓之时令菜肴。传统的制法是将鳝鱼活杀去骨,用木棒敲击鳝肉,使肉质松散,故名生敲。著名学者吴白对其倍加赞赏,曾咏诗道:"若论香酥醇厚味,金陵独擅炖生敲。"从字里行间可看出他对此菜的赞赏。

2)原料选择

活大鳝鱼900克,猪五花肉100克,蒜瓣100克,葱段10克,姜片10克,精盐2克,黄酒50克,酱油50克,白糖10克,味精2克,鲜汤500克,精炼油等适量。

3)工艺详解

①将鳝鱼放砧板上,用刀在头部剁一刀,立即用刀顺鱼腹部剖开,去掉内脏,洗净沥干,用刀尖沿脊背骨向下划开,再平铲去掉脊骨,用木棒排敲鳝鱼肉,改刀成6厘米长斜块,洗净沥干。猪五花肉洗净,先用刀直剞,再横切成片,便成为鸡冠形肉片。

②炒锅置旺火上,舀入精炼油,烧至六成熟,放入鳝鱼块,炸至肉片香味散出,用漏勺捞出。将蒜瓣放于油锅微炸,见色黄立即捞出沥油。

③砂锅置火上,将鳝块、肉片、蒜瓣放入,加精盐、葱段、姜片、酱油、鲜汤、黄酒旺火烧沸后,撇去浮沫,加白糖,改微火炖至鳝块酥烂,离火,拣去葱段、姜片,撒上胡椒粉即成。

4)制作关键

①必须选用大活鳝鱼为原料。

②鳝鱼过油时要炸透,呈银灰色,泛芝麻花时方好。

5)思考练习

①为什么不可以选择死鳝鱼?

②葱段、姜片为什么要炸香?

任务43 三杯鳝段

1）菜品赏析

清·袁枚著《随园食单》已有记载："切鳝以寸为段、照煨鳗法煨之。或先用油炙使坚，再以冬瓜、鱼笋、香蕈作配，微用酱水，重用姜汁。"当时称为"段鳝"。

2）原料选择

图3.43 三杯鳝段

大黄鳝600克，姜片4克，干辣椒1只，白糖5克，茅台酒5克，甜酒酿汁5克，蒜头5克，绍兴黄酒30克，酱油30克，芝麻油30克，精炼油等适量。

3）工艺详解

①将鳝鱼斩去头、尾，斩成4厘米长的段去内脏（斩断后去内脏），剞上直刀纹，用酱油腌制。姜片改刀为指甲片，辣椒斩成末，待用。

②炒锅置旺火上，下入精炼油，烧至六成热时，投入鳝段，稍炸即出锅，倒入漏勺沥去油。炒锅留少许底油，回置火上，将蒜头、姜片和辣椒末入锅煸炒，放入鳝段，烹上绍兴黄酒，加清水200克，用旺火烧滚后，改为小火焖至酥熟，加白糖及酱油，至卤汁浓稠，再淋上芝麻油，倒入茅台酒与甜酒酿汁混合，略烧，起锅装盘。

4）制作关键

①先大火烧开，然后小火慢焖，卤汁收浓，再淋芝麻油。

②装盘扣盖，食时揭去，酒香扑鼻。

5）思考练习

①扣菜在制作过程中应注意哪些关键点？

②简述黄鳝的营养价值。

大烧马鞍桥

任务44 将军过桥

1）菜品赏析

图3.44 将军过桥

黑鱼剽悍凶猛，民间传说黑鱼为水中龙宫大将，故称"将军"。"过桥"为烹饪行业用语，指同一原料两种烹法或同一菜点两种吃法，有干有汤。将军指黑鱼，将黑鱼做出一炒一汤两样菜。清代称之为"活打"。据《邗上三百吟》记载："活者，黑鱼也；打者，打鱼颈也，唯此经活打之后烹而食之，他鱼则否。"将黑鱼片滑炒，将鱼盔甲制汤，一鱼两菜，各献一味，黑鱼肠既脆又丰腴，为不可多得的美味。

2）原料选择

鲜活黑鱼1条（约600克），熟笋片40克，水发香菇25克，青菜心6棵，虾子2克，熟火腿片5克，鸡蛋（1个）清，醋2克，黄酒20克，精盐7克，姜片10克，葱片8克，葱段10克，姜末5克，湿淀粉30克，鲜汤300克，芝麻油10克，精炼油等适量。

3）工艺详解

①将黑鱼刮鳞去鳃、鳍，开膛去内脏（鱼肠留用），洗净，斩下鱼头，劈成两块，用刀沿鱼脊椎骨两侧破开，取下两面鱼肉，再斜切成大片，放入清水中泡去血水，捞出放入碗内，加精盐、鸡蛋清、黄酒、湿淀粉搅拌上劲，待用。

②先将鱼肠破开，洗净，用精盐、醋轻揉去腥味，再将黑鱼骨斩成块。菜心洗净，头部用刀修成圆形，菜叶削成锥形。

③炒锅置火上，舀入精炼油，烧至四成热时，放入鱼片，用手勺拨散，至色呈现乳白色时倒入漏勺沥去油，锅留少许精炼油复置锅上，放入葱片、笋片、香菇片煸炒出香后，加黄酒、鲜汤、精盐烧沸后用湿淀粉勾芡，随即倒入鱼片，淋入芝麻油，颠翻均匀，装盘前盘底淋2滴香醋。

④将鱼头、鱼骨洗净，放入炒锅内，煎至表面焦黄，捞出备用，鱼肠放入沸水中略烫，捞出洗净沥去水。炒锅洗净，加清水烧沸后，将鱼头、鱼骨、鱼肠放入，撇去油沫和浮沫。加入黄酒、葱段、姜末、笋片、虾子，烧至汤汁乳白时放入青菜心、香菇片，待青菜翠绿成熟时，调入精盐，挑出葱段、姜片，起锅盛入汤碗内，放入火腿片即成。

4）制作关键

①鱼肠不要丢弃。

②鱼肉要漂去血水，以使鱼片洁白。

5）思考练习

①宰杀黑鱼时要掌握哪些关键？

②熬鱼汤应注意哪些方面？

 **任务45　蟹黄扒鱼翅**

1）菜品赏析

蟹黄扒鱼翅系苏州传统名菜。"上有天堂，下有苏杭。"苏州善烹鱼翅席，此菜选用阳澄湖黄毛金爪清水大蟹。蟹黄鲜肥，鱼翅软糯，颜色黄润，味美醇厚。

图3.45　蟹黄扒鱼翅

2）原料选择

水发鱼翅600克，蟹肉200克，精盐1.5克，黄酒20克，味精1克，姜8克，葱6克，花椒10粒，白胡椒粉0.5克，湿淀粉2克，鲜汤150克，精炼油等适量。

3）工艺详解

①将水发鱼翅放入沸水中，先加黄酒5克，烫5分钟取出放碗内，再加黄酒5克、葱2克、姜4克、鲜汤150克，上笼蒸20分钟取出，滗出汤水待用。

②炒锅置火上，舀入适量精炼油，放入葱和花椒，炸至葱椒焦黄，过滤出葱椒油，待用。

③炒锅洗净，复置火上，加热后舀入少许精炼油，下入姜、葱煸香，放入蟹肉煸炒出香，加入余下调味料烧沸后，将鱼翅放入，烧沸后略熻，捞出鱼翅放入大盘内。

④锅内的蟹肉和汤汁用湿淀粉勾芡，淋上葱椒油，起锅浇在鱼翅上，撒上白胡椒粉即成。

4）制作关键

鱼翅用米汤发制，既白且嫩，发制时间又短，一般24小时即成。

5）思考练习

详述鱼翅的干货涨发工艺流程。

 任务46　蟹粉鲜鱼皮

1）菜品赏析

蟹粉鲜鱼皮为"南通四鲜"之一。白扒鲜翅与牛乳鲜鱼唇、白烩鲜鱼肚、蟹粉鲜鱼皮合称"南通四鲜"。

2）原料选择

鲜鱼皮1000克，姜末10克，青菜心50克，香菜4克，芝麻油25克，味精1克，黄酒100克，白胡椒粉1克，精盐5克，葱结15克，葱末10克，湿淀粉50克，鲜汤100克，精炼油等适量。

图3.46　蟹粉鲜鱼皮

3）工艺详解

①将鲜鱼皮入沸水中浸泡片刻，涩沙，漂洗，捞出改切成菱形块。将青菜修成鹦鹉嘴形，再改刀成4瓣。锅置火上，舀入精炼油，烧至四成热，放入青菜过油至翠绿色时，倒出沥油待用。

②将锅置旺火上，舀入精炼油，投入姜末、葱结煸出香味时，放入黄酒、鲜汤、鲜鱼皮烧沸后移小火焖至纯软，捞起待用。

③另取炒锅置旺火上，舀入精炼油，烧至七成热时，投入葱末、姜末略煸，将蟹粉放入煸炒，加入黄酒，舀入鲜汤，放入鲜鱼皮，青菜烧沸，加入精盐、味精，用湿淀粉勾芡，淋入芝麻油，撒上白胡椒粉，放上香菜叶即成。

4）制作关键

蟹粉最好选用活蟹，现剥现用，所谓"蟹肉上席百味淡"，蟹粉更胜一筹。

5）思考练习

①鱼皮有何营养功效？

②如何鉴别鱼皮的优劣？

 任务47　生炝条虾

1）菜品赏析

图3.47　生炝条虾

条虾，即中华白虾，产于黄海，因虾身细而长，壳薄色白，故名。条虾、蛤蜊、鲜蛏，在盐城列为"海产春三鲜"。生炝条虾系苏北沿海独特的吃法，家家会做，人人爱吃。清明节前的条虾，皮薄透明，外壳柔软，肉嫩味鲜，乃时令佳肴。

2）原料选择

鲜条虾500克，白酱油50克，曲酒50克，白糖30克，精盐5克，香醋15克，白胡椒粉2克，红腐乳汁40克，蒜末5克，姜末5克，芝麻油25克。

3）工艺详解

①将虾剪去爪和须，用冷沸水反复洗净，放入盛器中，加入精盐，拌匀后放入盘内，再用曲酒炝制30分钟，以杀菌去腥。

②先将炝好的虾放入另一盘内，再将白酱油、白糖、香醋、红腐乳汁、蒜末、姜末同放碗内调匀，浇在虾上，淋入芝麻油，撒上白胡椒粉即成。

4）制作关键

①炝虾不经加热、以生吞活剥为宜，故称"虾生"。因活虾上席蹦跳，又称"满台飞"。此法重用烈酒，可杀菌。

②腐乳品种很多，此菜选用玫瑰腐乳，其颜色红艳，甜咸适中。

5）思考练习

①条虾是什么虾种？

②"海产春三鲜"分别是什么？

 任务48　锅塌银鱼

1）菜品赏析

银鱼与梅鲚、白虾并称"太湖三宝"，清康熙年间并列为贡品。近百年来，无锡和苏州地区制出许多银鱼名肴，如香脆银鱼、银鱼炒蛋、太湖银鱼等。锅塌银鱼也是其中之一，色泽金黄，银鱼鲜嫩味香，系无锡传统名菜。

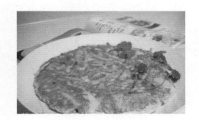

图3.48　锅塌银鱼

2）原料选择

银鱼100克，黄酒25克，猪肥膘25克，味精1克，精盐3克，葱、姜各15克，鸡脯肉50克，鲜汤50克，湿淀粉10克，鸡蛋、精炼油等适量。

3）工艺详解

①将银鱼通条从脊背开刀，取出脊骨刺，冲洗干净后放入碗内，加黄酒、精盐、味精，略腌一下。

②将生鸡脯肉、猪肥膘分别剁成细泥，放入碗内，加入鸡蛋（2个）清搅拌均匀。加入黄酒、精盐、味精调匀，然后将鸡蛋2个磕在碗内搅匀，掺到剁好的鸡蓉、肥膘泥中，用筷子搅拌浓稠后再加入鲜汤、湿淀粉调匀。葱、姜均切成细末。

③炒锅置旺火上烧热，先倒入精炼油，下葱末、姜末煸香，将银鱼逐条整齐地码放在锅底，然后倒入调匀的鸡蛋糊，并用手勺向周围摊平。顺锅边淋明油轻轻晃动锅，使鸡蛋糊和银鱼在锅中旋转，再大翻锅，焖2分钟左右呈金黄色时，出锅装盘。

4）制作关键

①锅塌菜品先煎后烧，煎前锅要刷净，鱼和调好的鸡蛋糊下入锅后不断淋油，避免粘锅，待上面的鸡泥凝固后再大翻勺，两面煎黄。

②塌时，汤汁以没过原料为好，用小火完全收干，使味汁渗进鱼肉、鸡泥，成菜后应无汤汁，才是名副其实的塌菜。

5）思考练习

①塌菜的工艺特点有哪些？

②"太湖三宝"分别是什么？

任务49 醉蟹

1）菜品赏析

有关史料记载，兴化中堡庄的童氏家族，祖籍江南宁国府宣城县童家寨（今属安徽省宣州市），元代前迁居平江府（今苏州），明洪武二年（1369年），童氏家族由苏州阊门迁至兴化中堡庄定居，成为中堡童氏家族第一世始迁祖。原本从事花木栽培、管理和擅长裱画技艺的童氏第二代传人，发现中堡庄前湖及周围河流不但水面辽阔，而且水质清纯，每年重阳节后都出产大宗肥美的青壳大蟹。但由于鲜活螃蟹销路不广，积压

图3.49 醉蟹

较多，渔民蒙受了较大损失。于是童氏在操办本行当的同时，走南闯北，也做起了买卖鲜活螃蟹的生意。在经营活蟹的过程中，为了延长螃蟹的保质期，减少损失，参照制作醉螺、醉虾的方法，用自制糯米浆酒及其他配料制作醉螃蟹，意外地形成了新的产品，很受市场欢迎。明洪武二十七年（1394年）前后，中堡童氏第二代传人创立"童德大"醉蟹加工作坊，从而成为"中庄醉蟹"的创始人。

2）原料选择

活螃蟹500克，白酒50克，黄酒50克，盐50克，花椒10克，姜片50克。

3）工艺详解

①将活蟹置于盐水盆中，浸泡去污，洗净泥沙杂物，取出，放入容器中加白酒浸腌。

②将黄酒、盐、花椒、姜片等放入锅内，加适量清水，调匀，架在火上加热煮开，出味后冷却，即成味汁。

③将白酒浸泡过的螃蟹置于容器中，倒入调制好的黄酒调味液，要淹没螃蟹，然后密封腌制，直到螃蟹香味四溢，取出食用。腌制时间至少2天，长一些味道更好，一般以15天左右为宜。

4）制作关键

①原料应选用大小均匀、鲜活的原料。

②醉制过程要用高浓度白酒，起到抑菌、杀菌的功效。

5）思考练习

①白醉和红醉的区别是什么？

②螃蟹与哪些原料不宜同时食用？

任务50　龙井虾仁

图3.50　龙井虾仁

1）菜品赏析

乾隆十六年（1751年）正月十三日，乾隆第一次下江南，在杭州观潮楼完成阅兵后，便身着便服，只身游览西湖，在西湖边一家小酒肆入座，点了几个菜，其中一个菜是炒虾仁。乾隆闻味，清香扑鼻，尝了一口，鲜嫩可口，再看盘中的菜，只见茶叶翠绿欲滴，虾仁白嫩晶莹，禁不住连声称赞。从此，这道菜经过数代杭州烹调高手不断总结完善，正式定名为"龙井虾仁"，成为闻名遐迩的浙菜美馔佳肴。

2）原料选择

活大河虾1000克，龙井新茶尖1.5克，葱2克，鸡蛋1个，黄酒1.5克，精盐3克，味精2.5克，湿淀粉40克，精炼油等适量。

3）工艺详解

①将河虾去壳，挤出虾肉，盛入小竹箩里，用清水反复搅洗至虾仁雪白，盛入碗内，放精盐和鸡蛋清，用筷子搅拌至有黏性时，加入湿淀粉、味精拌匀，放置1小时，使调料渗入虾仁，待用。

②龙井新茶用沸水泡开，放1分钟，滗出茶汁，剩下的茶叶和余汁待用。

③炒锅置中火上烧热，滑锅后下精炼油，烧至四成热时，放入虾仁，迅速用筷子拨散，至虾仁呈玉白色时，倒入漏勺沥去油，葱炝锅后再将虾仁倒入锅中，迅速把茶叶连汁倒入，烹入黄酒，颠动片刻即可出锅装盘。

4）制作关键

①龙井新茶叶应选取其最嫩的部位制作菜肴，质地粗老影响口感。

②泡茶叶的水不宜过多，炒虾仁的卤汁不能多。

③烹调火候和时间。

5）思考练习

①龙井茶叶有何特色？

②虾仁应怎样洗涤干净？

③怎样使虾仁亮油包芡？

任务51　文思豆腐

1）菜品赏析

文思豆腐是淮扬地区的一款传统名菜。文思豆腐始于清代，至今已有300多年的历史。传说在清乾隆年间，扬州梅花岭右侧天宁寺有一位名叫文思的和尚，善制各式豆腐菜肴。特别是用嫩豆腐、金针菜、木耳等原料制作的豆腐汤，滋味异常鲜美，前往烧香拜佛的佛门居士都喜欢品尝此汤，在扬州地区很有名气，这在《扬州画舫录》中曾有记载。据说当年乾隆皇帝曾

图3.51　文思豆腐

品尝过此菜，还一度成为清宫名菜。因该菜为文思和尚所创，人们便称它为"文思豆腐"，一直流传至今。从民国初期到20世纪30年代时，此菜在江南地区也很有名，不过其制法与清代已有所不同，厨师们对用料和制法作了改进，使其烹调更加考究，滋味更鲜美。

2）原料选择

豆腐450克，熟冬笋10克，熟鸡脯肉50克，熟火腿25克，水发香菇25克，青菜叶15克，盐2克，味精1克，鲜汤750克。

3）工艺详解

①将豆腐削去老皮，切成细丝，放入碗中用沸水漂烫。将香菇、笋、火腿、鸡脯肉皆切成丝。香菇丝放入碗内，加鲜汤上笼蒸熟取出。

②炒锅置火上，舀入鲜汤烧沸，投入香菇丝、冬笋丝、青菜叶丝、鸡丝，加精盐烧沸放入味精盛入汤碗中。与此同时，另取炒锅1只，置于火上，放入鲜汤烧沸，倒入豆腐丝，待豆腐丝轻浮，立即用漏勺捞出，放入汤碗中，撒上火腿丝上桌。

4）制作关键

①豆腐要选用盐卤制作的豆腐。

②香菇、冬笋、火腿、鸡脯肉、生菜叶都切成粗细一致的细丝。

③根据食用需要，可以略微勾一点米汤芡。

5）思考练习

①豆腐丝为什么用冷水锅焯水？

②豆腐的选料要求有哪些？

任务52 大煮干丝

图3.52 大煮干丝

1）菜品赏析

"扬州好，茶社客堪邀。加料干丝堆细缕，熟铜烟袋卧长苗，烧酒水晶肴。"清代惺庵居士《望江南》中的词句形象生动地描绘了清代扬州的居民品尝"加料干丝"的情景，颇似一幅生动的风俗画。大煮干丝又称鸡汁煮干丝，是扬州传统名菜，属淮扬菜系。大煮干丝是一道既清爽又有营养的美味佳肴，其风味之美，历来被推为席上美馔，淮扬菜系中的看家菜。原料主要为淮扬方干，刀工要求极为精细，多种佐料的鲜香味经过烹调，复合到豆腐干丝里，吃起来爽口开胃，异常美味，百食不厌，回味无穷。

2）原料选择

方豆腐干400克，熟鸡肝片25克，熟鸡肫片25克，虾仁50克，熟鸡丝50克，熟火腿丝10克，冬笋片30克，虾子1.5克，豌豆苗（烫熟）10克，鸡蛋（半个）清，精盐2.5克，湿淀粉3克，鲜汤500克，黄酒3克，味精2克，精炼油等适量。

3）工艺详解

①先将方豆腐干先片成薄片，再切成细丝，放入容器中，倒入沸水烫泡，用竹筷拨散，至凉后换沸水烫3次，捞出沥干水待用。虾仁洗净，沥干水，用精盐、味精、黄酒、鸡蛋清、湿淀粉上浆。

②将炒锅置火上，舀入精炼油，放入虾仁炒至乳白色，起锅盛入碗中。

③炒锅复置火上，先放入鲜汤、干丝，再将鸡丝、鸡肫、鸡肝、笋片放入锅内的一边，加虾子、精炼油，烧至沸腾汤浓白时，加精盐调味。起锅装盘时，先将干丝盛在盘中，豌豆苗放在干丝一周，淋上汤汁和配料，然后放上火腿丝、虾仁即成。

4）制作关键

①干丝要切得粗细均匀，无散碎、大小头，一般要把方干皮加工成0.15厘米的厚片再改刀成丝。

②干丝在煮前要烫去腥涩味。

5）思考练习

①方豆腐干的切制技巧有哪些？

②怎样去除干丝的豆腥味？

任务53 镜箱豆腐

1）菜品赏析

镜箱豆腐是江苏无锡地区的汉族传统名菜，属于苏菜系。由无锡迎宾楼菜馆名厨刘俊英

图3.53　镜箱豆腐

创制,选用无锡特产"小箱"豆腐烹制而成。20世纪40年代,迎宾楼菜馆厨师刘俊英对家常菜油豆腐酿肉加以改进,将油豆腐改用小箱豆腐,肉馅中增加虾仁,烹制的豆腐馅心饱满,外形美观,细腻鲜嫩,故有"肉为金,虾为玉,金镶白玉箱"之称。因为豆腐块形如妇女梳妆用的镜箱盒子,所以取名为镜箱豆腐。镜箱豆腐呈橘红色,鲜嫩味醇,荤素结合,老少皆宜,是雅俗共赏的无锡名菜。

2)原料选择

小箱豆腐1块(约重500克),猪肉末250克。大虾仁(留尾壳)12只,水发香菇20克,青豆5克,黄酒50克,精盐4克,酱油20克,白糖25克,番茄酱25克,味精1.5克,葱末15克,湿淀粉25克,鲜汤150克,芝麻油10克,精炼油等适量。

3)工艺详解

①将肉末放入碗内,加黄酒25克,精盐1.5克拌和成肉馅。将豆腐对切成4块后,每块再均匀地切成长方形的3小块(每块约长4.5厘米、宽3厘米、厚3厘米),共12块,排放在漏勺中,沥去水。

②锅置旺火上烧热,舀入精炼油,烧至八成热时,将漏勺内豆腐滑入,炸至豆腐外表起软壳、呈金黄色时,用漏勺捞出沥去油。先用汤匙柄在每块豆腐中间挖去一部分嫩豆腐(底不能挖穿,四边不能破),然后填满肉馅,再在肉馅上面横嵌一只大虾仁,做成镜箱豆腐生坯。

③将锅置旺火上烧热,舀入适量精炼油,先放入葱末炸香,再放入香菇、青豆,将锅端离火口,将镜箱豆腐生坯(虾仁朝下)整齐排入锅中,然后移至旺火上,加黄酒25克、酱油、白糖、番茄酱、猪鲜汤、精盐2.5克、味精,晃动炒锅,使调料混合均匀。

④烧沸后,盖上锅盖,移至小火上烧约6分钟至肉馅熟后,揭去锅盖,再置旺火上,晃动炒锅,收稠汤汁,用湿淀粉勾芡,沿锅边淋入精炼油,颠锅将豆腐翻身,虾仁朝上(保持块形完整,排列整齐),再淋入芝麻油,滑入盘中即成。

4)制作关键

①用汤匙柄挖豆腐时,注意底不能挖穿,四边不能挖破。

②在勾芡、将豆腐翻身时,要注意保持块形完整,排列整齐。

5)思考练习

①这道菜为什么命名为镜箱豆腐?

②制作时如何注意菜品的完整性?

 任务54　开洋扒蒲菜

1)菜品赏析

吴承恩所著《西游记》记载:"油炒乌英花,菱科甚可夸,蒲根菜并荚儿菜,四般近水实清华。"相传,南宋建炎五年(1131

图3.54　开洋扒蒲菜

年），抗金女英雄梁红玉在镇守淮安时，因军粮接济不上，偶然发现马食蒲茎，而得知蒲可代食，解决了粮食尽绝困境，故淮安民间又称蒲菜为"抗金菜"。经历代庖厨的不断总结实践，创制出各具特色的12道时令蒲肴，皆为淮安筵席上品。开洋扒蒲菜就是其中之一。开洋扒蒲菜选用春末夏初的嫩蒲菜，配以上等金钩虾米与鲜汤同烹，细嫩爽口，汤汁清鲜，清香四溢，为两淮地域的时令名肴。

2）原料选择

净蒲菜1000克，水发虾米50克，姜片10克，葱段10克，精盐10克，味精1克，湿淀粉10克，鲜汤1200克，精炼油等适量。

3）工艺详解

①将蒲菜洗净，切成10厘米的长段。锅中舀入鲜汤600克，上旺火烧沸，将蒲菜段投入烫至六成熟时，捞出用清水洗净。

②将锅置旺火上烧热，舀入精炼油，投入蒲菜略煸，放入鲜汤300克，加精盐、味精，将蒲菜烧至熟软时起锅。

③将葱段、姜片放在扣碗中，放上虾米、蒲菜整齐摆放在碗中，舀入鲜汤300克，上笼蒸约8分钟取出，将汤汁滗入锅中。

④蒲菜复扣入盘中，拣去葱段、姜片。将锅中原汤烧沸，用湿淀粉勾芡，浇在蒲菜上即成。

4）制作关键

①要保持蒲菜的颜色以及造型。

②蒲菜摆放要整齐。

5）思考练习

①采取什么措施能使蒲菜保持脆嫩爽口？

②蒲菜为什么要焯水？其原因是什么？

任务55 宋嫂鱼羹

图3.55 宋嫂鱼羹

1）菜品赏析

宋嫂鱼羹是南宋的名菜，至今已有800多年的历史。《武林旧事》记载，宋高宗赵构登御舟闲游西湖，命内侍买湖中龟鱼放生，宣唤中有一卖鱼羹的妇人叫宋五嫂，自称是东京（今开封）人，随皇上迁至此，在西湖边以制鱼羹为生。高宗命其上船，吃了她做的鱼羹，十分赞赏，并念其老，赐予金银绢匹，从此声名鹊起，富家巨室争相购食，宋嫂鱼羹也就成了驰名京城的名肴。

2）原料选择

鳜鱼1条（600克），熟火腿10克，熟笋25克，水发香菇25克，鸡蛋黄3个，葱段25克，姜块5克，姜丝1克，胡椒粉1克，黄酒30克，酱油25克，精盐2.5克，醋25克，味精3克，鲜汤250克，湿淀粉30克，精炼油50克。

3）工艺详解

  ①将鳜鱼剖洗干净，去头，沿脊背片成两爿，去掉脊骨至腹腔，将鱼肉皮朝下放在盆中，加入葱段10克、姜块、黄酒15克、精盐1克、味精3克稍渍后，上蒸笼用旺火蒸6分钟取出，拣去葱段、姜块，卤汁滗在碗中，把鱼肉拨碎，除去皮、骨，倒回原卤汁碗中。

  ②将熟火腿、熟笋、香菇均切成1.5厘米长的细丝，鸡蛋黄打散，待用。

  ③将炒锅置旺火上，倒入精炼油15克，投入葱段15克煸出香味，舀入鲜汤煮沸，拣去葱段，加入黄酒15克、笋丝、香菇丝。再煮沸后，将鱼肉连同原汁落锅，加入酱油、精盐内搅匀，待羹汁再沸时，加入醋，并浇上八成热的精炼油35克，起锅装盆，撒上熟火腿丝、姜丝和胡椒粉即成。

  4）制作关键

  ①鱼蒸熟后要原条平放，用竹筷顺丝剔出大块鱼肉，并将鱼刺剔尽。

  ②用旺火将鱼蒸熟，时间不可太长，否则鱼身支离，刺难拣尽。

  5）思考练习

  怎样控制好蒸鱼的火候？

 **任务56　鲈鱼莼菜羹**

  1）菜品赏析

  《晋书·文苑·张翰传》记载，西晋时期，文学家张翰在齐王帐下任大司马。因见秋风起，想念故乡莼鲈而辞官返乡，专门研究莼鲈羹并做推广，久而久之，这道羹菜的做法被附近很多乡民学会了，这道羹菜就出名了。被人们口口相传，就变成了"莼鲈之思"的成语，表达眷念思乡之情深切。此菜是根据上述故事创制的，选用浙江鲈鱼和西湖莼菜精心烹制而成，莼菜清香，鱼肉鲜嫩，味美滑润，色泽悦

图3.56　鲈鱼莼菜羹

目。乾隆游江南时喝过此羹，豪情万丈地赋诗道："花满苏堤抑满烟，采莼时值艳阳天。"

  2）原料选择

  鲈鱼肉150克，西湖莼菜100克，熟鸡丝25克，熟火腿丝10克，味精2克，葱丝5克，葱段5克，姜片5克，胡椒粉1克，黄酒20克，精盐3克，鸡蛋（1个）清，鲜汤200克，湿淀粉20克，精炼油等适量。

  3）工艺详解

  ①将鲈鱼肉洗净去皮，切成6厘米长的丝，放入清水中浸泡15分钟，沥干水，放入碗中，加入精盐、鸡蛋清、黄酒、味精、湿淀粉拌匀上浆。莼菜用沸水焯水，捞出放入清水中浸凉，沥干水，待用。

  ②炒锅置火上，倒入精炼油，烧至三成热时，将浆好的鱼丝倒入锅内，用筷子轻轻拨散，呈玉白色时倒入漏勺中沥去油。

  ③炒锅复置火上，锅内留少量精炼油，投入葱段、姜片煸香，加入黄酒、精盐、鲜汤和适量

清水，烧沸后，挑出葱段、姜片，放入味精，用湿淀粉勾薄芡，将鱼丝及莼菜倒入锅中，加入熟火腿丝、熟鸡丝、葱丝，晃动炒锅，用手勺搅拌匀，盛入汤碗内，撒上胡椒粉即成。

4）制作关键

①鲈鱼要鲜活、现杀现烹较佳。

②鱼丝要泡去血水。

③鱼丝滑油时，动作幅度不能大，以防鱼丝被滑断。

5）思考练习

①采摘莼菜最佳的季节是哪一个？

②制作此菜时，怎样保持鱼丝形态完整？

项目4

粤菜
餐饮集聚区名菜

教学名称： 粤菜餐饮集聚区名菜

教学内容： 粤菜餐饮集聚区名菜概述

　　　　　　粤菜餐饮集聚区代表名菜制作

教学要求： 1.让学生了解粤菜餐饮集聚区代表名菜的传说与典故。

　　　　　　2.让学生掌握粤菜餐饮集聚区代表名菜的特点、原料选择、烹调加工以及制作关键。

课后拓展： 要求学生课后完成本次实验报告，并通过网络、图书等多种渠道查阅方法，学习粤菜餐饮集聚区其他风味名菜的相关知识。

粤菜餐饮集聚区，是指以广东、福建、海南等省为主的餐饮区域，重点建设粤菜、闽菜创新基地。

广州菜的第一个特点是取料广泛，品种花样繁多，令人眼花缭乱。天上飞的，地上爬的，水中游的，几乎都能上席。广州菜的第二个突出特点是用量精而细，配料多而巧，装饰美而艳；而且善于在模仿中创新，品种繁多。1965年"广州名菜美点展览会"介绍的就有5000种之多。广州菜的第三个特点是注重质和味，口味比较清淡，力求清中求鲜、淡中求美；而且随季节时令的变化而变化，夏秋偏重清淡，冬春偏浓郁。食味讲究清、鲜、嫩、爽、滑、香；调味遍及酸、甜、苦、辣、咸；此即所谓五滋六味。代表品种有龙虎斗、白灼虾、烤乳猪、香芋扣肉、黄埔炒蛋等，都是饶有地方风味的广州名菜。

海南菜多以海鲜为主。海南菜经历2000多年的发展，源于中原餐饮，融汇闽粤烹饪技艺，吸收黎苗食习，引进东南亚风味，形成中华烹饪王国一支年轻而又具有鲜明特色、颇有发展前景的地方菜系。保持食品用料的原汁原味是海南菜的传统特色，但在海南菜系也可以找到其他地方菜系的影子，其中还夹杂着一些黎族、苗族等少数民族的山野气息和东南亚的风情。总之，其味道"博杂"得有如海南的文化——由于自身缺乏深厚的积累，因此对异地文化精髓的吸收就显得很随意、很杂乱，但无意中却也形成了自己的特色。

潮州故属闽地，其语言和习俗与闽南相近，隶属广东之后，又受珠江三角洲的影响。故潮州菜接近闽、粤，汇两家之长，自成一派。潮州菜以烹调海鲜见长，刀工技术讲究，口味偏香、浓、鲜、甜。喜用鱼露、沙茶酱、梅羔酱、姜酒等调味品，甜菜较多，款式达百种以上，都是粗料细作，香甜可口。潮州菜的另一特点是喜摆十二款，上菜次序又喜头、尾甜菜，下半席上咸点心。其代表品种有烧雁鹅、豆酱鸡、护国菜、什锦乌石参、葱姜炒蟹、干炸虾枣等，都是潮州特色名菜，流传岭南地区及海内外。

东江菜又称客家菜。客家人原是中原人，在汉末和北宋后期因避战乱南迁，聚居在广东东江一带。其语言、风俗尚保留中原固有的风貌，菜品多用肉类，极少用水产，主料突出，讲究香浓，下油重，味偏咸，以砂锅菜见长，有独特的乡土风味。东江菜以惠州菜为代表，下油重，口味偏咸，酱料简单，但主料突出。喜用三鸟、畜肉，很少配用菜蔬，河鲜海产也不多。代表品种有东江盐焗鸡、东江酿豆腐、爽口牛丸等，表现出浓厚的古代中州之食风。

任务1 片皮乳猪

1）菜品赏析

片皮乳猪是广东传统名菜。早在南北朝贾思勰的《齐民要术》中就载有烤乳猪的制作方法，当时是将乳猪清洗干净后，用茅草填满腹腔，用柞木穿着，"慢慢遥炙"，烤时在猪皮上涂清酒"以发色"，还要不停地涂上精炼油或芝麻油。

清代袁枚的《随园食单》中载有"烧小猪"，已从开小腹改为开大腹，撑开，先烤内腔，后烤外皮，烤时刷"奶酥油"，一直烤至"深黄色"，而食用时，只吃皮，以"酥为止，脆次，硬斯下矣"。经过历代厨师的改革创新，烤乳猪有"光皮乳猪"和"麻皮乳猪"之分。前者烤前先涂糖醋，烤时慢火，再涂精炼油。成品皮色大红，光滑如镜，外酥内嫩。后者烤时火力较大，多次刷油。成品皮色金黄,皮面均匀密布芝麻大小的气泡,外皮特别酥脆。

图4.1　片皮乳猪

2)原料选择

乳猪1只(约5000克),千层饼150克,酸甜菜150克,葱球150克,甜面酱100克,白糖75克,蒜泥5克,腐乳25克,芝麻酱25克,汾酒5克,豆酱100克,烤乳猪糖醋150克,五香盐60克,精炼油等适量。

3)工艺详解

①将乳猪宰杀洗净、剖腹,去内脏,沿中线将脊骨劈开,而表皮相连,使之能形成平板形状,挖出猪脑、洗净,沥干水。将两边的牙关节处各劈一刀,使上下嘴巴放平。剔出第三根肋骨和扇板骨(肩胛骨),接着在扇骨部位的厚肉和臀肉处划数刀,使之便于成形、入味和受热均匀。

②用五香盐涂擦乳猪内腔后,挂起吹30分钟至身干。再将蒜泥、白糖、腐乳、芝麻酱、汾酒、豆酱拌匀,涂在内腔,续晾腌20分钟。然后用烤叉从臀部插入,穿到扇骨关节,最后再穿过腮部,保持腹皮和肘皮完整。上叉后将猪皮向外,斜放,用清水洗去皮面上的油污,再用沸水淋遍猪皮,使猪皮略收缩,最后,用糖醋遍涂于面皮上风干。

③烤制的方法有两种。一种是电烤,先将乳猪去掉烤叉用铁钩挂入烤炉,先用180 ℃烤30分钟,再用210 ℃烤至成熟。另一种是采用传统而常用的明炉烤方法,将猪架于烤炉上,先用小火烤内腔,烤约15分钟取出,在腔内用4厘米宽的硬质木条从臀部直撑至颈部,在前后腿部位分别用木条横撑呈“工”字形,把猪身撑成弧形。将烤弯的前后蹄用草绳捆扎,再用细铁丝将前后蹄分别系牢,使猪呈俯伏状。将烤炉中的木炭拨成前后两堆,把头、臀部烤约10分钟至嫣红色,即用精炼油涂匀猪皮。然后,将木炭拨成直线形,烤猪的全身烤约30分钟,至猪皮呈大红色即成。

④将烤好的猪连叉一起斜放在操作台旁,去掉前后蹄的捆扎物,在猪背的耳后和臀部两端各横划一刀,然后在横划刀口两端从前到后各直划一刀,使之成长方形,再顺长划3刀,成4条猪皮,用刀将猪的薄皮片出,每条猪皮切成8块。用一只碗置大盘正中,将猪平放在盘中,抽出烤叉,将切成块的猪皮照原样放回猪背上。同时,将千层饼、酸甜菜、葱球、甜面酱、白糖各分成两小碟,一同上席供佐食。

⑤食完猪皮后,将乳猪取回,去掉木撑。先将猪耳朵和尾巴切下,接着取下猪舌切成两片。将前、后的关节各斩下一只,每只劈成两片,在猪额上用刀直铲至鼻,取下皮面,再将两旁腮颊皮铲下。将腹肉、额鼻、腮颊肉各切成长4.5厘米、宽2.5厘米的块状,按原形放置于盘中,舌放在鼻的两侧各一只,猪耳朵竖直放在腮后两边,尾巴竖立放在腹肉后边,前、后蹄摆在腹肉前、后方两侧即成。食用时,佐以酸甜菜、葱球、甜面酱、白糖、千层饼,其味更加可口。

4)制作关键

①去骨、上叉等过程要控制用刀力量的大小,不可碰破猪皮。

②烤制时,烤叉转动要有节奏,使之受热均匀,先烤内腔,后烤外皮,如出现猪皮表面隆起细泡时,当即用小针戳小孔排气,但不可插到肉里面。

③烤乳猪糖醋有多种配方,以下是其中一种:麦芽糖75克,白米醋500克,浙醋50克,糯米

酒10克加热溶解即成。

5）思考练习

①用于烤乳猪的猪，与一般的小仔猪有何区别？

②烤乳猪时，猪表面加热次序是怎样的？

任务2　糖醋咕噜肉

1）菜品赏析

图4.2　糖醋咕噜肉

据传在清朝时，许多外国人云集广州，他们尤喜食糖醋排骨。但食用时常因不习惯吐骨而"咕噜（哝）"，后广东厨师遂将排骨改用出骨瘦肉烹制此菜，风味更为突出，并命名为"咕噜肉"。

2）原料选择

猪夹心肉250克，菠萝100克，鸡蛋1个，青红椒20克，葱白5克，蒜泥2克，精盐2克，糖醋汁250克，汾酒5克，干淀粉75克，湿淀粉40克，芝麻油5克，精炼油等适量。

3）工艺详解

①将猪肉切成厚1厘米的片，用刀面稍拍后在两面剞斜刀，深度为肉厚的3/5，呈横、竖兰花纹样，然后切成宽2厘米的长条，再斜切成菱形块。菠萝肉、青红椒也切成相应的菱形块。葱白斜切成2.5厘米长的段。

②肉块用精盐、汾酒拌匀，腌制约15分钟，加入鸡蛋液和湿淀粉搅匀，再拍上干淀粉。

③炒锅置火上，舀入精炼油，烧至七成热时，将肉块抖去干淀粉，逐块放入油锅中，约炸3分钟后，离火浸炸2分钟捞出，将油烧至八成热时，再放入肉块及笋块炸2分钟，待肉块炸至外脆内嫩，色呈金黄时，倒入漏勺中沥去油。

④炒锅置火上，放少许精炼油，投入蒜泥、葱段、青红椒，煸至有香味时加糖醋汁，烧至微沸，用湿淀粉勾芡，倒入肉块、菠萝肉翻炒，淋芝麻油，装入盘中即成。

4）制作关键

①拍粉后不宜久放，应现拍现炸。

②火候掌握恰当，防止出现外焦里不熟和肉块表面油沥不净的现象。

③糖醋汁有多种配方，以下是其中一种：白米醋1000克、白糖400克加热溶解后，加入精盐38克、茄汁70克、哝汁70克调匀即成。

5）思考练习

拍粉菜为何要现拍现炸？

 任务3 梅菜扣肉

1）菜品赏析

苏东坡流放岭南时，有一次，其家中做肉来请客，但是做的量过大，一次吃不完，于是拿出一半和腌菜共煮于一个小陶锅中，等下一顿再吃。结果此菜出锅时苏东坡闻其大悦："肉香菜芳，浑然天成。"后来在不断尝试中，发现用惠州的梅菜和肉搭配味道最佳，成菜色泽金黄，香气扑鼻。入口鲜美，肥而不腻。

图4.3 梅菜扣肉

2）原料选择

带皮猪五花肉400克，惠州梅干菜60克，白糖10克，八角1个，桂皮1块，黄酒25克，酱油10克，味精1克，葱段10克，姜片10克，湿淀粉5克，精炼油等适量。

3）工艺详解

①猪五花肉放入清水中泡30分钟后，刮洗干净，切成长5厘米、厚1.5厘米的长方片。梅干菜用清水泡软后切成长1厘米长的段，待用。

②锅置火上，舀入清水，加肉片、酱油、黄酒、味精、白糖、八角、桂皮、葱段、姜片，烧沸转小火焖40分钟。

③取扣碗1只，将肉皮朝下整齐地排叠入碗内，上面放上梅干菜，加入猪肉的原卤，用保鲜膜密封，上笼用旺火蒸2小时左右，至肉酥糯时取出，扣于盘中。

④将盘中的卤汁倒入锅中，用湿淀粉勾芡，淋入少许精炼油，浇在肉上即可。

4）制作关键

①梅干菜要泡软，切得不宜过长。

②猪五花肉要刮洗干净。

③密封蒸制，使香味更佳。

梅菜扣肉1　　梅菜扣肉2　　梅菜扣肉3

5）思考练习

①梅干菜改刀为什么不宜过长？

②对猪五花肉进行刮洗有何作用？

③扣碗除用保鲜膜密封外，还可用什么密封？

 任务4 白云猪手

1）菜品赏析

白云猪手是广东名菜，与"白切鸡""白灼虾"并称为粤菜中的"三白"，源于广州，与广州的白云山有关，故名。据传，白云山上有位小和尚，经常趁老和尚下山化缘之际偷偷吃荤。

图4.4　白云猪手

有一天，小和尚正在寺中悄悄煮猪手时，恰逢老和尚提前回来，小和尚怕被老和尚知道后受罚，慌乱之中把猪手扔到寺外的溪中。翌日，被一樵夫捡到，带回家中洗净后，又烧煮一番，佐以糖醋拌食，食时发现与一般猪手风味不同。后来，樵夫常将猪手烧煮后用泉水浸泡，然后再烹，受到很多人喜爱而成为名菜。

2）原料选择

猪前后蹄各1只（约1200克），白米醋40克，白糖500克，精盐45克，五柳料60克。

3）工艺详解

①将猪蹄镊净毛，刮洗干净，放入沸水锅中用小火煮30分钟，捞出用清水漂约30分钟，剖开斩成4厘米长的块状。再用清水洗净，另换沸水煮约20分钟，取出，用清水漂1小时，再换沸水煮约20分钟，捞出晾凉。

②将白米醋、白糖、精盐一同煮沸至白糖溶解，滤清后倒入盆中，晾凉后放入猪蹄块，浸泡6小时，食时取出装盘，撒上五柳料即成。

4）制作关键

①猪蹄选料要恰当。

②刮洗要干净，要用清水漂洗。

③糖醋汁晾凉后，方可放入猪蹄块浸泡。

④五柳料配方有多种，其中一种是用瓜英、锦菜、红姜、白酸姜、酸荞头制成丝即成。

5）思考练习

①制作时为何反复用沸水煮、清水漂？

②使用糖醋汁浸泡的作用是什么？

任务5　蚝油牛肉

1）菜品赏析

蚝油牛肉是广东名菜。蚝油是选用鲜蚝（牡蛎）汁，辅以其他原料，经过烘焙蒸煮等工艺处理，是广东常用的调味品，以地处珠江口深圳市沙井一带的蚝油制品最为有名。牛肉经腌制后质地嫩如豆腐，加蚝油作调味品制作而成。此菜具有滋阴、壮阳、补气、养血、益脾胃、强筋骨之功效。

图4.5　蚝油牛肉

2）原料选择

牛里脊肉300克，蚝油8克，蒜泥5克，姜末2克，葱段5克，味精1克，胡椒粉1克，老抽5克，黄酒5克，湿淀粉5克，芝麻油5克，鲜汤25克，精炼油等适量。

3）工艺详解

①将胡椒粉、味精、老抽、鲜汤、湿淀粉、蚝油、芝麻油调成兑汁芡。

②炒锅置火上，倒入精炼油，烧至四成熟，放入牛肉片划散至变色，倒入漏勺中沥去油。

③炒锅复置火上，锅内留少许油，放入蒜泥、姜末、葱段煸炒出香味，下牛肉片，煸炒至七成熟时，淋入黄酒，加入芡汁颠翻炒锅，淋芝麻油炒匀，装入盘中即成。

4）制作关键

①火候掌握恰当，确保牛肉滑嫩。

②调味准确，卤汁紧裹于牛肉表面。

③蒜泥、姜末、葱段要煸炒出香味。

④腌牛肉片有多种配方，以下是其中一种：生抽10克，小苏打6克，干淀粉25克，清水75克调匀，放入牛肉片500克拌匀，然后淋一层精炼油，低温下静置30分钟即成。

5）思考练习

①腌制牛肉时，加入食碱的作用是什么？如用量过多会产生什么后果？

②此菜为何选用兑汁芡？

蚝油牛肉

任务6 爽口牛丸

1）菜品赏析

爽口牛丸是广东东江传统名菜。牛丸制作的技法由周代"八珍"中的"捣珍"演变而来，客家人的祖先从中原迁徙到广东时，带来了此技艺。爽口牛丸是用一种特殊的加工方法，将牛肉捶成肉蓉，增加了牛肉的吸水能力，使成品爽口而富有弹性。

图4.6 爽口牛丸

2）原料选择

牛后腿肉400克，葱末50克，胡椒粉1克，精盐7克，味精3克，姜汁3克，干淀粉20克，鲜汤1500克，精炼油等适量。

3）工艺详解

①切去牛后腿肉的筋膜，切成数小块，放在砧板上，先将牛肉捶打成蓉，再用刀排斩5分钟，使牛肉蓉更加细嫩。

②将捶好的牛肉蓉放在盆内，加入精盐、味精、姜汁和清水拌匀，然后一边拌一边打至起黏。待起黏后再放干淀粉与清水搅打均匀。

③炒锅置火上，放入清水，把牛肉蓉挤成直径2.5厘米的丸子，每只重约4克，逐个放在清水锅中，慢火加热，仅保持微沸，直至牛丸浮出水面即熟。

④牛丸捞出，盛于汤碗中，加入葱末和精炼油，撒入胡椒粉，同时在炒锅内放入鲜汤，调入精盐、味精、烧至微沸，撇去汤面浮沫，倒入汤碗内即可。

4）制作关键

①牛肉的筋膜要去净，捶打制蓉要精细。

②氽制牛肉丸时，火不宜大，仅保持微沸或将沸即可。若不是马上食用，牛肉丸浸熟后应用清水漂凉。

5）思考练习

①采用捶的方法制作成蓉，成熟后的口感特征是什么？

②广东丸子菜的特征是什么？

任务7　铁板黑椒牛柳

1）菜品赏析

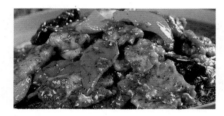

图4.7　铁板黑椒牛柳

铁板黑椒牛柳是广东名菜。广东的铁板菜肴源于日本的铁板烧，实际是沿用我国古代的石烹技法。粤菜厨师将石烹技法融入中式烹调，将大块长方形石板换成长圆形铁板，丰富了菜肴品种。铁板黑椒牛柳就是西菜中吃、洋为中用，使铁板菜向前发展的代表性菜肴。

2）原料选择

牛里脊肉300克，干葱75克，红椒30克，鸡蛋半个，黑胡椒碎10克，蒜泥8克，番茄酱10克，精盐5克，味精1克，白糖5克，干淀粉15克，洋葱1个，青椒2个，食碱3克，唔汁3克，生抽15克，黄酒10克，鲜汤40克，黄油25克，芝麻油5克，精炼油等适量。

3）工艺详解

①将牛柳去筋后切成长5厘米、宽4厘米的薄片，放入碗内，加入食碱、生抽、味精、黄酒、干淀粉和适量清水，拌匀至牛肉有黏手感，再加入鸡蛋拌匀，淋入精炼油，放入冰箱冷藏约3小时。

②将干葱切成细粒，洋葱切成丝，青、红椒切菱形片。

③炒锅置火上，加入黄油熬化后，先放入干葱细粒、蒜泥，煸香后放黑胡椒碎稍煸，再加入番茄酱、黄酒、生抽、白糖、精盐、唔汁、味精、鲜汤，煮约5分钟，倒入碗中成黑胡椒汁。另将铁板上火烧至微红色。

④炒锅置火上，倒入精炼油，烧至三成热时，放入牛里脊肉，迅速划开，至牛里脊肉全部变色，倒入漏勺中沥去油。

⑤炒锅复置火上，加入少许精炼油，放入半份洋葱丝、青红椒片煸香，再放牛里脊肉，烹黄酒及黑胡椒汁，用淀粉勾薄芡，翻炒均匀，盛入烧好的铁板上（铁板在盛牛柳前，撒入另一半洋葱丝，再将菜放在上面），盖好盖，即可跟黑胡椒汁一起上桌。

⑥铁板上桌，将盖打开，倒入黑胡椒汁，淋上芝麻油，再加盖，约10秒钟便可食用。

4）制作关键

①此菜原料必须新鲜，牛肉最好用牛柳，也可以用去筋牛腿肉代替，牛肉在腌制时，根据牛肉的情况适当增减食碱和清水比例。牛肉老，应多加水，适当增加食碱，增加其鲜嫩。牛肉腌制时间应充足，太短则食碱不能充分与牛肉纤维起作用，肉质不嫩。

②黑胡椒汁调料比例要准确，口味咸、鲜、微甜，黑胡椒及干葱的香味突出。

③铁板用中火烧至微红,温度不宜过低。

5）思考练习

①黑胡椒与白胡椒有何区别? 它的特点是什么?

②常见的铁板有哪些形状?

任务8　白汁东山羊

1）菜品赏析

白汁东山羊是海南传统名菜。该菜用当地著名特产东山羊与豆腐烹制而成。东山羊产于海南岛万宁县东山岭,以皮嫩、肉厚、味美、无羊膻味而闻名。早在宋代,东山羊就已被列为贡品。

2）原料选择

东山羊肉1000克,豆腐块200克,蒜泥10克,姜丝15克,精盐3克,白糖2克,味精2克,黄酒30克,香料10克,胡椒粉2克,鲜汤1000克,精炼油等适量。

图4.8　白汁东山羊

3）工艺详解

①将东山羊肉改刀成4厘米见方的方块,用80 ℃左右的热水烫洗去血污,然后沥干水备用。

②将蒜泥、姜丝、精盐、味精、黄酒、香料、胡椒粉、白糖拌入羊肉中,翻拌均匀腌制30分钟。

③炒锅置火上,倒入精炼油,烧热后,下羊肉猛火爆炒至香味散发,加少许鲜汤,盖上锅盖焖20分钟,转入砂锅内,加鲜汤(要淹过羊肉表面),用小火焖至羊肉酥烂,加入豆腐块再焖10分钟即可。

4）制作关键

①羊肉斩成块后要泡尽血水。

②焖制过程中,要注意砂锅内汤汁量。

5）思考练习

①海南东山羊有何特点?

②简述炖、焖、煨3种烹调技法的异同点。

任务9　东江盐焗鸡

1）菜品赏析

东江盐焗鸡是广东名菜。盐焗鸡始创于东江地区,至今已有300多年历史。相传当地百姓

图4.9　东江盐焗鸡

有生腌仔鸡的习惯,制品具有皮黄色净,易于储存,随时蒸食,其味香浓的特点。有一次,当地盐商请客,厨师以盐焗取代了腌制蒸食的方法,味道特佳,其制法很快便传开了。由于其法源于东江,因此盐焗鸡常与"东江"二字连在一起。盐焗鸡历来被视为粤菜中的上品,该菜具有益五脏、补虚损、健脾胃之功效。

2）原料选择

光肥嫩母鸡1只（约1200克）,香菜25克,姜片10克,葱段10克,粗盐4000克,精盐12克,味精5克,八角粉2克,沙姜粉3克,芝麻油5克,砂纸2张,精炼油等适量。

3）工艺详解

①炒锅置火上,放入精盐炒热后加沙姜粉略炒取出,分成3小盘,每盘加入精炼油15克拌匀,浸制10分钟成沙姜油。将精炼油、精盐、芝麻油、味精制成兑汁芡。将砂纸刷上精炼油待用。

②将光鸡去内脏后洗净,再晾干,去掉嘴壳和趾尖,在翅膀两边各划一刀,再于颈项处斩一刀（颈身仍相连）。然后用精盐、姜片、葱段、八角粉均匀地搓在鸡腔内,姜片、葱段留腔内,腌制15分钟,先用一张刷有精炼油的砂纸包好,再裹上刷油的砂纸。

③炒锅置火上,下粗盐炒至暗红色,取1/4于砂锅内,将鸡侧放在粗盐上,余下的盐盖在鸡身上;盖上锅盖,焗约15分钟,待盐温度降低后,再将盐取出炒热,将鸡翻转再焗约7分钟至熟（时间视鸡大小和气温情况而增减）。

④将焗熟的鸡趁热去掉砂纸,拣去姜片、葱段,剥下鸡皮,鸡肉撕成大片,骨拆散,用味汁拌匀,放入盘中（骨垫底,肉在中间,皮在上）,拼摆成鸡形,香菜点缀在两边。食用时佐以沙姜油。

4）制作关键

①制作沙姜油时需将精盐炒热后,再加入沙姜粉。

②热盐裹鸡要中间多上面少,防止后续加热过程中,中部靠近热源,发生焗化。

③焗的时间要掌握恰当。

④装盘时动作要敏捷迅速。

5）思考练习

①为何选用粗盐制作此菜?

②加热过程中,为何要反复焗?

 任务10　富贵石榴鸡

1）菜品赏析

富贵石榴鸡是广东名菜。此菜是在潮汕名菜"石榴鸡"基础上演变而来的,是一道花色造型菜肴。其

图4.10　富贵石榴鸡

具体做法是：将鸡皮改成用鸡蛋清制成的蛋皮，包入馅料，呈石榴形。

2）原料选择

鸡脯肉150克，鲜虾肉100克，水发香菇100克，荸荠肉80克，芹菜50克，鸡蛋（5个）清，味精1克，精盐3克，姜末3克，胡椒粉1克，湿淀粉10克，鲜汤120克，芝麻油5克，精炼油等适量。

3）工艺详解

①将鸡脯肉、虾肉、香菇、荸荠肉洗净，沥干水后，全部切成小粒状。芹菜放入沸水锅内烫至翠绿，捞出。鸡蛋清加入湿淀粉拌匀，在平底锅上烙成12张直径约9厘米的鸡蛋皮。

②炒锅置火上，放入少许精炼油，放入姜末、鸡脯肉粒、虾肉粒、香菇粒、荸荠粒炒匀，加鲜汤、味精、芝麻油、精盐、胡椒粉炒匀，用湿淀粉勾芡，拌成馅料。

③将薄鸡蛋皮摊平，加入馅料，用芹菜丝扎紧，做成石榴形状，放入笼中蒸5分钟取出。

④鲜汤倒入炒锅，加芝麻油、味精、精盐、胡椒粉，用湿淀粉勾薄芡，淋在"石榴"上面即成。

4）制作关键

①鸡蛋皮不可烙得过厚。

②蒸制时间不宜过长。

5）思考练习

①煎鸡蛋皮时，应注意哪些方面？

②为何蒸制时间不宜过长？

 # 任务11　南乳吊烧鸡

1）菜品赏析

南乳吊烧鸡是广东菜肴。南乳是一种类似豆腐乳的调味品，色红且味鲜香，既可使菜肴上色，又可使菜肴增加腐乳香味。

2）原料选择

光仔鸡1只（约700克），五香粉3克，南乳汁50克，味精1克，精盐4克，脆皮汁80克，噲汁30克，椒盐10克，精炼油等适量。

图4.11　南乳吊烧鸡

3）工艺详解

①光鸡去内脏洗净。用南乳、五香粉、精盐、味精拌成调料，搽抹鸡胸，腌制25分钟。

②把腌好的鸡放进沸水锅中煮约3分钟捞出，沥干水，涂上一层脆皮汁，晾干。

③炒锅置火上，倒入精炼油，烧至170 ℃时，将鸡放入油锅中，炸呈金黄色，倒入漏勺中沥去油；捞出斩成小块，摆成鸡形，装入盘中，另备一碟噲汁和椒盐做的蘸料。

4）制作关键

①鸡应选用仔鸡。

②鸡皮上的脆皮汁要等吹干后，才能入锅炸制。

③炸制时应掌握好油温。

5）思考练习

①为何该菜选用仔鸡?

②脆皮汁为何吹干后才能入锅炸制?

 任务12　太爷鸡

图4.12　太爷鸡

1）菜品赏析

太爷鸡是广东名菜,也叫茶香熏鸡。该菜最早是由一位县太爷制作,故名。此菜营养丰富,鸡具有"食补之王"之称,为补气、益精、养生佳品,可补益五脏,滋养强壮。

2）原料选择

仔母鸡1只(约1000克),精卤水2500克,茶叶50克,味精2克,冰糖碎100克,鲜汤25克,芝麻油5克。

3）工艺详解

①将仔鸡宰杀后洗净,在锅中放入卤水浸煮熟。

②炒锅置火上,放入茶叶、冰糖碎,锅内放入竹算,放上熟鸡,盖上锅盖密封好,离火熏约18分钟取出。

③将鸡斩成条,摆在盘中成鸡形,用鲜汤、精卤水、味精、芝麻油调成味汁,淋在鸡肉上即成。

4）制作关键

①煮鸡时,小火浸熟即可,否则鸡肉变老。

②装盘时,要注意鸡的拼摆造型。

5）思考练习

①光鸡用小火浸熟的优点是什么?

②如何掌握好熏鸡的火候?

 任务13　口福鸡

1）菜品赏析

口福鸡是广东风味名菜。利口福海鲜饭店的口福鸡,与大同酒家的脆皮鸡、泮溪酒家的香液鸡、北园花雕肥鸡、广州酒家的文昌鸡、大三元酒家的茶香鸡、东江饭店的盐焗鸡、南园酒家的彩团豆酱鸡齐名,号称"广州八大鸡"。

图4.13　口福鸡

2）原料选择

光仔鸡1只（约750克），柱侯酱10克，味精2克，精盐10克，白糖10克，葱结10克，姜末5克，葱丝5克，饴糖25克，黄酒15克，老抽5克，芝麻油5克，精炼油等适量。

3）工艺详解

①将鸡洗净，先用沸水淋鸡身内外两次，然后用洁净布抹干水。将柱侯酱、精盐、白糖、黄酒、味精拌匀，涂在鸡腹腔内，葱结也放进鸡腔。饴糖用25克清水调稀，涂在鸡皮上。

②瓦罐置于火上，舀入适量精炼油，烧至170 ℃，将鸡放在瓦罐里，加盖，把鸡焗熟，焗时要将鸡翻转3~4次，共约20分钟，使鸡皮呈金黄色。

③先将鸡斩成块，在盘内摆成鸡形。再将原汁加入老抽、味精、白糖、芝麻油、沸水少许调匀，淋在鸡上，吃时以姜末、葱丝为蘸料。

4）制作关键

①鸡在油中焗时应控制好火候，成菜不失原味，鸡肉鲜美。

②鸡块要斩整齐、美观。

5）思考练习

①简述焗制技法分类。

②焗鸡时，怎样控制好火候？

 任务14　文昌鸡

1）菜品赏析

文昌鸡由广州酒家首创，故又名广州文昌鸡。"文昌"二字的含义有两层：一是首创时选用优质的海南文昌县所产鸡种；二是首创此菜的广州酒家地处广州市文昌路口。文昌县产的鸡体大肉厚，但骨较粗硬，以常法烹制难显其优点。20世纪30年代，广州酒家的台柱、粤港名师梁瑞匠心独运，将熟鸡起肉去骨，切成小方块，与切成形状相似的火腿、鸡肝拼配成形，以扬其所长、避其所短，创出了此菜。数十年

图4.14　文昌鸡

来，文昌鸡风行广东全省，并流传于海内外，成为粤菜名馔之一。文昌鸡以其可口的汁、合理的设计，于1983年被广州市人民政府授予"广州名菜"称号。1993年，文昌鸡被评为"广东十大名鸡"之一。

2）原料选择

小母鸡1只（约1200克），瘦火腿65克，鸡肝250克，菜心300克，盐5克，味精4克，鲜汤2500克，芝麻油1克，湿淀粉15克，黄酒10克，精炼油等适量。

3）工艺详解

①鸡宰好洗净，用沸鲜汤浸约10分钟至熟。另将鸡肝洗净，放到沸水中，加精盐后浸至刚熟。

②熟鸡起肉、去骨，用斜刀法将鸡肉切成4.5厘米×2.5厘米×1厘米的块，共24块，留起鸡

头、翅和尾。将火腿、鸡肝也切成长宽和形状与鸡肉件相仿的片,各24片。

③备一个大的长形平碟,按鸡肉、鸡肝、火腿顺序,按后一片叠前一片2/3的方式或火腿片、鸡肝片叠齐后靠扣鸡肉的方式,将鸡肉件、火腿片、鸡肝片排成3列,最后摆上鸡头、翅和尾。用慢火将码好的鸡肉等蒸5分钟至热。

④菜心用油、精盐、汤水煸炒至熟,勾芡淋油后,分列鸡肉的两侧。另将炒锅烧热,下油20克,烹黄酒,加入鲜汤、味精,用湿淀粉勾芡,加入芝麻油后淋于鸡肉上便可。

4)制作关键

①切鸡肉时,长边应用斜刀法切,短边用直刀法切。原料形状要整齐,火腿片不能过厚。

②蒸制时,火不能太猛,时间不可太长,保持鸡肉鲜嫩、断生即可。

5)思考练习

①为何鸡是浸熟而不是煮熟?

②熟鸡如何去骨取肉?

任务15 岭南酥鸡

图4.15 岭南酥鸡

1)菜品赏析

岭南酥鸡是粤菜的一道美食,由嫩光鸡、芹菜、鸡蛋清、葱段等食材制作而成。

2)原料选择

仔鸡1只(约1200克),姜片50克,葱段100克,芹菜50克,精盐2克,味精1克,鸡蛋(1个)清,五香粉1克,桂皮1克,八角1克,甘草1克,草果1克,椒盐10克,淀粉20克,鲜汤1500克,精炼油等适量。

3)工艺详解

①将光鸡剖腹,去内脏洗净,用洁布揾干水,在鸡腹内注入沸水烫一下,将水倒出,鸡放入大砂锅内。

②炒锅上旺火烧热,加入精炼油烧至六成热,放入葱段、姜片、芹菜煸透,加入桂皮、八角、甘草、草果、精盐、味精、五香粉和鲜汤,烧开后倒在盛鸡的砂锅内,用小火炖约2小时,取出鸡,拣去各种香料,将鸡身用鸡蛋清、淀粉糊抹匀,再拍上干淀粉待用。

③炒锅内放入色拉油,烧至九成热时,将拍上干淀粉的鸡入锅内炸至浅黄色,捞出放入盘内,晾凉后斩成一字条,按鸡形装盘,撒上花椒盐即成。

4)制作关键

①光鸡放入砂锅炖制的过程中,要注意火力的控制,做到酥烂不失形。

②焖好的光鸡在拍淀粉过程中,要注意形态的保持,最好放在漏勺上下油锅炸制定型。

5)思考练习

先炖后炸有何优点?

任务16　原盅椰子炖鸡

1）菜品赏析

原盅椰子炖鸡是由海南鸡、瘦肉、淮山、枸杞、红枣、桂圆肉、党参、椰子等原料制作的汤品，具有味道清甜、椰香味浓郁、鲜美十足等特点。

图4.16　原盅椰子炖鸡

2）原料选择

海南鸡腿100克，瘦肉50克，鸡爪5只，金华火腿5克，淮山2克，枸杞2克，红枣2克，桂圆肉2克、党参1克，山泉水200克，椰子1只。

3）工艺详解

①瘦肉切粒，海南鸡腿斩成块和鸡爪一起放入锅中，焯水洗净。

②将配料洗净，党参切片，备用。

③椰子除去外衣，刮净，在椰子顶部3厘米左右的位置锯下顶盖，倒净椰汁，备用。

④将所有材料放入椰子盅里，倒入山泉水，隔水炖4个钟头左右即可。

4）制作关键

椰子盅选用老椰子，炖出来的汤非常香口，若再配以山泉水炖制，效果会更好。

5）思考练习

简述隔水炖的注意事项。

任务17　沙茶焖鸭块

图4.17　沙茶焖鸭块

1）菜品赏析

沙茶焖鸭块是厦门名菜。沙茶焖鸭块色泽褐黄，做法以炸、焖为主，故肉质软嫩芳香，沙茶的美味渗透其中，汁稠而鲜润，风味独特。

2）原料选择

净鸭1只（约1000克），马铃薯300克，水发香菇25克，黄酒40克，酱油20克，沙茶辣酱100克，味精1克，湿淀粉50克，鲜汤700克，精炼油等适量。

3）工艺详解

①将净鸭用黄酒、酱油调匀的汁涂匀，腌15分钟。

②炒锅置旺火上，舀入精炼油，烧至七成热时，先将腌好的整鸭下锅翻炸10分钟，倒进漏勺沥油。然后将鸭头、颈、翅膀、尾、脚掌剁下，再将鸭身剖成两半，分别切成4厘米长、3厘米宽的块。

③马铃薯去皮洗净,用刀修削成整橘子瓣状,下热油锅中炸至表面金黄起脆皮捞出。

④炒锅放火上烧热,先将沙茶辣酱、酱油、黄酒下锅炒匀,再加入鲜汤、味精、鸭块及鸭头、颈、翅膀、尾、脚掌焖1.5小时,然后放入香菇煮熟,用湿淀粉勾芡,淋上明油即成。

4)制作关键

①炸制鸭坯时,要控制好油温和火力,做到鸭皮上色均匀。

②焖制过程中,控制好加热时间,翻转汤汁直到干枯。

5)思考练习

①简述全国各地的名鸭种类。

②试列举其他沙茶名菜。

任务18 绒鸡炖绉参

图4.18 绒鸡炖绉参

1)菜品赏析

闽南特产白绒鸡,也称乌骨鸡,是鸡中上品,纯种白绒鸡,羽毛为毛绒状,耳部有铜青的斑块,称铜耳,脚有毛称胡脚,五趾、皮骨和骨骼都是乌黑的,骨髓特香。李时珍《本草纲目》记载:"功能治补虚劳弱,治消渴,入药更良。"故白绒鸡成为中成药"乌鸡白凤丸"的重要原料。

2)原料选择

白绒乌骨鸡1只,黄酒40克,乌绉海参150克,白糖5克,猪脊椎骨500克,精盐9克,姜块15克,味精4克,葱结50克。

3)工艺详解

①鸡宰杀,从背部剖开洗净,肚肫留用,鸡血及肠备用,龙骨砍成碎块。

②乌绉海参放陶钵中加水浸24小时,放铁锅中加水烧15分钟,取出用清水浸冷,此谓水发。如发不透,应再换水浸过,甚至再入锅烧煮。水发好的海参清洗肠肚中的泥沙杂质,然后纵切成宽1厘米、长7厘米的条块,放沸水锅中加精盐5克、姜块10克、葱结50克、黄酒20克,煮10分钟,取出放清水漂过,余汤不用。海参再与猪脊椎骨、清水一并下锅,用中火烧20分钟,捞起海参,猪脊椎骨别用。

③炖盅放入鸡、海参,加清水600克、精盐4克、姜块5克、黄酒20克、白糖5克,盅面封好,加盅盖,放锅中隔水文火炖2小时取出,揭去盖,调入味精,装于汤碗中即成。

4)制作关键

海参在涨发的过程中,应注意忌油忌碱。海参一定要发透,但不能太过。

5)思考练习

①简述乌鸡的营养功效。

②常见海参干制工艺有哪些?

任务19 佛山柱侯酱鸭

1）菜品赏析

佛山柱侯酱鸭是广东佛山地方名菜,蛋白质含量高,色泽酱红,香浓润滑,肥而不腻,营养丰富,是柱侯菜品中的佼佼者。如用鸡制成,则名为"柱侯蒸鸡",周围如围上菜薹,则称"翡翠柱侯鸡"。

2）原料选择

肥嫩光鸭1只,精盐5克,蒜泥5克,白糖15克,芝麻油5克,姜片10克,葱段15克,味精2克,柱侯酱100克,酱油10克,黄酒30克,胡椒粉1克,精炼油等适量。

图4.19 佛山柱侯酱鸭

3）工艺详解

①将光鸭剖腹,去内脏、鸭爪洗净,沥去水,皮上用酱油抹匀。

②炒锅置火上,舀入精炼油,烧至200 ℃时,放入鸭炸至金黄色时倒入漏勺中沥去油,放入盆内。

③柱侯酱内加入味精、精盐、酱油、蒜泥、白糖、黄酒、胡椒粉、芝麻油拌匀,涂在鸭体腹壁内外,抹匀,葱段、姜片煸香后放入鸭肚内,上笼蒸1小时左右取出,去葱段、姜片,斩去鸭头、鸭尾,将鸭身斩成块,排放在盆内,鸭头、鸭尾摆成鸭形,将原汁淋在鸭肉上即成。

4）制作关键

①鸭在蒸制时以旺火速蒸,鸭肉口感酥烂。

②此菜可根据原料的不同,作相应变化,如用家鸽制成菜肴,则名为柱侯蒸鸽。

5）思考练习

①鸭皮上抹酱油,为何要趁热才能抹均匀?

②蒸鸭的时间怎样判定?

任务20 百花瓤鸭掌

图4.20 百花瓤鸭掌

1）菜品赏析

百花瓤鸭掌是广东风味名菜,又名煎瓤鸭掌。瓤,是一种制作花式菜肴的方法,又称为酿。通常是把斩成泥状的鱼、肉类馅料,填抹在另一种原料的凹塘处或胸腹中,然后烹制成熟。通过瓤,可增加菜肴的美观度和艺术性,丰富菜肴品种。

2）原料选择

鸭掌24只,虾仁300克,熟火腿25克,蚝油5克,姜汁酒15克,黄酒20克,白糖2克,胡椒粉

1克, 酱油2克, 干淀粉10克, 湿淀粉5克, 鸡蛋(1个)清, 味精1克, 精盐3克, 芝麻油5克, 鲜汤100克, 精炼油等适量。

3) 工艺详解

①将鸭掌洗净, 在清水中浸泡15分钟, 放入冷水锅中开火煮至七成熟, 捞起, 用冷水浸泡至常温。将鸭掌从掌背拆去骨, 并将筋也撕干净, 再放入沸水锅中, 加入姜汁酒、精盐略煮, 捞起沥去水, 用干净毛巾吸干水。

②将虾仁洗净, 放砧板上剁成泥, 放入碗中, 加入精盐、味精、姜汁酒、熟火腿蓉、鸡蛋清, 搅拌上劲, 挤成24粒丸子, 放在撒有干淀粉的鸭掌背上, 刮平成"琵琶"形。

③将炒锅置火上, 舀入精炼油, 将鸭掌面朝下排放在锅中, 用小火煎, 一边煎一边加少量精炼油, 煎至金黄色、外层虾肉成熟时, 倒入漏勺中沥去油, 把鸭掌整齐地排放在盘中。

④将炒锅复置火上, 放入黄酒、鲜汤、蚝油、味精、酱油、白糖、胡椒粉, 用湿淀粉勾芡, 淋入芝麻油, 浇在鸭掌上, 点缀装盘即成。

4) 制作关键

①选择肥大、大小一致的鸭掌。

②鸭掌煮得不宜过烂, 以防出骨时鸭掌形状不完整。

③入锅煎制时, 控制好火候, 以防煎焦。

5) 思考练习

①鸭掌出骨时, 要注意哪些方面?

②此菜除用煎的烹调方法外, 还可以用哪些烹调方法制作?

任务21　陈皮扣鹅掌

图4.21　陈皮扣鹅掌

1) 菜品赏析

陈皮扣鹅掌是广东风味名菜。鹅掌含胶原蛋白较多, 历来是食家嗜食之物。五代时, 谦光和尚就曾说过: "但愿鹅生四掌, 鳖留两裙。"但鹅掌的皮稍厚, 骨也较大, 因此, 必烹至软烂方可食用。此菜先炸, 后焖, 再排扣入盘中, 使之皮爽肉滑, 味厚香浓, 尽善尽美。

2) 原料选择

鹅掌24只, 陈皮5克, 猪骨200克, 姜片10克, 葱段10克, 酱油10克, 冰糖5克, 黄酒50克, 味精2克, 精盐4克, 芝麻油5克, 鲜汤800克, 精炼油等适量。

3) 工艺详解

①将鹅掌洗净, 用酱油涂抹均匀, 放在风口吹干上色。

②炒锅置火上, 舀入精炼油, 烧至180 ℃时, 放入鹅掌炸至呈棕红色, 倒入漏勺中控干, 随即放入冷水中漂去油腻, 使它的皮层迅速收缩。猪骨放沸水中焯一下, 洗去血污。

③锅复置火上，倒入少许精炼油，放入猪骨、姜片、葱段爆出香味，烹黄酒、鲜汤、鹅掌、盐、冰糖、酱油、陈皮，烧沸后倒入砂锅中，用微火焖2小时左右，拣去猪骨，去掉鹅掌中的大骨，拼排在碗里，将芝麻油、味精加入砂锅的原汁中，拌匀淋在鹅掌上即成。

4）制作关键

①鹅掌炸前所涂的酱油不能过多，以防炸至表皮变黑。

②注意控制火候，应焖至酥烂。

5）思考练习

①为使鹅掌炸至金黄色，除酱油外还可用哪些调品涂抹？

②去除鹅掌骨头，应掌握哪些关键？

 ## 任务22　汉宫姜母鸭

1）菜品赏析

相传汉成帝刘骜即位时，皇后许氏很受宠。成帝即位十余年，许后已近三十，体弱多病，云鬓稀落，贴身御厨深知很快会由成帝新宠班婕妤来接替许后，于是想尽办法，用母鸭子和老姜为许后精心烹制了一道汤肴，一来讨她欢心，二来证明自己的本事。孰料许后生性多疑，对为她烹制的汤尝也不尝，这时恰逢班婕妤走进来，就替许后尝了一口，连声叫好。许后见状于是抢过汤咕噜噜喝光了。后来，许后常叫这位御

图4.22　汉宫姜母鸭

厨为她烹制这道"姜母鸭汤"。班婕妤在宫中谨守礼教，行事端正。汉成帝为她的美艳及风韵所吸引。汉成帝知道班婕妤也喜欢"姜母鸭汤"，便把那位闽南御厨调给班婕妤。班婕妤礼拒，她生性聪明，自己也学着做了起来。不久，这道"姜母鸭汤"在后宫就不再是秘密了。后来，此菜由汉代宫廷流入民间，相传至今，在闽南一带甚为风靡。

2）原料选择

红面番鸭1只（约1000克），姜块200克，广东米酒50克，冰糖20克，酱油150克，葱段20克，精盐10克，八角、桂皮、香叶各1克，味精15克，精炼油等适量。

3）工艺详解

①番鸭宰杀后洗净，取出鸭杂，将鸭身剁成3厘米大小的块，将鸭头一劈为二，再横着斩为两截。老姜去皮洗净，用刀在菜墩上拍松，再用手撕成条。

②炒锅置火上，舀入精炼油烧热，先放入葱段、姜块炸香，再将鸭块倒入锅中，炒至鸭肉变色时倒入适量的酱油炒至上色，炒均匀后倒入广东米酒，继续维持中火翻炒约15分钟。

③炒至鸭肉颜色变深的时候，加入味精、冰糖、八角、桂皮、香叶，以及适量的盐调味。

④锅内加水漫过鸭肉，开大火烧至沸腾，转小火慢慢焖1.5个小时，出锅前大火烧至汤汁浓香即可。

4）制作关键

①鸭块改刀时，大小块均匀整齐。

②清洗过程中，尽可能去除碎骨头。

③焖制时，火力不宜过大。

5）思考练习

①简述如何将整鸭剁成块状。

②焖鸭时，为什么不能采用大火？

任务23　果汁焗鹌鹑

图4.23　果汁焗鹌鹑

1）菜品赏析

果汁焗鹌鹑是广东风味名菜。鹌鹑属候鸟，夏季在内蒙古、东北地区繁殖，迁徙及越冬时，遍布我国东南地区。现今全国各地均有人工饲养。果汁调味是广东的特色调味方法之一，用果汁与鹌鹑烹调，使果汁的香味与鹌鹑的香味变成复合的美味。

2）原料选择

鹌鹑10只，洋葱20克，青椒15克，红椒15克，白糖15克，味精1克，番茄酱50克，辣酱油5克，黄酒10克，香葱10克，蘑菇10克，生抽5克，玫瑰酒10克，精盐5克，湿淀粉15克，姜汁5克，鲜汤200克，芝麻油5克，精炼油等适量。

3）工艺详解

①将鹌鹑宰杀后，用沸水烫透，煺净毛，剖腹去内脏洗净，抹干水，放入碗内，加入玫瑰酒、精盐、姜汁、香葱、白糖、味精、生抽拌匀，腌制30分钟。

②洋葱、蘑菇、青红椒均切成丁。

③炒锅置火上，舀入精炼油，烧至180 ℃时，将鹌鹑放入锅内，炸至金黄色，倒入漏勺中沥去油。随即趁热油锅将洋葱丁、辣椒丁下锅煸炒几下，烹入黄酒，加入鲜汤、精炼油、芝麻油、番茄酱、辣酱油、白糖、味精，投入鹌鹑、蘑菇丁焗15分钟，将鹌鹑捞出，每只切成4块装盆。原汤用湿淀粉勾芡，浇在鹌鹑上面即成。

4）制作关键

①鹌鹑宰杀后洗去血水，防止血水残留，影响菜品口味。

②烧制时的火候应控制好，一般大火烧开，小火慢焗，使之入味。

5）思考练习

①鹌鹑有何特征？

②简述鹌鹑宰杀的工艺流程。

任务24　脆皮乳鸽

1）菜品赏析

脆皮乳鸽是广东传统风味名菜，堪称粤菜经典之作，在全国各地影响甚广。其制作过程较为复杂，对原料、工艺的要求较高。粤菜对制作脆皮糖浆、脆皮糊有独到之处。该菜具有补肾益气、祛风解毒之功效。

2）原料选择

净光乳鸽2只（约450克），彩色虾片20克，葱花5克，蒜泥5克，辣椒粒2克，糖醋汁50克，脆皮糖浆100克，白卤水1000克，湿淀粉5克，芝麻油5克，精炼油等适量。

图4.24　脆皮乳鸽

3）工艺详解

①将乳鸽放入沸水中浸烫半分钟，捞出洗净表面的浮沫。

②汤锅置火上，倒入白卤水，烧至微沸，放入乳鸽后转微火，并将乳鸽腹腔中的卤水反复倒出数次，浸泡至八成熟时取出，用铁钩钩住腋下，淋沸水一遍，再淋脆皮糖浆两三遍，待表皮均匀裹上脆皮糖浆后，吊于通风处晾干。

③炒锅置火上，舀入精炼油，烧至180 ℃时，放入虾片炸至酥脆后捞出。锅内放入乳鸽，不断翻动，使其内外受热均匀，炸至皮脆色金红时捞出。

④炒锅复置火上，舀入精炼油少许，放入蒜泥、葱花、辣椒粒、糖醋汁，用湿淀粉勾薄芡，淋芝麻油，分别盛两小碟，作为蘸料。

⑤乳鸽斩成块状，拼摆成鸽形，用炸好的虾片围边，带蘸料一起上桌食用即可。

4）制作关键

①乳鸽表皮无破损，否则成菜后色泽不一致。

②脆皮糖浆要挂均匀，并吹干晾凉。

③炸制入锅时油温不宜过高，以防外焦里不透。

④脆皮糖浆有多种配方，以下是其中一种：麦芽糖30克，浙醋15克，黄酒10克，干淀粉15克，清水20克调匀即成。

5）思考练习

①哪些原料适宜挂脆皮糖浆？

②简述乳鸽挂上脆皮糖浆后吹干晾凉的目的。

脆皮乳鸽1　　脆皮乳鸽2　　脆皮乳鸽3

 任务25　大良炒牛奶

1）菜品赏析

大良炒牛奶是广东名菜，首创于广东顺德区大良镇，故名。大良镇古称凤城，是广东著名

图4.25　大良炒牛奶

的鱼米之乡，人们在饮食上比较讲究，享有"凤城食谱"之称，特别擅长蒸炒类菜肴，形成所谓"凤城炒卖"的特殊风格，大良炒牛奶为其中代表菜之一。大良炒牛奶选用当地饲养的水牛所产的鲜奶，配以佐辅料，精心烹制，使液体的牛奶变成固体。大良炒牛奶具有补虚损、润肺胃、利咽喉之功效。

2）原料选择

鲜牛奶400克，鸡蛋清250克，上浆虾仁60克，螃蟹肉40克，鸡肝40克，炸榄仁50克，熟瘦火腿肉100克，精盐4克，味精2克，干淀粉25克，芝麻油5克，精炼油等适量。

3）工艺详解

①火腿肉切成约0.2厘米见方的粒，鸡肝切成小片。取少量牛奶加干淀粉调匀，鸡蛋清加精盐、味精搅匀。

②将鸡肝放入沸水中略焯，捞出沥去水，与虾仁放入120 ℃的油锅中滑油至变色，倒入漏勺中沥去油。

③牛奶烧至微沸盛起，与蟹肉、鸡肝、火腿、虾仁及调好的淀粉、鸡蛋清拌匀。

④炒锅置火上，倒入精炼油，放入已拌匀配料的牛奶，一边炒，一边晃动，一边淋精炼油数次，炒至牛奶全部凝固，撒入炸榄仁，淋入芝麻油，炒匀装入盘中即成。

4）制作关键

①牛奶与鸡蛋清的比例要恰当。

②烹制时的火力大小是影响该菜成败的重要因素。

5）思考练习

①此菜凝固成形的原理是什么？

②为什么说火候是决定此菜成败的重要因素？

③牛奶为何预先烧至微沸？

任务26　一品锅

1）菜品赏析

一品锅是福建的传统名菜，兼容多种珍贵食品，制作十分考究，烹调方法、盛具、上菜格式及食用意义都各有特色，其声誉可与福州"佛跳墙"相媲美。本品用料广泛，醇香味美。上菜时，连锅上席面，吃时随人所好自由选择，饶有情趣。

2）原料选择

水发鱼翅500克，罐头鲍鱼1罐，净肥母鸡1只，水发花菇250克，净冬笋600克，猪前蹄髈750克，姜片25克，

图4.26　一品锅

酱油50克，冰糖75克，白糖10克，味精13克，水发海参500克，鲜汤500克，净肥鸭1只，水发猪蹄300克，鲜大虾500克，净猪肚1个，猪排骨500克，草菇半罐，蘑菇半罐，葱50克，黄酒300克，精盐6克，香醋20克，鲜汤2000克，精炼油等适量。

3）工艺详解

①将洗净的鱼翅下沸水锅中，加姜、葱各15克，黄酒50克，煮10分钟捞出，拣去姜葱，汤不用。锅洗净，放旺火上，加精炼油40克烧热，放入鱼翅，加白糖10克、黄酒100克、酱油10克，焖10分钟取出整剔，排入扣碗。将猪排骨洗净，斩成数块排放在鱼翅上，加入冰糖25克、味精3克、酱油6克，再加鲜汤上蒸笼蒸2小时取出，滗去蒸汁待用，拣去排骨块备用。

②将海参洗净，切成长1.2厘米、宽0.6厘米的长条状。锅置旺火上，倒入清水和海参，加黄酒50克、姜10克、葱15克、精盐6克，烧10分钟，取出海参，汤汁不用。

③将洗净的猪肚放沸水锅中烫煮2分钟取出，切成排骨块。

④鲍鱼切片装碗中蒸10分钟取出。猪脚脱蹄壳，刮净毛污，洗净后，斩大块。鸡鸭宰杀后，从背部开膛，与猪脚一并下沸水焯水，去掉血水，斩大骨排块。

⑤取大砂锅1个，底部垫竹算，将鸡鸭蹄筋、海参、猪肚装入锅内，上面放冬菇、虾肉，加入余下调味料及鲜汤，放在木炭炉上煨1.5小时，取出各料，拣去葱姜，倒出煨汁待用。

⑥取特制一品锅1个，冬笋氽熟后切片，在一品锅中打底。煨好各料及鱼翅、鲍鱼分别装于一品锅内，草菇、蘑菇作间隔用，倒入煨汁加鲜汤，盖上锅盖，上笼屉用中火蒸半小时。上菜时，整锅端上席面。

4）制作关键

①涨发鱼翅过程中，要保持形态的完整。

②菜品摆盘过程中，要整洁大方，突出主料。

5）思考练习

①详述鱼翅的涨发工艺。

②为什么要在砂锅底部垫上竹算？

任务27　江东鲈鱼炖姜丝

1）菜品赏析

江东鲈鱼产于福建龙溪地区九龙江下游江东桥水域。据传漳浦县人高东溪因老母亲喜食鲈鱼，一次乘船返乡省亲，特带松江鲈鱼数条，养于船舱。抵家时，母见鲈鱼形态活跃美观，不忍食之，转念一想，此鱼来之不易，食之不可复得，遂嘱其子放生江中，让子孙后代能尝到松江鲈鱼美味。子顺母意，当即放生，始有今日之江东鲈鱼。本品以姜丝为主要配料炖制而成，鱼肉柔嫩，姜香馥郁，食之鲜美，饶有风味。

图4.27　江东鲈鱼炖姜丝

2）原料选择

鲈鱼1条（约750克），黄酒15克，水发香菇25克，精盐5克，姜丝15克，味精5克，葱段15克。

3）工艺详解

①鲈鱼去鳞、去鳃，在尾部肛门处横剖1刀，从鳃处掏出内脏，洗净，鱼身两面均剖上4厘米宽距的刀纹，装入汤盘。

②先将香菇切成1厘米宽的片，与姜丝一并排在鱼身上，葱段放鱼头尾两处，然后加清水、黄酒、精盐、味精，装好加盖，上笼屉用旺火蒸10分钟取出，拣去葱段即成。

4）制作关键

蒸鱼时间过长，肉与刺不易分离，鲜味尽失。大火足汽，蒸10分钟即熟。

5）思考练习

①蒸制鲈鱼时有哪些关键点？

②口腔取内脏的优点是什么？

任务28　碧绿生鱼卷

图4.28　碧绿生鱼卷

1）菜品赏析

碧绿生鱼卷是广东风味名菜。粤菜的名称常常带有吉祥、华丽之词，如常称菜薹等为"碧绿"，生鱼即是黑鱼。

2）原料选择

活黑鱼1条（约650克），熟瘦火腿100克，菜薹300克，姜片2克，蒜泥3克，精盐4克，干淀粉15克，湿淀粉5克，胡椒粉1克，黄酒10克，鲜汤25克，芝麻油5克，精炼油等适量。

3）工艺详解

①将火腿切成长6厘米，宽、厚各5毫米的长条状。

②黑鱼宰杀去刺骨，将两片鱼肉逐片斜切成连刀片（两片之间皮相连），加精盐拌匀上劲，将鱼皮朝上平铺在案板上，每片放入火腿条1根，卷成筒状（火腿条两端稍露），拍上干淀粉。

③将鲜汤、芝麻油、胡椒粉、精盐、湿淀粉调芡汁。

④炒锅置火上，放入精炼油、精盐、清水，将菜薹炒熟，倒入漏勺中沥去水。

⑤炒锅复置火上，倒入精炼油，烧至四成热，放入鱼卷加热至全部变色，倒入漏勺中沥去油。炒锅再置火上，下蒜泥、姜片略炒，加入菜薹、鱼卷、黄酒，下芡汁炒匀，淋入芝麻油，装入盘中即可。

4）制作关键

①鱼片要厚薄均匀，大小一致。

②包卷时宜紧不宜松。

③鱼卷应不散不碎。

5）思考练习

①为何选用黑鱼肉?

②此菜与江苏名菜"三丝鱼卷"有何区别?

任务29　香滑鲈鱼球

1）菜品赏析

香滑鲈鱼球是广东风味名菜。鲈鱼又名花鲈、鲈板、海鲈鱼。体长侧扁,大者重达10千克左右。栖息近海,也进入淡水,早春在咸淡水交界的河口产卵,肉质鲜美,秋后最肥嫩。鲈鱼肉本是长方形块状的,之所以称球,是因为在鱼块上剖有刀花,熟制后鱼块自然弯卷,微有球形之故。

2）原料选择

图4.29　香滑鲈鱼球

鲈鱼800克,精盐4克,味精2克,白糖1.5克,葱段5克,姜末3克,黄酒10克,湿淀粉6克,鲜汤100克,精炼油等适量。

3）工艺详解

①先将鲈鱼去鳞、去鳃、去内脏洗净,沿背骨两侧将鱼肉取下,再用刀去胸骨和皮。在肉的一面用刀剖上较浅的刀纹,然后将肉顺着直纹切成块,每块长6厘米、宽3厘米、厚0.6厘米,用精盐和淀粉拌匀。

②炒锅用旺火烧热,舀入精炼油,烧至五成热时,放入鲈鱼肉,过油约30秒钟至八成熟时,连油一起倒入笊篱沥干。炒锅放回火上,下姜末、葱段,烹黄酒,加鲜汤、味精、白糖和精盐,再放入鲈鱼球,用湿淀粉调稀勾芡,然后淋明油,炒匀即成。

4）制作关键

①鲈鱼球过油时间不宜太长,断生即可。

②勾芡不宜过厚,以使卤汁均匀包裹鱼肉。

③因鲈鱼较鲜嫩,调味不宜过浓厚。

5）思考练习

①常用的鲈鱼有哪些品种?

②制作该菜应注意哪些方面?

任务30　五柳脆皮鱼

1）菜品赏析

五柳脆皮鱼是广东风味名菜。该菜以鲩鱼经刀工处理,油炸后浇上调制的卤汁制作

图4.30　五柳脆皮鱼

而成。

　　2）原料选择

　　鲜鲩鱼1条（约700克），瓜英10克，锦菜10克，酸荞头10克，红姜10克，白酸姜10克，姜末10克，红辣椒粒10克，白糖50克，鲜汤50克，精盐8克，芝麻油3克，胡椒粉3克，葱花10克，唥汁5克，白米醋15克，蒜泥10克，黄酒10克，番茄酱15克，干淀粉20克，精炼油等适量。

　　3）工艺详解

　　①将瓜英、锦菜、红姜、白酸姜、酸荞头分别切成细丝。将鲩鱼洗净，用刀从鱼头脊骨一直片至鱼尾，开成两片状相连不断，再用刀切去鱼大骨。洗净后，在鱼肉一面剞上一字花刀，用黄酒、精盐、葱花、姜末挤成汁，在鱼身上抹匀，腌制15分钟后，拍上干淀粉待用。

　　②炒锅置火上，舀入精炼油，烧至160 ℃时，下鲩鱼（鱼皮朝下），待鱼浮起时，改用中小火，炸至鱼身变成金黄色时，倒入漏勺中沥去油，摆在鱼盘中。

　　③炸鱼的同时，另取一只锅置火上，放入少许精炼油，倒入番茄酱，炒出红油，下各种丝以及葱花、蒜泥、红辣椒粒、黄酒、鲜汤、精盐、白糖、白米醋、唥汁、芝麻油、胡椒粉，烧沸后，勾琉璃芡，淋入明油搅匀，浇在鱼身上即成。

　　4）制作关键

　　①剞刀时，刀纹深浅保持一致，深度约为鲩鱼肉的2/3。

　　②此菜不加番茄酱，并改用水浸熟，即为"五柳鲩鱼"。

　　③五柳料也可用番茄、洋葱、酸黄瓜、莴苣、冬笋、青椒等原料代替。

　　5）思考练习

　　①除了鲩鱼外，还可以用哪些鱼来代替？

　　②何为五柳料？

任务31　氽汤发菜鲍鱼

　　1）菜品赏析

　　氽汤发菜鲍鱼采用氽的烹调技法，制作成汤菜有助于发挥原料的本味，清脆嫩爽，清淡甘鲜，滋润可口，生津解渴，是福建地区著名的醒酒汤菜。

　　2）原料选择

　　罐头鲍鱼200克，干发菜10克，青菜梗100克，味精7克，黄酒15克，白酱油15克，鲜汤750克，精炼油等适量。

　　3）工艺详解

图4.31　氽汤发菜鲍鱼

　　①将鲍鱼切成6.6厘米长、5厘米宽、0.6厘米厚的片，放入煮沸的鲜汤200克锅中氽一下捞出，排列于盖的左边，锅中汤汁倒出。青菜梗洗净焯水待用。

　　②干发菜用清水泡发，洗去杂质，挤干水后盛入小盆，加鲜汤50克、精炼油5克、味精2克，

上笼屉蒸5分钟取出,排于碗边的右边。

③炒锅置旺火上,倒入鲜汤500克煮沸,加入酱油、黄酒、味精5克调匀,均匀淋在发菜、鲍鱼片上,围上青菜梗即成。

4)制作关键

扒分为清扒和混扒两种,其主要区别在于扒后汤色的清澈程度。扒后汤清可见底者为清扒,扒后汤色乳白不见底者为混扒,本品属清扒菜式。

5)思考练习

①简述发菜的营养价值。

②扣的过程中,要注意哪些关键点?

 任务32　清蒸石斑鱼

1)菜品赏析

清蒸石斑鱼是广东风味名菜。石斑鱼产于我国南海、东海,以南海较为多见,常年均产,春季尤多,为钓鱼业、底拖网渔业的捕捞对象之一。以其形状及皮上颜色斑纹来分,有老鼠斑、红斑、青斑、星斑、瓜子斑、芝麻斑、泥斑、乌丝斑、凤尾斑、黑斑、金钱斑、黄斑、鬼头斑、黑石斑等多种。为了保持其肉质嫩滑鲜美之特色,大都采用清蒸,而且蒸法十分讲究。

图4.32　清蒸石斑鱼

2)原料选择

鲜活石斑鱼1条(约700克),葱丝20克,姜丝20克,豉油皇汁60克,精盐4克,精炼油等适量。

3)工艺详解

①将石斑鱼放在砧板上用刀将其拍晕,放在70 ℃的热水中略烫,取出,放入清水中过凉,刮净鱼鳞。于肛门处划一刀,再将鳃根割断,用竹筷从鱼口往鳃部插至腹内,将鱼鳃和内脏一起绞出,鱼体内外洗净,沥去水。

②取腰盘1只,横加上筷子两根,将鱼放上,撒上精盐、姜丝,用精炼油淋在鱼身上,放入蒸笼,豉油皇汁放碗中也一同放入蒸笼,以旺火蒸约12分钟至鱼熟,取出,撒上葱丝,淋上烧至180 ℃的精炼油和豉油皇汁即成。

4)制作关键

①鱼鳞需要烫制后,才能将其刮净。

②控制好鱼蒸制的时间。

5)思考练习

①常见的石斑鱼有哪些品种?

②加工石斑鱼时,应注意哪些方面?

任务33　油泡带子

1）菜品赏析

图4.33　油泡带子

油泡带子是广东风味名菜。带子，北方称鲜贝，常见的有两类：一种是所谓的长带子，属江鳐科贝类的团壳肌；另一种是圆带子，属扇贝科贝类的闭壳肌。其干制品即为江鳐柱，北方称干贝。带子在广东、海南沿海盛产，是名贵海产品之一。其质爽软，滋味鲜美，蒸、炒、油泡皆宜。所谓的油泡，是指将主料滑油至八成熟，捞起沥油后，立即投入此菜的配料、黄酒、芡汁等快速成菜的方法，是粤菜常用特技之一。

2）原料选择

鲜带子400克，精盐4克，黄酒10克，蚝油10克，胡椒粉1克，虾子3克，蒜泥2克，姜末2克，葱花2克，鲜汤50克，湿淀粉15克，味精2克，芝麻油5克，精炼油等适量。

3）工艺详解

①将鲜带子洗净，撕去衣膜。将蚝油、精盐、芝麻油、味精、胡椒粉、湿淀粉、鲜汤调匀，成兑汁芡。

②炒锅置火上，舀入精炼油，烧至160 ℃时，放入鲜带子炸至八成熟，连油一起倒入漏勺内，沥去油。

③炒锅复置火上，留少许精炼油，放入蒜泥、姜末、葱花煸香后，再将虾子、鲜汤、带子一起入锅颠翻均匀，烹黄酒，调入兑汁芡，迅速翻拌均匀，淋上芝麻油，装入盘中。

4）制作关键

①该菜烹制过程中最重要的是火候与油温的掌控。油温要适中，油温过高，或加热时间过长，使带子脱水，收缩变小，质地变老。

②勾芡要恰当，菜品芡汁的工艺要求：有芡而不见芡流淌，色鲜而润滑。

③带子也可上薄浆，再沸水余烫，以确保带子水分不损失，因而质地软嫩。

5）思考练习

①带子的特点是什么？

②食用鲜带子时，撕去衣膜的目的是什么？

任务34　炒西施舌

1）菜品赏析

西施舌是福建长乐漳港的海产，又名"沙蛤"，是福建著名的海珍。其壳薄而细长，储带椭圆形，色泽暗褐而纹样秀丽。其肉色白，清鲜脆嫩味如蚌，水管常伸出壳外，形如舌状,故名。

2)原料选择

净西施舌350克,水发香菇15克,净冬笋15克,芥菜柄20克,湿淀粉10克,鲜汤50克,白糖5克,味精5克,黄酒10克,芝麻油5克,白酱油15克,精炼油等适量。

图4.34 炒西施舌

3)工艺详解

①将西施舌切成两片,裙破开,去沙洗净。芥菜柄切成边长2厘米的菱形片。香菇每朵切成3片。冬笋切2厘米长、1.3厘米宽的薄片。白酱油、味精、白糖、黄酒、芝麻油、鲜汤、湿淀粉调成味汁。

②将切好的西施舌肉放入60 ℃的热水锅中氽烫,捞起沥干。

③炒锅置旺火上,舀入精炼油烧热,放入冬笋、芥菜叶柄、香菇颠炒均匀,随即倒入味汁,放入氽好的西施舌片,迅速爆炒,装盘即成。

4)制作关键

①温水氽西施舌时,应注意水温不可过高,氽的时间不宜太长,这样可保持氽过的西施舌脆嫩。

②此菜讲究旺火速成,食之脆爽滑嫩。西施舌味极鲜美,可用来炒、氽、拌、炖。

5)思考练习

①简述爆炒技法的特点。

②学习如何从沙蛤中取净肉。

 任务35　豉椒鳝片

1)菜品赏析

图4.35 豉椒鳝片

豉椒鳝片是广东风味名菜。黄鳝是淡水鱼类。鳝鱼对于体虚乏力、风寒、恶露不净、痢疾、痔疮、糖尿病有良好的食疗作用。该法在民间流传经久不衰。用豉汁、辣椒等与鳝片同炒,肉爽口鲜嫩,豉椒味浓,可增进食欲。

2)原料选择

黄鳝3条(约500克),青红椒100克,蒜泥5克,葱段10克,豆豉15克,白糖2克,胡椒粉1克,白醋10克,黄酒5克,酱油5克,湿淀粉10克,鲜汤100克,味精2克,精盐4克,芝麻油5克,鲜汤20克,精炼油等适量。

3)工艺详解

①黄鳝宰杀,剖腹去内脏,洗净血污,背朝下、腹朝上放在砧板上,用刀尖将鱼脊骨的一边划开,铲去脊骨,切去头、尾,便得鳝肉。将鳝肉用精盐拌后,洗净,再拌入白醋,洗净黏液、

污物,再洗净。

②将鳝鱼肉皮朝下放在砧板上,用刀切成长5厘米、宽2厘米的片,用精盐、淀粉拌匀。辣椒切粗条。味精、酱油、白糖、芝麻油、湿淀粉、鲜汤放碗中调成兑汁芡。

③炒锅置火上,倒入精炼油,烧至120 ℃时,下鳝片迅速划开,至全部变色时,倒在漏勺中沥去油。

④炒锅复置火上,倒入蒜泥、葱段、豆豉略炒,放入鳝片、辣椒片、鲜汤、黄酒,用芡汁勾芡,淋入明油,撒上胡椒粉,装入盘中即成。

4)制作关键

①鳝鱼要鲜活,死的不能使用。

②鳝鱼皮面的黏液要注意去除干净。

③控制所调制芡汁的质量。

④菜肴制作好后,应迅速上桌食用。

5)思考练习

①叙述鳝鱼生出骨的方法。

②常用的去除鳝鱼表面黏液的方法有哪些?

 任务36　烧甲鱼

图4.36　烧甲鱼

1)菜品赏析

《楚辞·招魂》记载,烧甲鱼为战国时期楚宫筵席菜肴。

2)原料选择

甲鱼1250克,猪里脊肉200克,鲜香菇50克,冬笋50克,姜片10克,葱结10克,酱油20克,黄酒15克,冰糖10克,湿淀粉10克,芝麻油15克,上汤500克,精炼油等适量。

3)工艺详解

①甲鱼砍去头,控出血,放沸水锅里浸烫一下,退去壳膜,去内脏洗净,切成3厘米×3厘米的块,甲鱼裙另用。猪里脊肉切成3厘米见方的块。

②香菇去蒂,洗净,每朵切4块。冬笋削去外皮,洗净,切成2厘米×3厘米的片,入沸水焯熟,备用。

③锅置旺火上,烧至七成热时,倒入甲鱼块、猪里脊、冬笋,过油至六成熟,用漏勺沥干油。锅内留余油,放入姜片煸香,倒入过油的甲鱼、猪肉、冬笋和甲鱼裙、香菇、葱结,再加上汤500克、酱油、黄酒、冰糖,调小火慢慢煨到甲鱼熟烂。

④煨烂的甲鱼,拣去葱结、姜片、里脊肉,其他装碗。锅中余汁用湿淀粉勾芡,淋入芝麻油,浇在甲鱼身上即成。

4）制作关键

甲鱼应先烫水,去壳膜,后过油,再用小火慢慢煨制。

5）思考练习

①甲鱼为什么要烫水,其目的是什么?

②甲鱼过油的操作关键有哪些?

 任务37　豉汁蟠龙鳝

1）菜品赏析

豉汁蟠龙鳝是广东风味名菜。"大鳝"是广东人对海鳗鱼的俗称,每年入冬后,雌鳗鱼便从江河游到深海产卵,孵化出鱼苗后,又成群结队洄游到江河发育生长。生长在江河的鳗鱼体小、量少、皮色较浅,通常称为白鳝。此菜选用的就是白鳝。将白鳝宰杀洗净,切成连串不断的段,放于盘中,用豉汁等调味品拌匀,蒸熟而成。其状如蟠龙,故名。

图4.37　豉汁蟠龙鳝

2）原料选择

白鳝1条（约750克）,蒜泥5克,青红椒粒20克,豆豉15克,酱油5克,白糖5克,精盐15克,葱段10克,姜片10克,味精2克,胡椒粉1克,芝麻油5克,黄酒15克,湿淀粉5克,精炼油等适量。

3）工艺详解

①将白鳝用精盐洗去黏液,在脊背的一面每隔4厘米切1刀,但只切断脊骨,不切断腹部,从刀口处取出内脏,洗净。

②将豆豉洗净,用刀揿成泥,先放入精炼油,上笼蒸10分钟取出,然后加入白鳝、蒜泥、酱油、黄酒、白糖、精盐、味精、胡椒粉、葱段、姜片,拌匀后置于盘中,呈蟠龙形,淋入芝麻油和精炼油,放入蒸笼中,用旺火蒸约20分钟,取出,拣去葱段、姜片,将卤汁滗入锅中,再放入青椒米,用湿淀粉勾芡,淋入芝麻油,浇在白鳝上即成。

4）制作关键

①豆豉呈棕黑色,有浓郁的香味,在正式烹调前,一般先将豉汁调制好备用。

②白鳝的大小要合适。

③蒸制时间应控制好。时间短了,白鳝没有蒸熟;时间长了,白鳝会蒸变形。

5）思考练习

①怎样去除白鳝身上的黏液?

②为何要控制白鳝的蒸制时间?

任务38　熏河鳗

图4.38　熏河鳗

1）菜品赏析

熏河鳗是福建传统名菜，注重调味和火候，颜色紫红，肉质鲜嫩，油润肥腴，味道荤香。

2）原料选择

净河鳗650克，姜末2克，味精1克，葱末5克，黄酒15克，白糖20克，精盐2克，胡椒粉1克，酱油20克，芝麻油5克，鲜汤100克。

3）工艺详解

①河鳗沿脊背剖开，剔下中脊骨待用，鳗鱼肉面上从头至尾剞上斜形交叉花刀，用酱油10克，白糖10克，黄酒15克，胡椒粉、味精各1克，葱末、姜末抹匀，腌制30分钟。

②将取下的河鳗中脊骨切成段，与鲜汤、酱油10克、白糖10克、芝麻油2克一并下锅煮10分钟，去骨取汤装小碗。

③取铁网夹1个，放电炉上烧至七成热时，将腌好的鳗鱼入算烧烤，热度应保持70 ℃，约烤5分钟后，用鳗鱼骨汤抹遍鱼肉，再烤5分钟后再抹1遍，如此反复3遍，烤20分钟即熟，取出抹上芝麻油3克，切成12块装盘。

4）制作关键

①上述用量仅供参考，以口尝味美为准。

②烧烤鳗鱼，须反复3次，熟透为准，颜色紫红，外焦里嫩。

5）思考练习

简述河鳗的营养价值。

任务39　葱油烤鱼

1）菜品赏析

葱油烤鱼成品清淡、香烂，颜色美观。

2）原料选择

鲷鱼1条（约500克），卷心菜200克，生菜50克，熟白芝麻10克，红辣椒5克，姜6克，葱200克，胡椒粉2克，精盐3克，味精1克，芝麻油适量。

3）工艺详解

①鲷鱼宰杀洗净，切成长5厘米的块，撒上胡椒粉、盐和味精，腌制40分钟待用。葱、姜、辣椒、卷心菜

图4.39　葱油烤鱼

均切成细丝拌匀。

②取余下的卷心菜平铺烤盘上,放上鱼,烧热烤箱至200 ℃时,放入盛鱼的烤盘,将鱼烤约20分钟表面起脆皮至熟时取出。

③将生菜垫于盘底,摆上烤鱼。

④炒锅置火上,倒入芝麻油,放入葱、姜炸香后捞出,将热油浇淋在烤鱼上,撒上熟白芝麻即可。

4)制作关键

①烤鱼时,要控制好温度和烤制时间。

②生菜垫盘前,要用淡盐水浸泡。

5)思考练习

①简述鲷鱼的营养价值。

②举例说明烤烹法的分类。

任务40 油焗红鲟

1)菜品赏析

鲟,又称蝤蛑。红鲟又称红膏母鲟,亦称团脐。与梭子蟹同为甲壳类海产,具有治疗中风、舒筋活血之效。油焗红鲟是福建著名的筵席大菜。油焗红鲟制作方法独特,酒香鲟鲜,色彩鲜艳,油亮华美,风味别致。

2)原料选择

活红鲟2只,精炼油250克,猪网油500克,姜块20克,黄酒150克,高粱酒25克,香醋15克。

图4.40 油焗红鲟

3)工艺详解

①将高粱酒用注射针筒从活鲟脐部注入,使其醉瘫后,解去缚住鲟螯的绳索,洗净鲟体各部,分别用猪网油裹紧,再用细绳扎牢。姜去皮切末备用,其余切为3块,拍松。

②锅置旺火上,舀入精炼油,烧至六成热时,放入拍松的姜块略煸出味,将裹上猪网油的红鲟背贴锅底放入,泼上黄酒,焗2分钟后,移至小火上再焗15分钟后取出。

③解去细绳,拆去猪网油,剥开鲟盖,剔去鳃,揭去脐,先将鲟螯剁下,每对切成4块,用力拍裂,每只鲟身切成8块,然后按2只红鲟原状相向装盘。上菜时,姜末、香醋调入小碟佐食。

4)制作关键

①采用民间特有的保持红鲟原味的烹调方法。其特殊之处在于猪网油裹鲟,以油、酒代水焗成。

②焗鲟时,一定要掌握好火力的大小,以酒汁烧尽取出为好。

5）思考练习

①简述焗烹工艺技法。

②详述红鲟和河蟹有何区别。

 任务41　八宝芙蓉鲟

图4.41　八宝芙蓉鲟

1）菜品赏析

鲟即青蟹，以多年生的团脐大鲟为上品，称红鲟，尤以福建沿海咸淡水交汇处所产者最佳。红鲟的营养价值很高，以烹调细腻著称，为福建名菜，其以红鲟肉为主料，配以"八宝"，堪称色、香、味、形俱佳的营养美馔。

2）原料选择

活红鲟2只，鲜虾肉25克，净猪腰25克，黄酒25克，净鸭肫25克，鸭蛋（8个）清，鸡脯肉25克，水发干贝25克，净冬笋25克，精盐12.5克，水发鲍鱼25克，味精15克，水发海参25克，鲜汤400克。

3）工艺详解

①将洗净的红鲟蒸熟，稍冷后剁下鲟螯、脚，剥盖取下鲟黄、鲟肉，鲟盖内壁刮洗干净，与螯、脚均不能折损待用。

②预先揉制两个直径约6厘米的面剂圆团，置于大腰盘长度的两端，猪腰、鸭肫、鸡肉、海参、鲍鱼、干贝、虾肉、冬笋均切成小丁，分别下沸水锅余好后捞出，沥干水，一并加上黄酒15克、精盐5克、味精5克拌匀，倒入大腰盘，围绕两个面团铺匀盘面。

③鸭蛋清放碗里，打散后加清水150克、精盐5克、味精5克调匀，淋于盘中"八宝"干料上，然后上笼屉用微火蒸15分钟取出，稍后去掉两个面团，使蛋白凝面呈现两个圆空当。

④先将鲟肉分别填入盘中两个圆空当内，然后铺上鲟黄，并各自罩上一个鲟盖，拼摆好空心的鲟螯、脚，使两只红鲟原状复现，再上笼屉用微火蒸熟10分钟取出。最后将鲜汤下锅烧沸，加入余下调味料调匀，起锅淋于八宝芙蓉鲟上即成。

4）制作关键

①活红鲟2只（约750克）。

②鲟肉亦包括螯、脚的里肉。

5）思考练习

①芙蓉蛋如何制作？

②详述红鲟出肉的方法和步骤。

任务42 白灼基围虾

1) 菜品赏析

白灼基围虾是广东风味名菜。此菜对虾的鲜活程度、火力的大小和时间的长短均有极高的要求。"白灼"与"白焯"极为相似，只是更加强调突出火力的猛烈和虾的原味、爽脆。它与白切鸡、白云猪手并称"广东三白"。白灼基围虾具有补肾壮阳、通乳、脱毒之功效。

图4.42 白灼基围虾

2) 原料选择

基围虾350克，辣椒细丝50克，生抽90克，精炼油等适量。

3) 工艺详解

①辣椒细丝分放于两只小碗中，先淋入烧至八成热的精炼油，再加入生抽，即为蘸料。

②锅置火上，加入清水烧沸后放入基围虾，焯1分钟至虾肉刚熟，即捞出沥去水，装入盘中，食时带洗手盅、蘸料一起上桌。

4) 制作关键

①虾的鲜活度要高，体积要大、要均匀。

②灼虾的水量要多，火力要猛，动作要快。

5) 思考练习

①制作此菜，基围虾的鲜活度为什么要特别高？

②白灼基围虾对火候有什么要求？

白灼虾

任务43 清炒虾蛄

图4.43 清炒虾蛄

1) 菜品赏析

虾蛄，属虾类海产，据《闽杂记》记载："虾蛄，虾目蟹足，状如蜈蚣，背青腹白，足在腹下，大者长及尺，小者二三寸，喜食虾，故名虾鬼，或曰虾魁。"虾蛄壳硬而肉鲜，剥肉清炒，鲜味不逊于香螺，而脆性尤胜虾肉，虾蛄较稀有，为闽菜佳肴。本品为福建风味菜，其成品色泽淡雅，味鲜且脆，风味尤佳。

2) 原料选择

虾蛄肉300克，净冬笋50克，熟火腿30克，蘑菇50克，红灯笼椒20克，黄灯笼椒20克，芦笋20克，鸡蛋（1个）清，精盐6克，味精4克，姜2克，白糖5克，黄酒10克，葱白4克，芝麻油3克，鲜汤150克，干淀粉5克，湿淀粉5克，精炼油等适量。

3）工艺详解

①虾蛄肉洗净，加黄酒、精盐、味精腌15分钟，加鸡蛋清、干淀粉抓匀待用。

②蘑菇沸水焯烫，冬笋沸水余熟，切薄片。熟火腿切薄片。红、黄灯笼椒分别切菱形片，芦笋切雀舌段。

③将白糖、精盐、味精、湿淀粉、鲜汤调为兑汁芡，姜切片拍松，葱白切雀舌段。

④炒锅置旺火上，倒入精炼油烧至七成热时，放入虾蛄肉过油1分钟，起锅控净油。炒锅回旺火，舀入精炼油，煸葱姜，倒入兑汁芡烧沸，放入过油虾蛄片及蘑菇、笋片、青红椒片、芦笋、火腿，翻炒均匀，盛起装盘，淋芝麻油即成。

4）制作关键

①本菜要求刀工整齐划一，主料切片，辅料除蘑菇外均切片，且大小应与主料相配，可突出主料，衬托辅料。

②兑汁芡烧沸即可，时间稍长，淀粉糊化会更黏稠，不容易均匀打散影响菜品质量。

5）思考练习

①简述活虾蛄去净肉的方法。

②此菜品为什么不能长时间加热？

任务44　避风塘炒蟹

图4.44　避风塘炒蟹

1）菜品赏析

避风塘炒蟹是广东风味名菜。避风塘炒蟹中蒜蓉甘脆焦香，黄而不煳，蒜香味与辣味、香味、蟹鲜味融合，味道和谐，非常可口。蒜头中的香辛素令人醒胃，而且蒜头有很好的保健功效，它能助消化，还能杀死肠内的寄生虫。避风塘炒蟹营养丰富，蟹为滋阴清热养生食品，可滋阴液、补骨髓、养筋脉、清内热。

2）原料选择

膏蟹400克，金蒜粒50克，青椒1个，红椒1个，姜末10克，精盐4克，味精2克，胡椒粉2克，黄酒10克，葱花10克，淀粉50克，精炼油等适量。

3）工艺详解

①将蟹洗净斩成大块，沥干水，加入精盐、黄酒、淀粉拌匀待用。青椒、红椒去蒂、籽，洗净，切成粒状。

②炒锅置火上，舀入精炼油，烧至170 ℃时，放入蟹块炸至金黄色，倒入漏勺中沥去油，待用。

③炒锅复置火上，放入炸过的蟹块，倒入青椒粒和红椒粒以及姜末、葱花、胡椒粉、金蒜

粒、精盐、味精,颠锅翻炒,翻拌均匀,装入盘中即成。

4)制作关键

①洗净的蟹块在腌制前要吸干水。

②蒜粒下锅炒至金黄色时一定要炒出蒜香味,但不能炒焦。

5)思考练习

①蒜粒怎样才能炒成符合要求的金黄色?

②洗干净后沥干水再腌制,对该菜肴的味道有何影响?

任务45 淡糟鲜竹蛏

1)菜品赏析

竹蛏,属海产软体动物,产于福建连江、长乐、福清等地沿海浅滩,同蛎、蛤、蛐被合称为我国四大经济贝类。竹蛏壳薄且长,带黄褐色,合抱犹如竹筒,其肉丰腴脆嫩,鲜美清甜,含有丰富的蛋白质、脂肪以及钙、铁、磷等物质,营养价值较高。

图4.45 淡糟鲜竹蛏

2)原料选择

鲜竹蛏750克,水发香菇3朵,葱白2克,净冬笋75克,姜汁3克,黄酒10克,白糖3克,精盐4克,蒜末3克,味精1克,湿淀粉10克,鲜汤50克,香糟15克,精炼油等适量。

3)工艺详解

①用刀顺竹蛏嘴旁割两刀,剥壳取肉,剔去肚、线、膜,每只蛏肉均从中间片成相连的两扇,洗净泥沙,置于沸水锅中氽烫一下捞出。

②冬笋切成1.8厘米长、1.2厘米宽的薄片,香菇改刀成片,葱白切荸荠片,与鲜汤、精盐、味精、白糖、湿淀粉一并调成兑汁芡。

③炒锅置旺火上,舀入精炼油,烧至七成热时,将冬笋片下油锅炸1分钟,倒入漏勺沥油。炒锅留少许精炼油,复置火上,将蒜末、姜汁下锅煸炒出香,再加入香糟炒一下,随即加入黄酒、香菇及过油冬笋片,倒入兑汁芡煮沸,均匀地勾芡,然后放入蛏肉片,颠炒均匀装盘即可。

4)制作关键

①主辅料均切成片,有大小之别,使主料更为突出。

②卤汁倒入锅中,一定要等卤汁煮沸后,再加蛏肉片,否则影响菜肴的质量。

5)思考练习

①简述竹蛏的营养功效。

②兑汁芡的调制关键是什么?

任务46　吉列虾球

图4.46　吉列虾球

1）菜品赏析

吉列虾球是广东风味名菜。吉列是一类将动物性原料用味料拌匀腌制，上淀粉、蛋浆再蘸上面包糠后炸熟的食品。常见的有吉列猪排、吉列大虾、吉列鸡排等。吉列虾球就是改进的吉列系列菜肴中的一道。

2）原料选择

虾仁400克，鸡蛋1个，干淀粉40克，面包糠20克，味精2克，精盐2克，芝麻油5克，精炼油等适量。

3）工艺详解

①将虾仁吸干水，用刀面碾成蓉，加入芝麻油、精盐、味精均匀搅拌上劲，挤成直径2.5厘米的圆球。

②将鸡蛋磕开放碗中，加入淀粉和成糊状，放入虾球拌匀，然后拍上面包糠。

③炒锅置火上，舀入精炼油，烧至170 ℃时，放入虾球，用中火炸至外表呈金黄色时，倒入漏勺中沥去油，装入盘中即成。

4）制作关键

①所用虾球质量要符合要求（形圆、大小一致、质嫩、味鲜香）。

②油炸时要控制好火力的大小与时间的长短。

5）思考练习

①油炸该菜时，应怎样控制好油炸的温度？

②什么是吉列炸？

任务47　竹丝鸡烩五蛇

1）菜品赏析

竹丝鸡烩五蛇是广东名菜。菜品味香浓郁，祛风除湿，秋冬佳品。原料中的蛇均为人工养殖。

2）原料选择

五蛇1副，熟竹丝鸡腿肉200克，生鸡丝100克，水发北菇100克，水发广肚150克，食用菊花12朵，薄脆150克，陈皮50克，葱20克，姜50克，柠檬叶10克，生姜片50克，鸡蛋（半个）清，桂圆肉10克，竹蔗250克，原汁蛇汤500克，鲜汤1000克，味精2克，酱油4克，白酒5克，精盐3克，黄酒7克，淀粉50克，胡椒粉0.5克，精

图4.47　竹丝鸡烩五蛇

炼油等适量。

3）工艺详解

①将蛇宰杀后，剥去皮，斩去头，洗净，放入砂锅内，加入清水（漫过蛇身）、生姜片、陈皮、竹蔗、桂圆肉，加盖后，将砂锅置火上用文火烧30分钟取下，将蛇肉由头至尾轻轻拆下，切成5厘米长的段，用手撕成细丝待用。

②蛇骨装入纱布袋中，放回原砂锅中熬汤。同时放入竹丝鸡腿，再用文火煲1小时。将鸡腿、生姜片、陈皮捞出，将鸡腿肉撕成细丝，姜和陈皮切成细丝，用纱布过滤汤汁，待烩蛇用。

③炒锅置火上，舀入少许精炼油，投入生姜片、葱，烹入白酒，煸炒出香味后，倒入蛇丝，爆炒至水半干状态。

④取瓦钵1只，将炒好的蛇丝放入，除去生姜片、葱，加入蛇汤250克，上笼蒸1小时取出。

⑤生鸡丝放入碗内，加鸡蛋清、精盐、味精、淀粉上浆。将广肚、北菇切成细丝，放入沸水锅中焯水。

⑥炒锅洗净，复置火上，舀入精炼油，烧至五成热时，投入生姜片、葱煸香后，烹入黄酒，加入鲜汤放入广肚丝，待煮沸后，除去生姜片、葱，倒入漏勺中，沥干水。炒锅再次洗净，放火上，将鸡丝滑油成熟，倒入漏勺中沥干油。

⑦砂锅烧热，放入精炼油，加入蛇汤、鲜汤，待烧沸后，放入北菇丝、姜丝、竹鸡丝、蛇丝、陈皮丝、广肚丝、鸡丝，加入精盐、酱油、黄酒、味精、胡椒粉搅匀，待汤汁沸腾后，将菊花、柠檬叶丝撒在汤汁表面，食用时配薄脆佐食。

4）制作关键

①蛇宰杀时，要注意安全，可请专人宰杀。

②此汤菜工艺技法极其烦琐，充分体现出广东人对汤的极致追求。

③五蛇分别为眼镜蛇、白花蛇、金脚带蛇、过树榕蛇、三索线蛇。

5）思考练习

①反复熬制蛇骨的目的是什么？

②简述北菇与平菇的区别。

 任务48 虾胶酿鱼肚

1）菜品赏析

虾胶酿鱼肚是广东风味名菜。鱼肚，是鱼鳔的干制品。鱼肚的品种很多，常见的有黄鱼肚、鲥鱼肚、广肚、毛常肚等。鱼肚是海八珍之一，含有大量的蛋白质、脂肪及黏胶物。此菜选用黄鱼肚，经油炸涨发，用水浸泡至软，然后切成小块，酿上虾胶蒸熟而成。

2）原料选择

干鱼肚100克，虾仁200克，熟火腿末5克，精盐2克，

图4.48 虾胶酿鱼肚

香菜叶5克，胡椒粉1克，味精1克，葱段5克，姜片5克，姜汁酒10克，鸡蛋（1个）清，湿淀粉7克，干淀粉25克，芝麻油5克，鲜汤150克，黄酒10克，精炼油等适量。

3）工艺详解

①将洗净的虾仁放砧板上，用刀背捶成泥，放在盆里，加入精盐、味精、姜汁酒，顺着一个方向搅拌均匀成虾胶。鱼肚用油涨发后，放入清水中泡软，洗净后切成长4厘米，宽2厘米的长方形片10块，放入沸水锅内烫一下，捞出轻轻挤去水。

②炒锅置火上，倒入精炼油，放姜片、葱段爆至有香味，烹黄酒，下鲜汤、精盐，烧沸后下鱼肚焖约5分钟，取出，去掉姜片、葱段，用洁净毛巾吸干水，盛在盘中，晾凉后，在每块鱼肚的一面撒上干淀粉。

③虾胶分成12颗小丸，放在有干淀粉一面的鱼肚上，用鸡蛋清把虾胶抹平。香菜叶、火腿末分别放在虾胶两端，入蒸笼用旺火蒸约5分钟至熟，取出，转放在另一盘中，排列整齐。

④炒锅再置火上，先加入少量精炼油，再加入鲜汤、胡椒粉、味精，用湿淀粉勾芡，将芝麻油淋在菜品上即成。

4）制作关键

①干炸鱼肚时要掌握好火候、油温。

②油发后要将鱼肚洗净。

③鱼肚要烧透入味。

5）思考练习

①鱼肚怎样进行涨发？

②制作此菜应注意哪些方面？

任务49 茸汤广肚

图4.49 茸汤广肚

1）菜品赏析

茸汤广肚是闽菜中的汤菜上品，其选料精细，调汤考究，烹制严谨，故久负盛名。味道鲜美香醇，食之甘爽宜人。

2）原料选择

水发广肚500克，老酒50克，白酱油20克，味精7.5克，鲜汤750克。

3）工艺详解

①将水发广肚切成长5厘米、宽3厘米的条块，下沸水锅中稍煮捞出，沥干水。

②将煮过的鱼肚放在碗内，加老酒、味精拌匀，将烧沸的鲜汤冲入，浸渍片刻，滗去汤汁。按此法，再重复一遍后，将广肚块装入汤碗，加入白酱油、味精，用烧沸的鲜汤冲入即成。

4）制作关键

①水发广肚：将干鱼肚用清水浸泡3小时，去净杂质，再用淘米水或清水淹没鱼肚浸泡4小时。捞出时，用清水漂净，放入温水锅中，用微火煮2小时捞出，然后放入清水浸2小时即

可使用。

②煮过的鱼肚加料后，用汤反复浸渍。一是为去鱼肚中的杂味；二是为使鱼肚增味，这样可使成菜汤更清，味更美。

5）思考练习

①简述广肚的涨发工艺。

②如何鉴别鱼肚的优劣？

任务50 槌鱼

1）菜品赏析

槌鱼为广东潮州知府刘怀谷的一名家厨于1845年首创，甚得刘怀谷赞美。后来家厨返故里，传入龙南，经龙南民间不断改进，精制成为此菜。

2）原料选择

精白薯粉200克，鲜活草鱼1000克，鸡脯肉50克，水发香菇30克，青菜心20克，葱花5克，老姜5克，精盐1克，胡椒粉1克，湿淀粉5克，芝麻油1克，鲜汤500克。

图4.50 槌鱼

3）工艺详解

①将鱼去鳞、鳃，剖开去内脏，洗净，取鱼肉200克，剁成鱼蓉，揉成两个小团并盛入钵内，让其饧片刻，使其滑润。

②面板洗净，放入部分薯粉垫底，让鱼蓉蘸上薯粉，用擀面杖向四面擀开，擀成薄薄的面皮。

③先将锅内的水烧沸，然后将鱼面皮投入沸水中汆过，停火冷却。

④将冷却的面皮沥干水卷成筒，用刀切成1厘米宽的长条。鸡脯肉、水发香菇切成丝，鸡脯肉加精盐、湿淀粉上浆。

⑤炒锅置旺火上，盛入鲜汤、香菇丝、青菜心、精盐煮沸，放入鱼面条和老姜、鸡肉丝汆片刻，汤沸起锅，撒上葱花、胡椒粉，淋上芝麻油即成。

4）制作关键

①薯粉要厚一些，擀时动作要轻。

②煮鱼面皮时，火不宜大，微火煮熟。

5）思考练习

详述槌鱼生坯成形工艺。

任务51 澳龙三吃

1）菜品赏析

图4.51 澳龙三吃

澳龙三吃是广东风味名菜。澳龙即澳洲龙虾，是目前市场上较为名贵的海鲜。与日本青龙虾（也称日本龙虾）、花旗龙虾齐名。我国东海南部和南海也产中国龙虾和锦绣龙虾，体长可达30厘米以上，重1000~2000克，皆为名贵的经济虾类。目前，国内市场主要有澳龙和日本青龙，与北极贝、象拔蚌几乎等价。一般可生吃（刺身）。"三吃"乃取其肉做刺身（生吃），其爪油炸（椒盐味），其壳等斩块煮泡饭。

2）原料选择

澳洲龙虾1只（约750克），椒盐3克，米饭400克，青菜末250克，冬笋片50克，芥末酱3克，日本酱油80克，姜末5克，姜片5克，葱段10克，黄酒30克，精盐8克，干淀粉50克，味精2克，冰水1000克，鲜汤500克，精炼油等适量。

3）工艺详解

①宰杀龙虾。用竹签从龙虾的脐门处插至头部，拔出竹签，放净体内蓝色的液体，用布包住头，掰下头部，从腹部剖开，取出虾肉，去沙肠后，放入冰水中泡洗去血水。剪下虾爪，用刀面略拍，斩成4厘米长的段，加入精盐、黄酒、姜片、葱段腌制。剖开头部，去虾囊、鳃及附近的外壳，腹鳍斩成小块。

②刺身。虾肉顺丝切成薄片，摆放在用保鲜纸包裹的碎冰块上，也可摆成设计的图案，食用时蘸用芥末酱和日本酱油调成的蘸汁。

③椒盐虾爪。将腌制的虾爪取出，拍上干淀粉，放入170 ℃的油锅中炸至成熟，倒入漏勺中沥去油，装入盘中，撒上椒盐即成。

④龙虾泡饭。锅置火上，放入鲜汤、米饭，烧沸，放入笋片、青菜末、姜末、虾壳、黄酒、精盐、味精，烧沸后撇去浮沫，煮5分钟后，装入碗中即成。

4）制作关键

①宰杀龙虾时，动作要敏捷、准确，否则影响虾肉的鲜美度。

②必须去除沙肠、沙包、鳃（附近的壳）、腹鳍。

③制作刺身时，防止交叉污染，注意卫生。

④炸制虾爪时,火候要掌握好。

5)思考练习

①怎样宰杀龙虾?

②生吃虾肉,为何需要将虾肉放在用保鲜膜包裹的冰块上?

 任务52　炒牛河

1)菜品赏析

炒牛河是广东风味名菜。"牛"乃腌牛肉片的简称, "河"即河粉,用米浆蒸成薄皮再切成带状的面。牛河盛产 于两广、海南,以广州市沙河镇出产的最为著名,故通常又 称"沙河粉"。此菜具有滋阴壮阳、和中纳食、清肺开胃之 功效。

图4.52　炒牛河

2)原料选择

鲜河粉300克,牛肉100克,绿豆芽50克,韭黄50克,姜 5克,白糖3克,精盐1克,美极鲜5克,精炼油等适量。

3)工艺详解

①将牛肉切片上浆,姜切成丝,韭黄切段。

②炒锅置火上,倒入精炼油,放入姜丝、牛肉片、绿豆芽,炒至近熟,再放入河粉、美极 鲜、精盐、白糖、精炼油,炒至河粉变软、色泽均匀,加入韭黄搅拌均匀,装入盘中即成。

4)制作关键

①河粉质地要好,有一定的韧性、弹性。

②牛肉片可用适量的嫩肉粉制嫩。

③火候恰当,翻炒均匀。

5)思考练习

①干河粉与鲜河粉在烹制时有何区别?

②炒牛河在各种原料的投放顺序上有什么要求?

 任务53　东江瓤豆腐

1)菜品赏析

东江瓤豆腐是广东风味名菜。广东东江菜也就是客家菜。相传西晋永嘉年间,中原战乱 频繁,人们流离失所,尽遭劫难。有一部分中原人南下渡江,至唐及南宋末年,又大批过江南 下,至赣、闽及粤东、粤北等地,被称为客家,以区别于当地原来的居民,菜肴也保留古代中原 的一些特点和风味,称为客家菜。

图4.53　东江瓤豆腐

2）原料选择

南豆腐2块（约400克），猪夹心肉150克，鲜鱼肉150克，小青菜10棵，芹菜40克，红胡萝卜40克，葱花5克，精盐3克，味精1克，胡椒粉1克，太白粉10克，鲜汤200克，姜末5克，酱油、精炼油等适量。

3）工艺详解

①先将豆腐改刀成厚约1厘米的长方块，切好排放在盘中。再用汤匙在豆腐的中间轻轻挖一个凹塘。

②将猪夹心肉斩成蓉，鲜鱼肉斩碎，芹菜、红萝卜一起切碎。将猪肉蓉和鱼肉放入盆内加入精盐、味精、姜末、葱花搅拌上劲，再加芹菜末、红萝卜末、太白粉拌匀，作馅料，填入挖空的豆腐孔内。

③炒锅置火上，将填好的豆腐放入，加水（与豆腐齐平），以文火焖煮约15分钟取出，再将青菜放入锅中焯至变色后，捞出晾凉待用。

④将焯好水的青菜垫在盘底，豆腐整齐排列在青菜上，炒锅置火上，舀入适量精炼油，倒入鲜汤，加入酱油、味精、太白粉，拌至微稠状时，浇在豆腐上，撒上芹菜、红胡萝卜末和胡椒粉即成。

4）制作关键

①豆腐宜选用味佳、酸味淡的品种。

②蒸制时要用中火。

③注意太白粉的用量。

5）思考练习

①太白粉就是生的土豆淀粉，它有什么特征？

②生粉是什么粉？

任务54　山楂奶露

1）菜品赏析

山楂奶露是广东风味名菜。菜名中的"山楂"，实乃山楂糕。山楂糕不仅是一种美味食品，而且还有许多药用功效，能健胃止痛，消食化瘀，软化血管，降脂降压。山楂糕和鲜香滑爽的牛奶搭配，相得益彰，菜肴成品体现了牛奶的鲜香滑爽和山楂糕的酸甜可口的特点。

图4.54　山楂奶露

2）原料选择

牛奶400克，山楂糕100克，白糖350克，糖桂花3克，湿淀粉20克，精炼油等适量。

3）工艺详解

①将山楂糕塌成泥状，加入沸水100克搅匀。

②炒锅置火上,放入清水,先加入白糖煮至溶解,再加入牛奶,至微沸时,用湿淀粉勾芡,取出2/3置汤碗中。将搅匀的山楂泥加入锅中,加入少量精炼油略煮成红色的山楂奶露,出锅前加入糖桂花拌匀。将其从碗的旁边倒入白色奶露的一侧,用少许山楂奶露滴在白色奶露一边的中间,同样将少许白色奶露滴在山楂奶露一边的中间,形成太极图形即成。

4)制作关键

①牛奶以新鲜优质牛奶为佳,也可用奶粉、炼乳代替。

②山楂糕捱成泥后,加入沸水时应分几次加入,否则山楂泥不易调匀。

③牛奶煮制时间不宜过长。

5)思考练习

①为何牛奶加热时间不宜过长?

②山楂糕有哪些保健功效?

 # 任务55　太极护国菜

1)菜品赏析

太极护国菜是广东潮州风味名菜。据传,公元1278年,临安兵败,宋少帝南逃。一天深夜,宋少帝逃至潮州一古寺里,疲惫异常,寺里的老住持本想给他们提供一点像样饭食,但因缺粮,便只好摘点番薯叶制成羹汤奉上。君臣食用后,得以继续南逃。少帝感叹之余,称之为"护国菜"。后来,传到了民间,几经改善而制成了这道历史名菜,用番薯叶或野菜为主料,以鲜汤烩制成羹状,较稠,色墨绿,质油滑,味香醇。

图4.55　太极护国菜

2)原料选择

菠菜叶500克,鸡肉100克,水发香菇40克,味精1克,精盐4克,芝麻油5克,湿淀粉20克,鲜汤800克,精炼油等适量。

3)工艺详解

①将菠菜叶清洗干净,放进沸水锅中烫至翠绿,捞出放入凉水中浸凉,再切成细末,挤去水。鸡肉、香菇洗净后分别切末。

②香菇盛入碗中,鸡肉放在香菇上,放入笼中蒸熟,取出,待用。

③炒锅置火上,倒入鲜汤、精炼油,烧沸放入菠菜叶末,加精盐、味精、芝麻油,用湿淀粉勾芡,加少许精炼油,倒入碗中。

④炒锅复置火上,放入鲜汤、少许精炼油,烧沸后,倒入鸡蓉,加芝麻油、味精、精盐,用湿淀粉勾芡,加少量精炼油,拌匀后均匀倒入碗中,拼成太极形即成。

4)制作关键

①水发香菇要发透,并洗净泥沙。

②勾芡时,应注意汤汁厚薄,并淋入少量油,以增加菜肴的光泽。

5）思考练习

①简述该菜名的由来。

②制作该菜选用什么淀粉为佳?

③菠菜一般不宜与哪些原料一起食用?

 任务56　脆皮炸鲜奶

图4.56　脆皮炸鲜奶

1）菜品赏析

脆皮炸鲜奶是广西名菜。此菜以鲜奶为主料,经勾芡后有一定的浓度,再经油炸而成。

2）原料选择

鲜奶250克,椰浆100克,炼乳50克,鹰粟粉40克,黄油30克,白糖50克,泡打粉4克,面粉150克,干淀粉50克,吉士粉3克,鸡蛋1个,精炼油等适量。

3）工艺详解

①取小碗1只,放入面粉、干淀粉、吉士粉、泡打粉、清水、鸡蛋和少量精炼油,调成脆皮糊。

②炒锅置火上,先舀入黄油烧化,再加入牛奶、椰浆、白糖、炼乳,烧沸后用鹰粟粉勾芡,倒入方形不锈钢小方盘中,待凉后切成长4厘米、宽和高为1.5厘米的条。

③炒锅置火上,舀入精炼油,烧至160 ℃时,将鲜奶条挂满脆皮糊,放入油锅中,炸至浮于油面,捞出去须,烧至170 ℃时,放入鲜奶复炸至淡金黄色时,倒入漏勺中沥去油,装入盘中即成。

4）制作关键

①鲜奶要选用香味较浓的鲜奶。

②鲜奶勾芡的浓度要适中,稀不易成形,反之则口感较差。

③油炸时应掌握好油温。

5）思考练习

①鲜奶冷却成型的原理是什么?

②脆皮糊中的面粉和淀粉各有什么作用?

项目5

其他名菜

教学名称： 其他名菜

教学内容： 宫廷名菜

　　　　　　官府名菜

　　　　　　寺院名菜

　　　　　　少数民族名菜

教学要求： 1.让学生了解宫廷名菜、官府名菜、寺院名菜、少数民族代表名菜的
　　　　　　传说与典故。

　　　　　　2.让学生掌握宫廷名菜、官府名菜、寺院名菜、少数民族代表名菜
　　　　　　的特点、原料选择、烹调加工以及制作关键。

课后拓展： 要求学生课后完成本次实验报告，并通过网络、图书等多种渠道查
　　　　　　阅方法，全面学习宫廷名菜、官府名菜、寺院名菜、少数民族代表
　　　　　　名菜的相关知识。

模块1 宫廷名菜

宫廷菜是阶级社会的产物, 起源可追溯到奴隶制社会。奴隶制社会的等级差别, 不仅表现在人们政治地位与经济地位方面, 同时也在饮食方面反映出来。如奴隶出身的宫廷厨师伊尹给商汤的一份食单中, 就汇集了当时天下近百种珍馐美味, 提出了烹调的基本理论和质量标准, 概括了水中的鱼虾、天上的飞禽、地上的走兽的特性, 提出了去其杂味的方法, 说明火候的重要性, 强调五味的性能和调味的顺序以及数量等。到了周代, 由于生产力的进一步发展, 宫廷菜的内容也更加丰富。《周礼》中不仅对原料的选择、鉴别、加工, 食物配伍、火候, 菜肴的色、香、味、形、器等质量要求, 均有较详细记载, 而且对膳食也有明确规定, "凡王之馈, 食用六谷, 膳用六牲, 饮用六清, 羞用百二十品, 珍用八物, 酱用百二十瓮"。周代宫廷菜对后世影响极深, 特别是"周八珍"一直被认为是宫廷菜的正宗、历代御膳之典范。早在周代, 宫廷菜风味就已形成初步规模。周代统治阶层很重视饮食与政治之间的关系。周人无事不宴、无日不宴。究其原因, 除周天子、诸侯享乐所需外, 实际上还有政治目的。通过宴饮, 强化礼乐精神, 维系统治秩序。正因如此, 周代的御膳种类与规格就很复杂, 就御膳的参加者及规模而论, 御膳席则有私席和官席之分。私席即亲友故旧间的聚宴。这类筵席一般设于天子或国君的宫室之内。官席是指天子、国君招待朝臣或异国使臣而设的筵席。这种筵席规模盛大, 主人一般以太牢招待宾客。《小雅·彤弓》写的就是周天子设宴招待诸侯的场面, 从其中"钟鼓既设, 一朝飨之"一句看, 官宴场面一般要列钟设鼓, 以音乐来增添庄严而和谐的气氛。"飨", 郑笺: "大饮宾曰飨", 足见御膳官席的排场相当之大。

"周代八珍"乃是后世之八珍筵席的先驱之作。其一, 《礼记·内侧》所列淳熬(肉酱油浇饭)、淳母(肉酱油浇黄米饭)、炮豚(煨烤炸炖乳猪)、炮牂(煨烤炸炖羔羊)、捣珍(烧牛、羊、鹿里脊)、渍珍(酒糟牛羊肉)、熬珍(类似五香牛肉干)和肝膋(网油烤狗肝)八种食品(或者认为是八种烹调法)。其二, "珍用八物"是指牛、羊、麋、鹿、马、豕(猪)、狗、狼。

明代宫廷菜十分强调饮馔的时序性和节令时俗, 重视南味。据《明宫史》记载: "先帝最喜用炙蛤蜊、炒海虾、田鸡腿及笋鸡脯, 又海参、鰒鱼、鲨鱼筋、肥鸡、猪蹄共烩一处, 名曰'三事', 恒喜用焉。"由于明代在北京定都始于永乐年间, 皇帝朱棣又是南方人, 其妃嫔多来自江浙, 故这一时期的南味菜点在御膳中唱主角。自洪熙以后, 北味在明宫御膳中的比重渐增, 羊肉成为宫中美味。据《明宫史》记载, 羊肉主要用于养生保健, 且多在冬季食用。另据《事物绀珠》记载, 明中叶后, 御膳品种更加丰富, 面食成为主食的重头戏, 且肉食类与前代相比, 不仅品种增加不少, 而且烹饪技法也有很大突破: "国朝御肉食略: 凤天鹅、烧鹅、白炸鹅、锦缠鹅、清蒸鹅、暴腌鹅、锦缠鸡、清蒸鸡、暴腌鸡、川炒鸡、白炸鸡、烧肉、白煮肉、清蒸肉、猪肉骨、暴腌肉、荔枝猪肉、糟子肉、麦饼鲊、菱角鲊、煮鲜肫肝、五丝肚丝、蒸羊。"可见, 御厨对各地美味的网罗及其自身烹调技术的提高是明宫御膳不断出新的前提。

"明代八珍"见于明代张九韶的《群书拾唾》: 龙肝(可能是娃娃鱼或穿山甲的肝, 或是蛇的肝, 也有的人认为是白马肝)、凤髓(可能是锦鸡的脑髓)、豹胎、鲤尾(并非鲤鱼尾, 因鲤鱼尾并没有任何特别之处, 既非稀有珍贵, 也没有什么特殊的味道, 很可能是穿山甲的尾, 因古时称穿山甲为"鲮鲤"）、炙（烤猫头鹰）、猩唇、熊掌和酥酪蝉（可能是高级酥酪，明·李日华《六研斋笔记》则谓"乃今之抱螺酥也。其形与螺形不肖，而酷似蝉腹"）。

清代的宫廷菜在中国历史上已达到了顶峰。御膳不仅用料名贵，而且注重馔品的造型。清宫御膳在烹调方法上还特别强调"祖制"，许多菜肴在原料用量、配伍及烹制方法上都已程式化。如民间烹制八宝鸭时只用主料鸭子加八种辅料；而清宫厨御烹制的八宝鸭，限定使用的八种辅料不可随意改动。奢侈靡费，强调礼数，这虽说是历代宫廷菜的共同点，但清宫御膳在这两方面表现得尤为突出。皇帝用膳前，必须摆好与其身份相符的菜肴，御厨为了应付皇帝的不时之需，往往半天甚或一天以前就把菜肴做好。清代越是到后来，皇上用膳就越铺张。有关资料显示，努尔哈赤和康熙用膳节约，乾隆每次用膳都要有四五十种菜肴，光绪帝用膳则以百计。因此，后期清宫御膳无论在质量上还是在数量上都是空前的。清宫御膳风味结构主要由满族菜、鲁菜和淮扬菜构成，御厨对菜肴的造型十分讲究，在色彩、质地、口感、营养诸方面都相当强调彼此间的协和归同。清宫御膳宴礼名目繁多，尤以千叟宴规模最盛，排场最大，耗资亦最巨。清代宫廷菜作为中华民族饮食文化登峰造极的产物，其用料上乘，制作精细，形色美观，味道极为鲜美，多山珍海味，糅合满汉，既有白煮烧烤，又可煎炒烹炸，技术较任何地方菜系更为全面。经历代御厨不断加以完善，使之品种繁多，味道的复合性与层次感强，口味以清鲜酥嫩见长。

据载，清代八珍，其一是"参翅八珍"，参（海参）、翅（鱼翅）、骨（鱼明骨，也称鱼脆）、肚（鱼肚）、窝（燕窝）、掌（熊掌）、筋（鹿筋）、蟆（蛤士蟆）。其二是"山水八珍"：熊掌、鹿茸、犀鼻（或象拔、犴鼻）、驼峰、果子狸、豹胎、狮乳、猴脑；水八珍：鱼翅、鲍鱼、鱼唇、海参、裙边（鳖甲壳外围的裙状软肉）、干贝、鱼脆、蛤士蟆。

秦汉以来，随着生产力的发展，海内外贸易的扩大，食物的来源更加丰富，烹饪的方法也更加多样，中央集权制的建立使皇帝具有至高无上的权势，使宫廷菜方得集天下之奇珍。不少民间和官府美味佳肴被纳入宫中。如唐朝大臣韦巨源写的《烧尾食单》即当时的官府菜，被当作唐宫的代表作。元朝，少数民族南下东迁，形成多民族的文化交融，少数民族的王府菜和历代宫廷菜融为一体呈现了新的面貌。元朝宫廷菜最大的特点是以羊为主，强调"食疗"，使中国烹饪技术与医疗密切结合，开创了"食疗"的先例。

清朝是我国最后一个封建王朝，也是宫廷菜发展的鼎盛时期。到了慈禧垂帘听政时期，更是盛极一时，山珍海味、干鲜果品等贡品每日飞马运送，令厨师精心烹制，花样无穷，一餐菜点百种以上。康乾盛世的"千叟宴""哨鹿宴"和"满汉全席"等，就是清朝大规模筵席的代表。可以说，清末时期的宫廷菜集数千年来中国菜肴与历代宫廷菜之大成，继承了各民族烹饪技艺之绝学，是祖国烹饪艺术宝库中一颗灿烂的明珠。但由于民族饮食习惯的不同，宫廷菜的形成和发展也不尽相同。

中华人民共和国成立后，特别是党的十一届三中全会以后，宫廷菜点有了很大发展，在北京、沈阳、西安、天津和曲阜等21个城市中，先后开设了仿唐、仿宋、清宫和孔府等专营御膳餐馆，并培养了一批烹制宫廷菜点的人才，为继承和发展宫廷菜奠定了基础。独具特色的宫廷菜点，受到中外宾客的欢迎和赞誉。

任务1　苏造肘子

图5.1　苏造肘子

1）菜品赏析

苏造肘子由苏州厨师张东官传入清宫。清宫膳单上有所谓的"苏灶"，即现在的苏造，全出自张东官所主理的厨房，本来地方菜少滋味而多油腻，张东官入宫后掌握了皇帝的饮食好恶，将地方菜加以改进，因此他做的菜，颇合皇帝口味。"苏造"遂誉满宫廷内外。

2）原料选择

猪肘子100克，姜100克，冰糖20克，黄酒20克，香菇20克，葱5克，甘草5克，陈皮5克，萝卜20克，药料1份，香料1份，酱油25克，精炼油等适量。

3）工艺详解

①先将猪肘子洗净，用火燎净毛，用刀去其骨，洗净。

②炒锅内倒入精炼油，用大火烧至七成热时，放入猪肘子炸成上色。

③另取锅，倒入清水，放入甘草、陈皮、姜、药料包、香料包煮10分钟，下入猪肘、萝卜用中火炖1小时出锅。

④猪肘放入砂锅中，加酱油、冰糖、香菇、黄酒、葱、清水（没过原料10厘米），用中火煨1小时，至汤尽时即可。

4）制作关键

①甘草是为了除去猪肘的异味，但放多了会味苦。桂皮、豆蔻等燥热之剂冬季用量宜多，夏季宜减少。

②猪肘抹上蜂蜜水再过油，颜色美观。

③砂锅底放一竹箅子以防煳锅。

5）思考练习

甘草在菜肴制作过程中起什么作用？

任务2　苏造肉

1）菜品赏析

此菜是清代宫廷中的传统菜。传说创始人姓苏，故名南府苏造肉。

2）原料选择

猪腿肉2500克，精盐50克，老卤2500克，猪内脏2500克，明矾5克，老汤500克，米醋100克。

3）工艺详解

①将猪腿肉洗净，切成12厘米见方的块；将猪内脏分别用明矾、盐、醋揉搓处理干净。然后将猪肉和猪内脏放入锅内，加清水以没过物料为准，先用大火烧开，再转小火煮到六七成熟时捞出，倒出汤，换入老卤，放入猪腿肉和内脏，继续煮到全部上了颜色后捞出猪腿肉，切成大片。

②在另一锅内放上竹箅，箅上铺一层骨头，倒入猪腿肉、内脏、老汤，以没过物料大半为宜，用大火烧开后，即转小火，煨好后，晾凉取出切片装盘即成。

图5.2　苏造肉

4）制作关键

①老卤：水5000克，酱油500克，精盐150克，葱、姜、蒜各15克，花椒10克，大茴香10克烧沸。撇清浮沫，凉后倒入器皿中贮存，每用1次后，可适当加清水、酱油、盐、沸水煮开后再用。

②老汤：以冬季为例，沸水5000克，酱油250克，盐100克烧开。香料包：丁香10克，官桂45克，甘草30克，砂仁5克，桂皮45克，肉果5克，蔻仁20克，肉桂5克，广皮30克，将香料包放入烧开的汤内煮出味即成，用后适量加料。

5）思考练习

①简述老卤调制工艺。

②简述老汤调制工艺。

任务3　万福肉

图5.3　万福肉

1）菜品赏析

慈禧太后60大寿的筵席上，御膳房各位厨师都大显身手敬献寿品。一位山东籍的赵姓御厨创制了此菜，经过蒸、煮、烹、炸、扣等多道工序，把猪五花肉中的肥油全部都炼了出来，使得猪五花肉肥而不腻，即使常吃也不会使人发胖。由于此菜名又有早立子的寓意，因此深受慈禧太后和她身边的妃子们喜欢，即兴题名"万福肉"。

2）原料选择

猪五花肉500克，菜心10棵，黄酒20克，精盐5克，冰糖60克，大葱10克，姜5克，红曲米水150克，鲜汤300克，味精2克，八角、湿淀粉、生抽、老抽、精炼油等适量。

3）工艺详解

①将猪五花肉洗干净后刮掉皮面上的污垢，放入清水锅中煮至八成熟后捞出。姜切片，大葱切成段备用。

②猪五花肉冷却后切成3厘米见方的块状，从每块肉的一边用刀横切，不断，片到角时转

刀再片,一直片到中心为止,然后再按原来的样子卷回来,把肉皮朝下整齐地码入碗中。

③在碗中加入精盐、黄酒、生抽、老抽、冰糖、葱段、姜片、八角、红曲米水以及鲜汤,放入锅中蒸熟烂后取出,将葱段、姜片、八角去掉,汤汁倒回锅内,肉扣入盘中,汤汁用大火烧开,放入适量湿淀粉勾芡,浇在菜品上即可。

4)制作关键

①猪五花肉坯料改刀要求大小均匀一致。

②刀工处理时,注意厚薄均匀。

③装盘反扣时,注意保持菜品的完整性。

5)思考练习

①为什么猪五花肉要先焯水后再剞刀?

②此菜在烹调过程中,要注意哪些方面才能使之酥烂且形状完整?

任务4　阿玛尊肉

图5.4　阿玛尊肉

1)菜品赏析

阿玛尊肉是满族传统风味菜,俗称"努尔哈赤黄金肉",据说是清太祖努尔哈赤时代传下来的。

2)原料选择

瘦嫩猪肉250克,香菜10克,葱10克,姜10克,芝麻油15克,黄酒10克,醋20克,酱油20克,湿淀粉25克,鸡蛋1个,味精2克,盐3克,白糖2克,花椒少许,精炼油等适量。

3)工艺详解

①将肉切成片,加入少量精盐、味精,用鸡蛋和湿淀粉将肉片抓浆。香菜切段,葱姜切丝。

②炒锅置火上,舀入精炼油,烧至180 ℃时,将已上浆的肉片放入油中炸至四成熟捞出。锅内留少许油,再将肉片倒入锅中煎到金黄。

③放入葱丝、姜丝、花椒、香菜段,旺火颠翻均匀,淋入黄酒、香醋、酱油、味精、芝麻油,翻匀装盘即成。

4)制作关键

肉片采用两次加热至熟的方法。在煎制过程中,要注意掌握火候,避免出现焦煳现象。

5)思考练习

先滑油再煎的目的是什么?

 **任务5 蟠龙菜**

1）菜品赏析

明代嘉靖皇帝朱厚熜赴京登基前，其老师特请名厨精心制作了一碗龙形菜为其钱行，寓意飞黄腾达，以祝贺天子登基。嘉靖帝食后赞不绝口，欣然命名为"蟠龙菜"，并将此菜做法带进宫廷。

2）原料选择

猪里脊肉500克，猪肥膘肉250克，鱼肉350克，鸡蛋（4个）清，鸡蛋皮3张，淀粉150克，鸡蛋3个，姜末5克，葱花5克，精盐7克，鲜汤50克，精炼油、味精、芝麻油等适量。

图5.5 蟠龙菜

3）工艺详解

①将猪里脊肉、猪肥膘肉剁成蓉，放盆内，加清水浸泡出血污，待肉蓉沉淀后沥干水，加精盐、淀粉、鸡蛋清、葱花、姜末，加清水，搅成黏稠肉糊。

②鱼肉剁成蓉，加精盐、淀粉搅上劲入味成黏糊状。

③鸡蛋摊成蛋皮。鱼蓉、肉蓉合在一起拌均匀，分别摊在鸡蛋皮上卷成圆卷上笼，在旺火沸水锅中蒸半小时，取出晾凉，切成3毫米厚的蛋卷片。取碗1只，用精炼油抹匀，将蛋卷片互相衔接盘旋码在碗内，上笼用旺火蒸15分钟取出翻扣入盘中。炒锅置火上，加鲜汤、盐、味精，勾芡，淋上芝麻油，点缀花饰即成。

4）制作关键

①浸泡后的肉蓉调制时，需加入鸡蛋（1个）清、精盐、淀粉和清水等搅拌。

②蛋皮要摊成直径45厘米的皮，蛋皮卷成长30厘米、宽4厘米、直径5厘米的卷，要卷得有弹性、滑软、无粉感。

③用碗蒸时，碗内要抹油，盘卷成形，入笼时火要大，水要沸，水蒸气足。

④此菜除用蒸法外还可用炸法，即将蒸好的蛋包肉卷切成二分厚的块盛碗，用鸡蛋、淀粉、面粉和清水拌匀上浆。下锅炸至金黄色时捞出，每块互相衔接盘旋地摆入盘内即成。

5）思考练习

①猪肉蓉泡水的目的是什么？

②蒸碗内壁抹油的目的是什么？

 任务6 改刀肉

1）菜品赏析

改刀肉是清道光年间的宫廷御膳品种，经八代相传，已有160余年的历史。

图5.6　改刀肉

2）原料选择

猪臀尖肉200克，水发玉兰片200克，口蘑25克，酱油40克，味精3克，葱5克，姜5克，蒜5克，冬笋丝10克，湿淀粉10克，黄酒10克，醋10克，鸡鸭汤25克，芝麻油5克，精炼油等适量。

3）工艺详解

①将猪肉片成大薄片，再切成火柴粗细的丝。玉兰片切成细丝，用沸水焯一下。葱、姜、蒜切成细丝备用。

②炒锅内加精炼油，烧至四成热，放肉丝煸炒，一边炒一边淋入少许油。肉丝中的水快干时，放入葱丝、姜丝、蒜丝及冬笋丝略炒，加入酱油迅速翻炒，呈现深红色后，加入玉兰片丝、冬笋丝、口蘑汤和鸡鸭汤略煨，加入味精、湿淀粉煸炒，滗出余油，烹黄酒和醋，淋芝麻油出锅。

4）制作关键

①刀工成形要均匀，掌握好火候，以煸干水为宜。

②玉兰片用毛汤煮半小时改刀，味道鲜美。

5）思考练习

图述猪的分档取料。

任务7　抓炒里脊

1）菜品赏析

抓炒里脊是宫廷"四大抓"之一。

2）原料选择

猪里脊肉200克，鸡蛋1个，酱油5克，黄酒10克，盐1克，白糖25克，醋10克，葱末、姜末各3克，姜汁8克，湿淀粉100克，鲜汤50克，精炼油等适量。

3）工艺详解

①把猪里脊肉切成长2.5厘米、宽2厘米、厚0.3厘米的菱形片，加入酱油、盐、黄酒腌制。

图5.7　抓炒里脊

②鸡蛋加入黄酒、姜汁、盐、湿淀粉调匀成全蛋糊。

③炒锅置火上，舀入精炼油，烧至七成热时，把腌制好的肉片挂上鸡蛋糊，过油炸至金黄色捞出控油。

④炒锅复置火上，留少许精炼油，放入葱末、姜末煸香，加入鲜汤、黄酒、白糖、盐、醋烧开，撇去浮沫，加入湿淀粉，汁稠浓时放入炸好的肉片，翻炒至芡汁均匀地包裹在肉片上即成。

4）制作关键

①此菜在进行刀工处理时不宜切得过薄，以免质老。

②调制蛋糊时，浓度要适宜，不能过稠。

③挂糊要均匀,把肉片全都包上,下入油锅时,油温一般要在三四成热,不宜过烫,以免发生脱糊现象。

④在口味上应以少糖为宜,在量上最好以食后盘内无汁为宜。

5)思考练习

①为什么肉片不能切得太薄?

②简述挂糊的操作要领。

任务8 抓炒腰花

1)菜品赏析

抓炒腰花是宫廷"四大抓"之一。

2)原料选择

猪腰300克,黄酒10克,白糖25克,湿淀粉150克,酱油15克,醋10克,葱末、姜末各5克,味精、盐适量,精炼油等适量。

3)工艺详解

①将猪腰洗净去膜,片成两半,分别将中间的腰臊片去,再剞花刀(先直刀,后斜刀),将每个猪腰切成8条,裹上湿淀粉。

图5.8 抓炒腰花

②炒锅置火上,舀入精炼油烧至八成热,将猪腰逐条放入油锅,避免粘连,大火继续升温,待油烧至九成热时,端到微火上继续炸约2分钟,捞出控净油。

③将酱油、黄酒、醋、白糖、味精、盐、葱末、姜末加少许湿淀粉兑成芡汁。

④另起锅,放少许精炼油,将葱末、姜末煸香后,倒入芡汁和腰花,颠翻均匀,至汁紧时淋少许明油即可。

4)制作关键

①猪腰含水量高,在烹调过程中注意时间的掌握。

②调制芡汁时,要注意比例,避免加热过程中出现过厚或太薄的现象。

5)思考练习

①猪腰的主要成分有哪些?

②产生腰臊味的主要原因是什么?

任务9 烧鹿筋

1)菜品赏析

清雍正皇帝还是亲王的时候,每年都带兵到长白山或木兰围场狩猎,而且每次都会收获许多猎物。雍正喜欢吃鹿筋。于是,士兵们把山鸡和鹿筋炖在一起,配上白菜和山上的野

图5.9　烧鹿筋

生枸杞。后来，御膳房厨师将烧鹿筋更加精细地处理后收入了菜单。

2）原料选择

鲜鹿蹄筋4根（重约500克），干贝10克，海米10克，水发香菇20克，火腿50克，猪里脊肉50克，老母鸡肉50克，笋片50克，油菜心2棵，黄酒20克，精盐5克，湿淀粉10克、鲜汤200克，味精4克，精炼油等适量。

3）工艺详解

①先用沸水将鹿蹄筋焯烫，去除异味，然后放入锅内，加入鲜汤、干贝、海米、香菇、母鸡肉、火腿、猪肉上火焖烂为止。捞出晾凉，上菜墩改刀切成长6厘米、宽1厘米的长条待用。

②炒锅注入鲜汤，烧沸后加入油菜心、香菇、笋片、火腿、味精、黄酒、湿淀粉、盐少许烧成浓汁，将鹿筋条投入汁内，烧沸后淋上明油，出锅即成。

4）制作关键

①鹿筋腥膻味处理。

②焖制火候和时间。

5）思考练习

①选鹿筋时，应注意哪些方面？如何去除鹿筋的异味？

②如何使菜品中的鹿筋口感软滑？

 任务10　炙金肠

1）菜品赏析

炙金肠乃宋代宫廷菜，《东京梦华录》记载："下酒排炊羊、胡饼、炙金肠。"北魏贾思勰《齐民要术·炙法》中记载有20多款菜肴的制作方法，其中不少炙品采取了涂料上色工艺。"炙金肠"即采用蛋黄涂色的方法，使菜肴外形美观，色泽艳丽，故有"金肠"之名。

图5.10　炙金肠

2）原料选择

羊肉（瘦七肥三）2500克，羊肠500克，鸡蛋（10个）黄，精盐75克，白糖100克，胡椒粉10克，葱花20克，姜末10克，白酒25克，醋250克，花椒水200克，芝麻油50克。

3）工艺详解

①羊肠用醋搅打，然后将肠衣翻转，再换醋加葱花10克搅打，待去除异味后，用清水洗净备用。

②羊肉洗净剁碎，加精盐、白糖、胡椒粉、葱花10克、姜末、白酒、花椒水、芝麻油调料腌制入味，装入肠衣内，两头用细绳扎紧，每隔20厘米用细绳系成段，挂在通风处晾7天左右。

③炙时, 将羊肠切成20厘米长的段, 用竹签从一头穿入, 在木炭火上炙烤。烤至半熟时, 用刷子将蛋黄均匀地涂在羊肠上, 一边烤一边涂。烤至内馅已熟, 色呈黄色时取下竹签, 斜刀切成象眼块, 装盘上席即成。

4) 制作关键

①肠衣必须洗净, 除去异味。

②肠馅不宜剁得过碎, 更不能斩成泥。

③一边烤一边刷蛋黄, 呈金黄色, 不负"金肠"之名。

5) 思考练习

①羊肠去异味的方法有哪些?

②烤制过程中, 应怎样避免"金肠"爆裂?

任务11 掌上明珠

1) 菜品赏析

掌上明珠创制于清代。乾隆年间, 宫廷及地方官府盛行鸭菜。鸭掌因清鲜细腻, 脆韧适口, 颇受食者欢迎。以鸭掌制菜, 首先出现于江苏扬州和苏州, 当时较为盛行的是"拌鸭掌""烩鸭掌"等。清代后期, 江苏地区的厨师又用鸭掌煮熟出骨, 铺上一层虾蓉, 再放上一层鸽蛋, 烹制成菜。因为该菜取用鸭掌与珍贵鸽蛋烹制, 人们将它视为菜中上品, 所以定名为"掌上明珠"。该菜造型美观, 色泽明艳, 韧嫩结合,

图5.11 掌上明珠

滋味鲜美, 堪称席上佳肴, 盛行各地, 后来进入宫廷, 成为清宫名菜。

2) 原料选择

鸭掌10只, 鸽蛋10只, 虾仁100克, 黄酒5克, 精盐20克, 味精1克, 干淀粉5克, 湿淀粉15克, 鲜汤150克, 精炼油等适量。

3) 工艺详解

①将鸭掌加入温开水中浸泡, 剥去外衣, 用刀刮去鸭掌黑黄的斑点。洗净后入沸水锅中略焯取出, 再用清水洗净, 去除异味。放入鲜汤锅煮酥取出, 冷却后, 拆去鸭掌骨。

②虾仁洗净沥干, 放在干净的砧板上, 用刀斩成虾蓉, 放入碗中加黄酒、味精、精盐、干淀粉拌和上劲, 成为虾胶。将鸽蛋放入冷水锅中煮熟, 取出用冷水浸一下, 再剥去蛋壳。将鸭掌放在盘里, 涂上虾胶, 然后嵌上1只鸽蛋, 上笼旺火蒸5分钟左右, 至虾胶成熟后取出放在盘中。

③炒锅洗净, 加鲜汤烧开, 加精盐、味精, 用湿淀粉勾薄芡, 淋上精炼油, 均匀地浇在10只鸭掌上。再用炒熟的豆苗、小青菜等绿叶菜围边即成。

4) 制作关键

①鸭掌熟而不烂, 保持其形状完整。

②制作虾胶, 顺一个方向搅拌上劲, 粘牢鸭掌, 使其不脱掉。

5）思考练习

虾胶的制作工艺流程是怎样的？

任务12　宫门献鱼

图5.12　宫门献鱼

1）菜品赏析

　　清康熙于康熙九年（公元1670年）南下，途经"宫门峰"，品尝了当地美食"腹花鱼"。因此菜和地名不符，一时兴起便更名为"宫门献鱼"，最后落款"玄烨"二字。不久，江浙总督路过此地，见这家店门挂着的牌子，大吃一惊，就问店小二这牌子的来历，听罢惊呼："果真是当今天子所书！"店小二一听是当今皇上御笔，又惊又喜，赶紧跪倒在牌子面前，高呼"谢主隆恩"。打这以后，凡是路过此处的行人，都要到店里尝尝"宫门献鱼"这道菜。

2）原料选择

　　活鳜鱼1500克，鸡脯肉200克，青豆30克，火腿蓉25克，鲜汤150克，鸡蛋清50克，猪肥肉丁50克，豆瓣酱40克，精盐5克，白糖15克，葱段15克，湿淀粉30克，姜末10克，黄酒30克，精炼油等适量。

3）工艺详解

　　①鳜鱼去鳞、内脏，洗净，将鳜鱼头、尾取下，鱼中段去骨，取净肉，切成长方片，用黄酒、姜末、盐略腌。鸡脯肉蓉中加入鸡蛋清、黄酒、精盐等，调好味，抹在鱼片上，再用青豆镶上做门丁，火腿蓉点缀成门环，上笼蒸5分钟取出。

　　②鱼头、尾用油炸透，砂锅加精炼油，放入肥肉丁、葱段、姜末、豆瓣酱炒透，烹入黄酒、白糖、精盐、清水，放入炸好的鱼头、鱼尾，烧10分钟，取出装在鱼盘两头，鱼片码在中间，鱼汁旺火收浓浇在鱼头、鱼尾上。鲜汤调好味烧开，淋入淀粉汁浇在鱼片上即可。

4）制作关键

　　①烧鱼时豆瓣酱不可多加，否则会发黑且偏咸。

　　②鱼摆入盘中，汁芡不宜多，否则易串味。

5）思考练习

　　鳜鱼在什么季节最肥？

任务13　抓炒鱼片

1）菜品赏析

　　抓炒鱼片是北京仿膳饭庄厨师按照清宫御膳房的抓炒技法烹制成的一道名菜。关于"抓炒鱼片"还有一段故事。据说，有一次慈禧太后用膳时，在面前的许多道菜里，独独挑中一盘金黄油亮的炒鱼片，觉得分外好吃。她把御膳厨王玉山叫到跟前，问他叫什么菜，王玉山急中生智，答曰"抓炒鱼片"。从此"抓炒鱼片"一菜便成为御膳必备之菜。

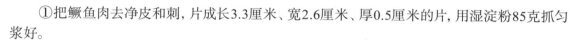

图5.13 抓炒鱼片

2）原料选择

鳜鱼肉150克，白糖15克，湿淀粉100克，葱末2.5克，酱油10克，姜末2.5克，黄酒7.5克，香醋5克，味精1克，精炼油等适量。

3）工艺详解

①把鳜鱼肉去净皮和刺，片成长3.3厘米、宽2.6厘米、厚0.5厘米的片，用湿淀粉85克抓匀浆好。

②将精炼油倒入炒锅中，置于旺火上烧到八成热时，将浆好的鱼片逐片放入油锅内炸制。待表面呈现金黄色时捞出，沥干油脂。

③酱油、醋、白糖、黄酒、味精和湿淀粉15克一起调成兑汁芡。

④炒锅复置火上，舀入适量精炼油，置于旺火上烧热，先加入葱末、姜末煸炒出香，再倒入调好的芡汁，待芡汁糊化时，放入炸好的鱼片，颠翻均匀，淋油装盘即成。

4）制作关键

①主料一定要用新鲜的鳜鱼或鲤鱼。

②在正常油温下，炸2~3分钟，即可炸熟炸透。炸熟的标准为鱼片挺起，呈金黄色，浮上油面，此时用手勺搅油，发出响声，即为鱼肉熟透的标志。

③将味道调成酸甜咸鲜，糖酸比一般菜少，兑汁时正确的糖、醋、酱油比例为6:3:2。

④鱼片易碎，菜品制作过程中应注意保持鱼片的完整造型。

5）思考练习

①淡水鳜鱼与海水鳜鱼有何区别？

②糖醋味的调制比例是多少？

 任务14 红娘自配

图5.14 红娘自配

1）菜品赏析

清朝同治年间，清宫御膳房有三位著名厨师，都姓梁，人称"三梁"。梁会亭是"三梁"之一。此人烹饪技术高超，"红娘自配"这一流传百年的名菜就是出自梁会亭之手。

2）原料选择

大虾8只（约300克），猪里脊肉150克，鸡蛋清100克，干淀粉80克，面粉15克，笋丁25克，海参丁25克，冬菇丁25克，熟火腿末25克，咸面包丁100克，香菜叶10克，黄酒5克，湿淀粉10克，精盐3克，味精2克，胡椒粉1克，白糖5克，番茄酱10克，精炼油等适量，鲜汤100克。

3）工艺详解

①大虾摘去头，剥去壳，留下虾梢，在虾背上划一刀，抽出虾背上的肠线，用刀拍成大片，放入碗内，加精盐、味精、胡椒粉、腌制待用。

②将猪肉剁成蓉，先加入精盐、味精、黄酒搅拌至起胶，再加入干淀粉15克，拌匀成肉蓉。将肉蓉夹在虾片中，然后裹紧，包成半圆形的虾盒，拍上面粉。

③把鸡蛋清打散，加入余下的干淀粉拌匀成蛋清糊。

④炒锅置火上，倒入精炼油，烧至140 ℃时，取虾盒用手提尾，蘸上蛋清糊后放入油锅内，在油未炸制的一面撒上一些火腿末，然后翻身，继续炸至熟透。捞出沥去油，呈放射状排放在盘子的四周。再将面包丁下入油锅炸至色泽金黄、口感酥脆时捞出，沥去油放在盘子中间，撒上香菜叶。

⑤炒锅复置火上，锅内留少许油，下笋丁、海参丁、冬菇丁和鲜汤，加入精盐、味精、白糖、番茄酱，烧开后用湿淀粉勾芡，加入精炼油后出锅，盛入碗内，与虾盒一同上桌，上桌后立即把辅料连芡汁浇在面包丁上即成。

4）制作关键

①虾肉拍片时，注意形状要完整。

②面包丁不可选甜面包做。

5）思考练习

①此菜的配料有何特色？

②烹制过程中如何把握火候和调味？

任务15　佛跳墙

图5.15　佛跳墙

1）菜品赏析

佛跳墙传入清宫后，由于南方菜的特点比较突出、海产品比例太大，并不能完全博得皇室的喜欢。于是御膳房管事令满族厨师按照满族饮食习惯对其加以改进，在保留制作工艺的基础上增添了满皇族喜欢吃的鹿肉、飞禽等野味。

2）原料选择

水发鱼翅150克，水发鱼唇80克，水发刺参80克，油发鱼肚50克，鹿肉80克，光母鸡半只（约500克），金钱鲍6只，水发猪蹄筋50克，猪蹄1只，猪肚60克，净鸭肉100克，净火腿肉100克，鸽蛋12个，水发干贝50克，水发香菇20克，净冬笋20克，黄酒50克，葱段10克，姜片10克，味精10克，鲜汤800克，精盐4克，精炼油等适量。

3）工艺详解

①将水发鱼翅去沙，剔整排放在竹箅上并包起来，加入葱段、姜片、黄酒下沸水锅，煮10分钟取出，放碗内，上笼屉用旺火蒸1小时取出，滗出卤汁。

②将鱼唇切成6厘米长、5厘米宽的块，加入葱段、黄酒、姜片下沸水锅，煮10分钟捞出，挑

出葱段、姜片。

③金钱鲍放进笼屉，用旺火蒸至软烂取出，洗净后每个片成两片，剞上十字花刀，盛入小盆，加鲜汤、黄酒，放进笼屉旺火蒸30分钟取出，滗去蒸汁。鸽蛋煮熟，去壳。

④将猪蹄拔净毛，洗净，斩成3厘米见方的块。将鸡、鸭切成3厘米见方的块，将鹿肉切成4厘米见方的块与猪蹄放入沸水中烫洗，捞出。

⑤将水发刺参洗净，每只切为两片。将水发猪蹄筋洗净，切成6厘米长的段。净火腿肉加清水150克，上笼屉用旺火蒸30分钟取出，滗去蒸汁，切成厚约1厘米的片。将冬笋放沸水锅中氽熟捞出，切成大片，油发鱼肚放入清水中净透取出，切成5厘米长、2厘米宽的块。

⑥炒锅置火上，放入精炼油，将葱段、姜片入锅中炒出香味后，放入鸡块、鸭块、鹿肉、猪蹄、猪肚块炒几下，加入精盐、黄酒、鲜汤，加盖煮20分钟后，挑出葱段、姜，起锅捞出各种原料盛于盘中，汤汁待用。

⑦取一只大煲，加入清水，底部垫上竹算。先将鸡块、鸭块、鹿肉、猪蹄、猪肚块及水发香菇、笋片、鱼翅、干贝、鲍鱼片放入，鸡块、鸭块垫底，倒入鲜汤，盖上盖，用荷叶封住坛口，置火上，小火煨2小时后，启盖加入火腿片、刺参、鸽蛋、猪蹄筋、鱼唇、鱼肚、精盐，封好坛口，再煨30分钟，端离火口即成。

4）制作关键

①各种主配料要处理干净。

②煨制时，火力不宜太大。

5）思考练习

①各种原料之间的比例是多少？

②原料入锅的次序是怎么样的？

任务16　抓炒大虾

1）菜品赏析

抓炒大虾是清宫"四大抓"之一。

2）原料选择

鲜大虾400克，鸡蛋1个，精盐3克，香醋15克，白糖10克，黄酒5克，葱10克，姜5克，湿淀粉50克，芝麻油5克，鲜汤20克，精炼油适量。

3）工艺详解

①将大虾去头、去壳，挑出虾肠线，在清水中洗净泥

图5.16　抓炒大虾

沙，用刀片切成长5厘米、厚8毫米的薄片，放入碗内，加黄酒和少许精盐抓匀后腌制片刻。

②鸡蛋打散，加入腌好的虾片，再放入湿淀粉抓拌均匀，同时取小碗1只，加入鲜汤、香醋、白糖、精盐、湿淀粉调成芡汁。葱、姜切末待用。

③炒锅置火上，倒入精炼油烧至五成热时，将虾片放入锅内炸制，见表面稍硬时，捞出控油，待油烧至八成热时，放入虾片复炸，表面呈现金黄色捞出。

④锅留少许精炼油,先放入葱末、姜末煸香,再将调好的味汁倒入锅中,加热至微稠时,立即倒入虾片,迅速颠翻均匀,淋入芝麻油出锅即成。

4)制作关键

制作此菜时,动作要快,时间要短,否则虾片易变老而影响成品质量。

5)思考练习

虾片复炸有何目的?

任务17　罗汉菜心

图5.17　罗汉菜心

1)菜品赏析

据传,晚年的慈禧既想信佛,却又嫌素菜无味。厨师想尽办法,给她做了一些名为素菜,实则是荤腥的"花斋"。"罗汉菜"就是其中一例。

2)原料选择

油菜心250克,鸡蛋(1个)清,鸡脯肉250克,干淀粉50克,金华火腿末50克,精盐5克,豌豆苗10克,鲜汤250克,黄酒10克,熟鸡油10克。

3)工艺详解

①将油菜心洗净,在每棵菜心根部劈一个十字花刀,放入沸水中焯烫至翠绿、断生(水中加精盐1.5克),捞出逐棵蘸上干淀粉。

②先将鸡脯肉剁成蓉,用凉鲜汤100克调匀,再加入鸡蛋清、精盐2.5克、黄酒5克、熟鸡油5克,拌成鸡蓉,用手挤成一个个半圆球形,分别瓤在每棵菜心根部,上面用豌豆苗和火腿末加以适当点缀。然后上笼屉用旺火蒸熟,放在盘中。

③将炒锅放在旺火上,倒入鲜汤150克烧开,下入黄酒5克、精盐1克,用余下的干淀粉调稀后勾薄芡,先淋上熟鸡油5克,然后浇在油菜心上即成。

4)制作关键

①鸡蓉用力顺一个方向打上劲,挤成小拇指大小的丸子。

②丸子可以先蒸熟后再瓤入菜心。

5)思考练习

如何制作熟鸡油?

任务18　八宝豆腐

1)菜品赏析

八宝豆腐是清朝康熙年间的宫廷名菜。康熙在位时十分喜食质地软嫩、口味鲜美的菜肴。清宫御厨便经常用鸡、鸭、鱼、肉去骨制成菜肴，满足康熙皇帝的要求。有一次，御膳房用优质黄豆做成的嫩豆腐，加肉末、火腿末、香菇末、蘑菇末、松仁末，用鲜汤烩煮成羹状，康熙品尝后，感到豆腐鲜嫩，口味鲜美异常。

图5.18 八宝豆腐

2）原料选择

嫩豆腐300克，熟鸡肉30克，熟火腿25克，松仁末15克，蘑菇末15克，虾米15克，瓜子仁2.5克，水发香菇15克，盐10克，味精1克，精炼油50克，熟鸡油15克，黄酒10克，胡椒粉1克，湿淀粉50克，鲜汤150克。

3）工艺详解

①将豆腐用清水洗净，去边，切成小方块放入碗内。虾米加酒稍浸，将熟鸡肉、火腿切成末。

②炒锅烧热，润锅后，舀入精炼油，将鲜汤和豆腐块同时倒入锅内，加虾米末、盐烧开后，加鸡肉末、香菇末、蘑菇末、瓜子仁末、松仁末，小火稍烩，旺火收紧汤汁，加湿淀粉勾芡，加味精出锅装汤碗内，撒上熟火腿末、胡椒粉，淋上熟鸡油即成。

4）制作关键

①豆腐丁可先用沸水焯过，既可除去异味，又可保持形整不碎。

②选用嫩豆腐，必须用鲜汤煨煮，火候要掌握恰当，当豆腐下锅加汤接近烧沸时，即移小火烩，切勿滚烧，要做到豆腐熟而光洁不起泡，不起蜂孔，嫩而入味。

5）思考练习

①豆腐丁焯水的目的是什么？

②嫩豆腐为什么不能大火久煮？

任务19　散烩八宝饭

图5.19 散烩八宝饭

1）菜品赏析

散烩八宝饭有着悠久的历史，最早可追溯到公元前的周王朝。当时，周武王在八个贤臣谋士的帮助下，一举消灭了殷商王朝。在隆重的庆典上，宫厨用八种珍品制成一种美馔入席，寓意为"周八士火焚殷纣王"。这就是传说中八宝饭的由来。直至清末，八宝饭一直被视为宫廷珍品，但清末才真正由蒸制改为散烩。慈禧太后御膳房的御厨肖岱掌握了"散烩八宝饭"的绝技。

2）原料选择

糯米1500克，糖桂花250克，莲子750克，蜜橘饼250克，红枣1250克，白糖1000克，薏仁米500克，湿淀粉25克，蜜冬瓜条500克，蜜樱桃250克，精炼油等适量。

3）工艺详解

①将莲子去皮捅去莲心，薏仁米淘洗干净，红枣去核，分别蒸熟。蜜冬瓜条、橘饼切碎。

糯米入水中浸泡洗净,捞出沥干蒸熟,加白糖、精炼油拌匀。

②将莲子、红枣、薏仁米、蜜橘饼、蜜冬瓜条、糖桂花分别放在碗中,将拌好糖的熟糯米盖在上面,入笼蒸透成八宝坯。

③炒锅置中火上,放入清水、白糖,下入八宝坯一起拌和烧沸,待白糖溶化,加入精炼油反复推动,然后用湿淀粉勾薄芡,盛入盘中,撒上蜜樱桃,用橘瓣装饰菜的周围即成。

4）制作关键

糯米洗净,水泡4小时,让其充分吸收水分,沥干蒸熟,拌以糖和精炼油,软糯可口。

5）思考练习

①菜品中的八宝分别是什么?

②糯米浸泡的目的是什么?

任务20　长寿菜

图5.20　长寿菜

1）菜品赏析

烧香菇是明朝宫廷名菜。香菇是食用菌中的上品,素有"蘑菇皇后"之称。香菇含有30多种酶和18种氨基酸。人体所需要的8种氨基酸,香菇含有7种。每100克干香菇含有蛋白质13克,还含有其他各种营养成分。香菇历来是素菜之冠,早在战国时期就作为菜中美味,在《吕氏春秋》中就有"味之美者,越骆之菌"的记载。到了明朝,香菇成为宫廷中著名"长寿菜"。

2）原料选择

水发香菇200克,冬笋100克,鲜汤100克,芝麻油10克,湿淀粉2克,白糖3克,酱油3克,味精2克,精炼油适量。

3）工艺详解

①将香菇去蒂,用清水洗干净。将冬笋切成长4厘米的薄片。

②炒锅烧热,倒入精炼油烧至六七成热时,将冬笋片先入锅煸炒,然后下香菇,加酱油、白糖、味精和鲜汤。旺火烧开,移小火焖煮15分钟左右,至香菇软熟,吸入卤汁涨发时,移旺火上收紧卤汁,用湿淀粉勾芡,淋上芝麻油出锅装盘。

4）制作关键

香菇要清洗干净,防止泥沙残留影响口感和食用安全。

5）思考练习

勾芡过程中有哪些注意事项?

任务21 炒黄瓜酱

1）菜品赏析

炒黄瓜酱历史悠久,是清代宫廷风味名菜。据说清朝初年,清兵进攻中原,战事异常频繁。当时士兵往往来不及搭灶做饭,就把生肉用火烧熟,切成小方丁,随身携带,吃时掺一些青菜,用酱拌食。后来,清宫御膳房的厨师就将此菜加以改进,将"拌"改为"炒",使这道菜更有滋味了。厨师还按季节不同,分别制出"炒胡萝卜酱""炒豌豆酱""炒榛子酱",之后一直作为清宫中的家常菜,流传至今,号称"四大酱",与"四大抓"齐名。

图5.21 炒黄瓜酱

2）原料选择

嫩黄瓜150克,瘦猪肉150克,精盐0.5克,葱末1克,酱油5克,味精3克,姜末1克,黄酒5克,黄酱7.5克,湿淀粉5克,芝麻油15克,精炼油等适量。

3）工艺详解

①将黄瓜洗净,选用尾端籽少的部分切成1厘米见方的丁,用精盐拌匀,腌出黄瓜中的水,滗出不要。猪里脊肉也切成1厘米见方的丁。

②将精炼油倒入炒锅内,置于旺火上烧热,放入肉丁煸炒干,炒制肉的颜色由浅变深。随即加入葱末、姜末和黄酱炒2~3分钟,待酱味浸到肉中后,放入黄瓜丁、黄酒、酱油、味精略炒。用调稀的湿淀粉勾芡,再淋上芝麻油,翻炒几下即成。

4）制作关键

①黄瓜选用春黄瓜,此时的黄瓜质地细嫩、味道鲜美,带有自然的、本身特有的鲜味,并且含有丰富的营养成分。

②炒时要不断地翻、推、搅、拌,如锅内的汁被烧干,可加入少许猪骨汤或水,以防粘锅。

5）思考练习

①春黄瓜有何特点?

②炒制过程中,为什么要不停颠翻原料?

 ## 任务22 炒榛子酱

1）菜品赏析

据传,慈禧太后垂帘听政期间,日夜操劳,御膳房的大厨们担心老佛爷常食腌制酱菜会坏了身体,在不违背清太祖"以酱代菜"的祖训定规下,采用蔬菜、猪肉、山珍等原料混合配制,现炒现吃而得来。

图5.22　炒榛子酱

2）原料选择

猪里脊肉300克，生榛仁150克，荸荠2个，水发香菇50克，黄酱10克，酱油3克，味精3克，芝麻油10克，黄酒5克，葱8克，姜5克，精炼油等适量。

3）工艺详解

①将猪里脊肉切成的小肉丁，将荸荠、香菇切成相同大小的方丁。

②生榛仁去皮，炸成金黄色。

③炒锅内放入精炼油，烧热后，先放入肉丁煸炒，然后加入葱、姜、黄酱，煸炒出香味后，放入黄酒、味精、酱油和炸好的榛仁、荸荠丁、香菇丁，炒尽汁水，淋入芝麻油，装盘。

4）制作关键

①榛子仁的皮一定要去尽。

②炒酱时要用中小火，炒出香味后，再放入荸荠、香菇。

③此菜不需要勾芡。

5）思考练习

①榛子仁去皮的方法有哪些？

②荸荠在菜肴制作过程中的作用是什么？

模块2　官府名菜

中国菜因历史悠久、技术精湛、品类丰富、流派众多、风格独特等特点而举世闻名。官府菜是在中国菜的基础上出现和发展起来的，其形成有着一定的土壤。旧时中国官府讲求美食，并各有拿手好菜，以招待同僚或比自己职位高的官员。

官府菜又称官僚士大夫菜，包括一些出自豪门之家的名菜。官府菜在规格上一般不得超过宫廷菜，而又与庶民菜有着极大的差别。唐代黄升"日烹鹿肉三斤，自晨煮至日影下门西，则喜曰：'火候足矣！'如是者四十年"。贵族官僚之家生活奢侈，资金雄厚，原料丰富，这是形成官府菜的重要条件之一。

官府菜起源于昔日深闺大宅中的名厨佳肴，官府、大宅门内，都雇有厨师，吸收全国各地的风味菜。当年高官巨贾"家蓄美厨，竞比成风"，因此形成官府菜。官府菜讲究用料广博益寿，制作奇妙精致，味道中庸平和，菜名典故雅趣，筵席名目繁多且用餐环境古朴高雅。官府菜主要分为以下几种：孔府菜、东坡菜、云林菜、随园菜、谭家菜、段家菜、红楼菜，其中最具代表性的三家是：北方的谭家菜，中部的孔府菜，江南的红楼菜。

谭家菜产生于北京，由清朝末年京城官僚谭宗浚的家人所创，是中国著名的官府菜之一。谭家菜的四大特点是咸甜可口，南北皆宜；原汁原味，软嫩鲜美；慢火足时，粗料细做；选料精当。

孔府菜诞生于山东曲阜孔子家族，至今已有2500余年历史。"燕菜席是孔府中规格较高的一种筵席。以燕菜为首菜，用以送圣或款待王公大臣等高级官员。曾用'琼浆燕菜'进献乾隆皇帝。"

红楼菜孕育于南京、苏州、扬州一带，是江南官府菜的典型代表。曹雪芹在《红楼梦》中写了许多美味食品，因为这是他从小在南京一带生活中亲自品味过的，有些美食是他亲眼看到、亲耳听到、亲手学到的，所以写得非常细致入微。《红楼梦》中的美食文化，是曹雪芹把中华民族古代物质文明和精神文明有机结合起来，经过艺术加工创造出来的结晶。

任务23　红烧鱼皮

1）菜品赏析

　　红烧鱼皮是著名的珍馐。唐宋年间已传入，史料多有载录。宋人苏颂《图经本草》云："其（鲨鱼）皮刮治去沙，剪作鲙，为食品美味，食之益人。"据孔府中的史料记载，清乾嘉年间，孔府中即以此为珍品治馔，用以款待高贵客人。

图5.23　红烧鱼皮

2）原料选择

　　水发鱼皮500克，味精2克，白糖25克，湿淀粉25克，葱段50克，鸡油3克，糖色10克，酱油25克，蒜片5克，芝麻油25克，黄酒3克，精盐4克，鲜汤500克，精炼油等适量。

3）工艺详解

　　①将鱼皮改成长4厘米、宽1.5厘米的长方片，用沸水氽透，捞出用清水漂净，反复氽2遍，将水挤净。

　　②炒锅内加入鲜汤50克、葱段15克、蒜片2.5克、黄酒1.5克，放入鱼皮用旺火烧开，改慢火煨透入味捞出。

　　③炒锅内加入精炼油，中火烧至六成热，加葱段15克、蒜片2.5克煸炒出香味，至金黄色捞出备用，再加黄酒、鲜汤450克、酱油、白糖、糖色、精盐、味精、鱼皮等烧开，撇去浮沫，用微火煨透，加湿淀粉勾成浓溜芡，淋上鸡油、芝麻油，翻锅盛入盘内即成。

4）制作关键

　　将干鱼皮下入沸水锅内，小火焖煮到能煨沙时，将锅离火，待水温凉时搓洗，去净沙粒，刮净黑迹，洗净，再进行焖煮，待其发软时，捞在凉水内冲泡，修去腐朽边沿，仍用凉水浸泡。

5）思考练习

　　①鱼皮的种类有哪些？

　　②详述鱼皮的发料过程。

任务24　烤花揽鳜鱼

1）菜品赏析

　　鳜鱼是孔府菜中的上乘原料，烹制方法多样，各有特色。这不仅因为其味道鲜美，营养丰

图5.24　烤花揽鳜鱼

富，由于鳜鱼谐"贵余"之音，寓"富贵有余"之意，因此历代孔府每逢举行喜庆宴会，鳜鱼佳肴必定上席。

2）原料选择

鳜鱼1条（约1000克），鸡胸肉100克，猪肥膘25克，水发干贝15克，水发香菇10克，火腿50克，猪五花肉50克，水发海参15克，鸡蛋清1个，净冬笋10克，猪网油1张，面粉150克，黄酒50克，精盐5克，葱段2克，花椒10粒，姜片1克。

3）工艺详解

①将鳜鱼刮去鳞，剁去脊翅、划水，从口中取脏（用筷子从口中将内脏拧出，以保持鱼体完整），冲洗干净，用手提着鱼嘴在沸水中速烫，放入凉水里过凉，轻轻刮去黑皮斑痣，用刀将鱼嘴下巴划开，置于盘中，加黄酒30克、精盐3克、葱段、姜片、花椒腌制约15分钟，入味备用。

②先将鸡胸肉剔去筋，然后和猪肥膘一起剁成细泥，加鸡蛋清、黄酒10克，精盐1克，搅匀成鸡蓉备用。将猪五花肉、香菇切成0.7厘米见方的丁和干贝混合，加黄酒10克、精盐1克，腌制3分钟。将火腿切成6厘米长、2厘米宽、0.3厘米厚的片。

③猪网油片去厚筋，修整四边备用。面粉加清水和成糊，备用。

④将腌制过的鳜鱼提起，去掉葱段、姜片、花椒。把鱼口撑开，将拌好的各种配料丁装入鱼腹，用细绳捆好鱼嘴。在鱼背的每个坡刀口里嵌上一片火腿，再抹上鸡蓉。将鱼放在猪网油上，四周包好，蘸匀面糊，放在铁架子上。置于木炭火上慢火烤制，先烤正面，后烤背面。烤时会出现气体冲破面皮的情况，要随时将破裂处用面糊糊好。这样烤制约1小时后，取出放在盘内，揭开面皮、猪网油，解开捆鱼嘴的绳即成。

4）制作关键

将鳜鱼洗净，先用调味料腌制，使其入味，然后用小火慢慢烤熟。

5）思考练习

①本菜肴与"叉烤鳜鱼"有哪些区别？

②简述淡水鳜鱼和海鲈鱼的异同点。

 任务25　烧秦皇鱼骨

1）菜品赏析

烧秦皇鱼骨是孔府早期的一道名菜。西汉景帝三年，皇帝刘启将其子刘馀封为鲁王。鲁王在治宫中，发现了孔鲋偷藏的这批经典书籍，重新加以保存。金代，为了纪念孔鲋藏书，在孔庙的孔子住宅，修建了"金丝堂"，后来又重建"鲁壁"。在孔府厨师烹制以鳜鱼与水发鱼骨为原料的菜肴后，将此菜称为"烧秦皇鱼骨"。

图5.25　烧秦皇鱼骨

2）原料选择

水发鳇鱼骨100克，鳜鱼中段250克，甜面酱15克，冬菇2克，笋2克，蒜瓣25克，盐15克，葱3克，姜2克，酱油30克，花椒油50克，鲜汤150克，湿淀粉30克，黄酒、精炼油等适量。

3）工艺详解

①将鳜鱼中段去脊骨片成两片，在鱼外面划三至四刀。将鱼骨切成长条，放入烧开的鲜汤中复味，捞出沥干水，将鱼骨夹在鳜鱼的刀口中，加酱油、湿淀粉调匀拌好。

②蒜瓣用竹签串成两串。炒锅置火上，舀入精炼油，烧至六成热，放入蒜瓣串炸黄捞出。继续烧至七成热时，放入鱼段，炸成金黄色时捞出，沥去油。

③另取炒锅烧热，加入精炼油，烧热后放葱、姜炸香捞出，放入甜面酱，煸炒出香味后，加酱油、鲜汤，烧沸后，盛入碗内，将蒜瓣串摆放在鱼肉上，入笼中蒸约10分钟取出，复扣在汤盘中，取出蒜串不要，把汤水滗到炒锅内。

④炒锅放火上，烧开后加盐、黄酒、冬菇、笋片，淋上花椒油，浇到汤盘中即成。

4）制作关键

①鱼骨又称明骨，若以鳇鱼之骨入馔，乃是孔府正宗风味。

②鳜鱼选料必须鲜活，孔府菜十分讲究，死鱼不上桌。

5）思考练习

花椒油在菜肴制作过程中有何作用？

任务26　紫酥肉

1）菜品赏析

紫酥肉是孔膳名肴，色呈酱紫色，酥松软烂，醇香浓厚。这紫色厚味，恰与孔府"同天并老""安富尊菜"的气派相烘托，故名"紫酥肉"，并被列为传统佳肴。

2）原料选择

带皮猪五花肉500克，青萝卜25克，葱白100克，姜10克，花椒10克，酱油20克，甜面酱25克，黄酒50克，精盐3.5克，精炼油等适量。

图5.26　紫酥肉

3）工艺详解

①将大葱白洗净，剥去外皮，一劈为二，然后切长段。青萝卜洗净，切成与葱白同长的条。姜洗净，切片，甜酱、葱段、萝卜条分别盛在2只小吃碟里。将带皮猪五花肉切成7厘米长、2.5厘米厚的长条。

②将猪五花肉条放沸水锅内，煮至八成熟时，捞出凉透，放入碗内，加入精盐、黄酒、酱油、葱段、姜片、花椒等，上笼蒸至熟烂时取出晾凉。

③炒锅置火上，下入精炼油，待油温烧至七成热时，移至微火上，将肉放入油锅炸制，待呈紫红色时捞出，皮朝下放在菜墩上，将上面一层用平刀切下，改成薄片，肉片朝上，呈马鞍形即可。

④上桌时，将双份的甜面酱碟、葱白碟、萝卜条碟对称地放在紫酥肉的周围，以肉蘸甜酱，佐葱段、萝卜条而食。

4）制作关键

①猪五花肉在入味蒸制时，用中小火，蒸至极烂，时间2小时以上。

②炸紫酥肉时，见肉条一变色即刻捞出，否则，炸制时间过长，紫酥肉发干、发柴，失去酥松软烂的特点。

5）思考练习

①猪五花肉上笼长时间蒸制应选择什么火力？

②在炸制猪五花肉的过程中，应注意哪些问题？

任务27　"寿"字鸭羹

图5.27　"寿"字鸭羹

1）菜品赏析

"寿"字鸭羹是孔府传统名菜之一。此菜为"衍圣公"举行大型祝寿时的必备菜品。慈禧太后60岁寿辰时，孔府所进早膳中也有此菜，深得慈禧欢心。

2）原料选择

白煮鸭脯250克，火腿40克，水发口蘑15克，水发冬笋15克，鸡蛋（3个）清，三套汤400克，黄酒15克，精盐1.5克。

3）工艺详解

①将鸭脯、冬笋切成1厘米见方的丁，口蘑一片为二，火腿切成长5厘米、宽0.5厘米、厚0.1厘米的条。水发口蘑、冬笋用毛汤复味备用。取一平盘，正面抹上油备用。

②将鸡蛋清打成高丽糊，放入盘中修成直径15厘米、厚1厘米的圆形，上面用火腿摆成寿字，放入笼内，慢火蒸2分钟取出。

③炒锅内加入三套汤、鸭丁、笋丁、口蘑、黄酒、精盐，烧沸后撇去浮沫，倒入汤盘内，将蒸好的"寿"字推入盘内即成。

4）制作关键

"三套汤"原料：肥鸭3只（约4500克），肥母鸡3只（约3700克），猪后肘3只（约4500克），母鸡腿肉500克，鸡里脊肉500克，猪后腿骨4500克，大葱白25克，姜片25克，花椒2克，精盐5克。

制法：将鸡、鸭宰杀煺毛，开腹取脏，冲洗干净，腿骨敲断备用。鸡腿肉和鸡里脊分别剁成细蓉，各盛入一容器内，分别加入清水调制成糊状（俗称红、白臊），将精盐平分在红、白臊内搅匀。将鸡、鸭、肘、猪腿骨放入沸水锅内氽净血污，用清水洗净。汤锅内加入清水20千克，放入鸡、鸭、肘子各1只，猪腿骨1500克，用旺火烧开，撇去浮沫，加入大葱白、姜片、花椒，改用小火煮2小时，将汤内的原料全部捞出另作他用。再按此法将剩余原料分2次在原汤中煮制（即每次另换鸡、鸭、肘子等原料）。然后将汤锅离火，使汤冷凉，撇净汤内浮油。将汤锅移至微火上加热，先将红臊倒入汤中并用手勺不断地旋转搅动，至汤将要开时，将锅半离火，汤不能开滚，这时鸡腿肉泥已全部浮起，用漏勺捞出盛一容器内，挤成饼状备用。汤冷凉后，再将汤锅移至火上，用同样的方法放入白臊。汤清完后，再将红、白臊饼慢慢漂入汤中，待全部浸出鲜味时（约1小时），用漏勺捞出红、白臊饼，将汤倒入盆内即成。

5）思考练习

详述"三套汤"的制作工艺。

任务28 神仙鸭子

1）菜品赏析

相传，神仙鸭子在明代时已是孔府名肴。此菜做法复杂，要求严格，蒸制时间长，蒸后立即上桌，以保持鲜味，为了精确地掌握蒸制时间，老辈的厨师用"燃香计时"的方法，在鸭子入笼蒸制前开始点燃香，共燃三炷香，即可成熟。此法为孔氏一近支族人发现，他到曲阜祭祖时，吃到此菜大加赞赏，认为燃香制菜犹如供奉神灵，之后遂称此菜为"神仙鸭子"。

图5.28 神仙鸭子

2）原料选择

新鲜填鸭1只（约2500克），火腿50克，水发冬菇50克，冬笋75克，姜15克，口蘑50克，葱25克，黄酒50克，酱油50克，味精5克，精盐15克，鲜汤1250克，玻璃纸半张。

3）工艺详解

①将鲜填鸭洗净，去掉内脏，砸断小腿骨环，剔去鸭掌大骨，抽去舌及食管，剁去嘴尖，割去肛门、鸭臊，在脊椎骨上划几刀翻过来在脯肉上拍几下，放入锅内小火烧沸煮15分钟，捞出在冷水中洗净油污。

②火腿、冬笋切成长5厘米、宽2厘米的片。冬菇、口蘑去根洗净切成两半。

③先将鸭脊骨剁断取下，放在砂锅底部，鸭腹面朝上放在骨上，口蘑放在鸭腹上成一行，冬笋、火腿、冬菇分别摆在口蘑的两边，再将鲜汤、精盐、黄酒、酱油倒入砂锅内，加上葱、姜，用玻璃纸将砂锅口盖严捆紧，放在蒸笼内蒸熟，取出砂锅揭去纸，拣去葱、姜，撒上味精，撇去浮油即成。

4）制作关键

①鸭子焯水时，应冷水下锅，使其内部的血污和腥膻气味充分排出，还可以在锅中加一些花椒、葱、姜、黄酒，以便去掉腥膻味。

②必须将砂锅的口封严，防止原料的香味流失。

③蒸熟后，拣去葱、姜，以便达到吃时有葱姜味，而不见葱姜的效果。

5）思考练习

①鸭子为什么要用冷水焯水？

②玻璃纸在菜肴制作过程中有何作用？

任务29　八仙过海闹罗汉

图5.29　八仙过海闹罗汉

1）菜品赏析

八仙过海闹罗汉是孔府喜庆寿宴名菜。从汉初到清末，历代的许多皇帝都亲临曲阜孔府祭祀孔子。其中乾隆皇帝就去过7次。至于达官显贵、文人雅士前往朝拜者更为众多。因而孔府设宴招待十分频繁，"孔宴"闻名四海。

2）原料选择

鸡脯肉300克，虾仁100克，水发鱼翅100克，白鱼肉250克，海参100克，鲍鱼100克，鳇鱼骨100克，鱼肚100克，火腿10克，芦笋50克，黄酒50克，精盐10克，味精1克，姜片5克，精炼油等适量。

3）工艺详解

①取鸡脯肉150克斩成鸡蓉，做成罗汉钱状。白鱼肉切成条，用刀划开夹入鱼骨，将余下的鸡脯肉切成长条，虾仁做成虾环，鱼翅与鸡蓉做成菊花鱼翅形，海参做成蝴蝶形，鲍鱼切成片，鱼肚切成片。

②先将以上食物调好口味上笼蒸熟，然后取出分别放在瓷罐里，摆成八方，中间放罗汉鸡，上面撒上火腿片、笋片及氽好的青菜叶，接着将烧开的鲜汤浇上即成。

4）制作关键

①海参、鱼翅、鲍鱼、鱼骨均必须发透、发好。

②鸡肉与鱼肉制成的罗汉钱状造型要完整。

5）思考练习

①详述干海参涨发工艺。

②海参干制品有哪几种？

任务30　带子上朝

1）菜品赏析

带子上朝始于清朝。孔府自被封为"衍圣公府"后，享有当朝一品官待遇，并有携带儿女上朝的殊荣。光绪二十年（公元1894年），第七十六代"衍圣公"孔令贻母带其儿媳进京为慈禧太后祝寿返回曲阜，族长特地为其设宴接风，内厨为颂扬孔氏家族的殊荣，用一只鸭子带一只小鸭，经炸及烧后，制成了一道汁浓味鲜的菜肴，取名为"带子上朝"，以示孔府代代做官、辈辈上朝，永受朝廷赏识。

图5.30　带子上朝

2）原料选择

鸭子1只（约1500克），鸽子1只（约300克），花椒2克，白糖25克，葱10克，姜10克，桂皮1克，黄酒75克，酱油50克，精盐2克，湿淀粉30克，鸡油10克，鲜汤2000克，精炼油等适量。

3）工艺详解

①将鸭子、鸽子煺毛洗净，从脊背切开挖去内脏，洗净。鸭子去嘴留舌，鸽子去嘴，用酱油、黄酒腌制30分钟。葱切成段，姜、花椒、桂皮包成香料包。

②炒锅置火上，加入精炼油烧至八成热，放鸭子、鸽子炸成枣红色时捞出，沥净油。

③砂锅中放入竹箅，将鸭子和鸽子放入，同时放入香料包、葱段、精盐、酱油、黄酒、鲜汤，用旺火烧开5分钟，改用慢火煨炖至熟，取出放盘中，鸭子在前，鸽子置鸭子腹中。

④将炒锅放火上，加精炼油，烹入烧鸭原汤汁和余下调味料，烧开后用湿淀粉勾芡，淋上鸡油，浇在鸭子、鸽子上即成。

4）制作关键

鸭、鸽必须用微火炖至酥烂，虽成形而易于脱骨。

5）思考练习

鸭子、鸽子过油上色的注意事项有哪些？

任务31　乌云托月

1）菜品赏析

乌云托月是孔府一道著名的汤菜。将紫菜撕成片，用鸽蛋制成圆形的荷包蛋，放在紫菜之上，加入鲜汤制成。紫菜漂浮在汤上形似乌云，鸽蛋如皎月依托于乌云之上，故取名为"乌云托月"。

2）原料选择

紫菜100克，鸽蛋1个，黄酒10克，精盐3克，鲜汤250克。

图5.31　乌云托月

3）工艺详解

①将紫菜清水洗净，用凉水浸透放在汤碗里。

②鸽蛋磕入碗中，倒入沸水，做成一个圆荷包蛋，捞出放汤碗中央；另起汤锅，加入鲜汤、紫菜、清水、精盐、黄酒，烧开后撇去浮沫，盛到汤碗里即成。

4）制作关键

①必须选用上好鲜汤，才是孔府宴菜式。

②紫菜必须挑选，以无沙质佳者入馔。

5）思考练习

紫菜的营养功效有哪些？

任务32 诗礼银杏

图5.32 诗礼银杏

1）菜品赏析

《孔府档案》记载，孔子教其子孔鲤学诗习礼时曰："不学诗，无以言；不学礼，无以立。"事后传为美谈，其后裔自称"诗礼世家"。至第五十三代衍圣公孔治，建造"诗礼堂"，堂前有两株银杏树，种子硕大、丰满。以后孔府请客，总要用此银杏树的种子做一道甜菜，用以缅怀孔老夫子的教导，便美其名曰"诗礼银杏"。

2）原料选择

水发银杏1000克，白糖250克，蜂蜜50克，精炼油25克。

3）工艺详解

①将银杏用沸水氽烫，去除臭味，捞出，控干水。

②炒锅置火上，舀入精炼油加热至五成热时，放入白糖炒至呈淡琥珀色，加水、白糖、蜂蜜、银杏烧开，改用慢火煨燷。待汁浓时，加入桂花酱略燷即可。

4）制作关键

①银杏涨发过程中，苦心须去净。

②慢火燷制，银杏完整不碎。

5）思考练习

简述银杏的涨发过程。

任务33 油泼豆莛

1）菜品赏析

油泼豆莛是孔府名菜。将绿豆芽摘去芽和根，其梗称为"豆莛"。

2）原料选择

绿豆芽400克，花椒2克，精盐3克，精炼油等适量。

图5.33 油泼豆莛

3）工艺详解

①将豆芽掐去芽和根，洗净。

②炒锅置火上，舀入精炼油，烧至九成热时，放花椒炸过。将豆莛放入漏勺，左手拿漏勺置于油锅上，右手拿手勺，用手勺舀热油浇在豆莛上，反复浇几次，再将油沥干，将豆莛倒在平盘中，撒上精盐，稍拌上桌。

4）制作关键

豆芽去除头须,洗净,用热油浇烫而断生即成。

5）思考练习

油泼豆莛的注意事项是什么?

任务34 黄焖鱼翅

1）菜品赏析

黄焖鱼翅是北京著名官府菜——谭家菜中具有代表性的名菜之一。谭家菜本出自清末年间谭宗浚家中。谭宗浚一生喜食珍馐美味,其子谭瑑青讲究饮食,更胜其父。谭家女主人及家厨为满足其父子欲望,很注意学习本地名厨的特长和绝招,在烹制上精益求精,逐渐形成了独具特色的"谭家菜"。

图5.34 黄焖鱼翅

2）原料选择

水发黄鱼翅约1750克,鸭子约750克,老母鸡约3000克,白糖15克,干贝200克,黄酒25克,熟火腿50克,葱段250克,精盐15克,姜块50克,鲜汤、鸡油、湿淀粉等适量。

3）工艺详解

①将鱼翅整齐地码放在竹箅子上。

②将干贝用温水泡开后,用小刀去掉边上的硬筋,洗去表面泥沙,放入碗中,加适量的水,上笼蒸透,取出待用。

③将火腿肉5克切成细末,待用。将熟火腿切成薄片,待用。

④将母鸡、鸭子宰后煺尽毛,由背部劈开,掏出内脏,用水洗净血污,待用。

⑤将水发鱼翅连同竹箅子放入锅内,将洗净的鸡鸭放在另备的竹箅子,然后压在鱼翅上面,将葱段、姜块放在锅内,加入清水,用大火烧开后,滗掉水,去掉葱段、姜块,以去掉血腥味。

⑥锅内注入4000克清水,放入火腿片和蒸过的干贝,用大火煮15分钟,撇净浮沫,再用小火焖燠6小时左右。这时离火,将鸡、鸭、火腿、干贝挑出,拣净鸡、鸭碎渣,取出鱼翅(连同竹箅子)。

⑦先将焖燠鱼翅的浓汁放入煸锅内,烧热,再将鱼翅(连同竹箅子)放入煸锅,煮1小时左右。然后加入鲜汤及干贝汤,用火煮开,放入鸡油、糖、盐炖煮2~3分钟,使其入味后,取出放在平盘里,将鱼翅翻扣在另一盘里内。将锅内的鱼翅浓汤放入少量湿淀粉,收成浓汁。这时,将浓汁浇在鱼翅上面,撒上火腿末即成。

4）制作关键

①选整只黄鱼翅,即吕宋翅。

②加工要精细，剔净鱼翅表面细沙和残存的鱼肉、翅骨。

③用小火焖煮，一般需煮6~7小时。其目的一是入味；二是鱼翅软烂不散。

④水要一次加足，中途不宜加水、加汤。由于焖燠时间较长，因此应最后调味。

5）思考练习

①怎样把握鱼翅的涨发程度？

②鱼翅在加工和烹制过程中如何保持翅形的完整？

任务35　柴把鸭子

图5.35　柴把鸭子

1）菜品赏析

柴把鸭子是谭家菜的名肴。此菜用菜薹将鸭肉条、冬菇条、冬笋条、火腿条捆扎成形，如一捆捆的柴把，故名。成菜明油亮芡，形象生动，吃起来一口一捆，清爽鲜美。

2）原料选择

填鸭1只（约2000克），冬笋300克，水发冬菇150克，熟火腿500克，菜薹75克，精盐8克，酱油15克，白糖15克，黄酒25克，湿淀粉20克，鲜汤300克，熟鸡油15克。

3）工艺详解

①将鸭子自脊背部开膛，掏去内脏洗净，放入盆内，上笼屉蒸至七成熟取出，滗去汤。晾凉后剔去鸭骨，要保持鸭肉与鸭皮完整不破。

②先将鸭子（皮朝上）放在砧板上，竖切两刀成宽度一致的3条。然后横切成宽1厘米的小条。冬笋、冬菇、熟火腿均切成宽度为鸭条的1/2、长度与鸭条相同的条。再将冬笋条、冬菇条用沸水烫一下，捞出，用凉水过凉。

③先将菜薹用温水泡软，再用清水洗净，粗的要从中间剖成2根。

④取菜薹1根横放在砧板上，取1条鸭肉条（皮朝下）横放在菜薹上，将冬菇条放在鸭肉上，冬菇条上面依次放上冬笋条、火腿条，然后用菜薹将鸭肉条、冬笋条、火腿条一起捆成柴把状。其余按同样的方法全部捆好。

⑤先将捆好的柴把鸭（鸭皮朝下）码入一深圆盘内，然后将余下的冬菇条、冬笋条、火腿条及鸭肉放在上面，加入鲜汤、熟鸡油、精盐5克、白糖10克、黄酒15克，蒸20分钟取出，再将盘内的汤滗入炒锅内，置于火上，下入精盐3克、白糖5克、黄酒10克、酱油。待锅烧开后，用湿淀粉勾薄芡，浇在翻扣在大盘内的柴把鸭子上即成。

4）制作关键

①此菜为象形菜，要求刀工精细，鸭肉条、冬菇条、冬笋条、火腿条必须长短相同，整齐划一，成菜美观。

②勾流芡，晃锅推勺，让淀粉充分糊化，做到汁明芡亮。

5）思考练习

①填鸭和麻鸭有何区别？

②勾芡的目的是什么？

任务36 珍珠汤

1）菜品赏析

珍珠汤是谭家菜的名肴。谭家菜做工精细，火候足，用料精，讲究原汁原味，甜咸适口，南北均宜。

2）原料选择

青嫩玉米12个，豆苗100克，盐7.5克，糖7.5克，鲜汤1500克。

图5.36 珍珠汤

3）工艺详解

①将青嫩玉米剥去皮，用玉米尖部最嫩部分，择净须子，冷水洗净，切成丁，倒入沸水锅内煮1~2分钟，捞出放在盘内，加鲜汤上笼蒸5~6分钟取出备用。

②豆苗用沸汤烫一下，捞出备用。

③将鲜汤调好味盛入汤碗中，加入蒸好的嫩玉米尖丁及嫩豆苗，即可上桌。

4）制作关键

①早年谭家制作此菜，只选用刚刚6厘米左右的嫩玉米，超过9厘米的不用。

②谭家菜的鲜汤是净鸡或鸭加清水炖至六七成熟时，盛出1/3的汤，此时汤比较清澈，故名鲜汤。

5）思考练习

①为什么选用嫩玉米？

②简述鲜汤的加工工艺。

任务37 鸡米鹿筋

1）菜品赏析

袁枚的《随园食单》记载："鹿筋难烂。须三日前先捶煮之，绞出臊水数遍，加肉汁汤煨之，再用鸡汁汤煨；加秋油、酒、微芡收汤；不搀他物，便成白色，用盘盛之。"

2）原料选择

干鹿筋250克，鸡脯肉50克，净冬笋50克，鸡蛋（2个）清，湿淀粉15克，葱10克，姜末5克，蒜片10克，胡椒粉1克，精盐2克，黄酒5克，味精3克，鲜汤250克，食碱3克，精炼油等适量。

图5.37　鸡米鹿筋

3）工艺详解

①用火燎去干鹿筋上的鹿毛，洗净后，剁成长16.5厘米的段。将炒锅置于微火上，倒入精炼油烧至三成热，放入鹿筋浸炸15分钟，至鹿筋弯曲、起泡并呈现透明时，捞出沥油。

②将炸过的鹿筋放在热碱水（沸水1000克，碱1.5克）盆里，泡1小时后洗去油污，将水滗出。再用同样的热碱水泡洗一次，然后用沸水泡10分钟取出。将每段鹿筋竖着剖成两半，放在沸水锅里氽一下，再浸泡在凉水里待用。

③将鸡脯肉切成0.5厘米见方的鸡米，放在碗里，加入鸡蛋清、精盐、味精搅拌均匀。冬笋切成长5厘米、宽2厘米的片。葱竖着剖开，切成长3厘米的段。

④将炒锅置旺火上，舀入精炼油，烧至五成热时，将发好的鹿筋挤去水放入锅中，约炸1分钟，捞出放在盘里。

⑤炒锅内留精炼油，待油温降至三成热时，投入拌好的鸡米，滑油至变米白色时，取出沥油。

⑥将炒锅复置旺火上，舀入精炼油烧热，放入葱段、姜末、蒜片，煸出香味，随即放入鹿筋、鲜汤、精盐、黄酒、味精、胡椒粉及冬笋片。待汤烧开后，湿淀粉勾芡，再将炒好的鸡米均匀地撒在炒锅内，淋上明油即成。

4）制作关键

①鸡米滑油时采用热锅温油操作，不易粘锅。

②勾芡后翻勺不宜过多，否则，油、芡混合不亮，菜肴形状易于破碎，失去整齐美观，浆糊脱落，破坏质感，影响菜肴质量。

5）思考练习

①详述干蹄筋涨发工艺。

②鸡米滑油为什么要热锅温油？

 任务38　三杯鳝段

1）菜品赏析

袁枚的《随园食单》记载："切鳝以寸为段，照煨鳗法煨之，或先用油炙，使坚，再以冬瓜、鲜笋、香蕈作配，微用酱水，重用姜汁。"此菜在当时称为"段鳝"。

2）原料选择

鳝鱼约600克，姜片4克，干辣椒1只，白糖5克，茅台酒5克，甜酒酿汁5克，蒜5克，绍兴黄酒30克，酱油30克，芝麻油30克，精炼油等适量。

图5.38　三杯鳝段

3）工艺详解

①将鳝鱼斩去头、尾，不剖腹，去内脏，取用中段约400克洗净，斩成4厘米长的段，用酱油腌制。姜片改刀为指甲片，辣椒斩成末，待用。

②炒锅置旺火上，舀入精炼油，烧至六成热，投入鳝段，稍炸即出锅，倒入漏勺沥去油。

③取砂锅1只，放置火上，舀入少许精炼油，投入姜片、蒜、辣椒末入锅煸香，放入鳝段，烹上绍兴黄酒，加清水，用旺火烧滚后，改为小火煨至酥熟，加白糖及酱油，至卤汁浓稠，再淋上芝麻油，倒入茅台酒与甜酒酿汁混合，略烧，起锅装盘。

4）制作关键

①大火烧开，小火慢炖，卤汁收浓，再淋芝麻油。

②白酒最后放入，增加菜品酒香味。

5）思考练习

简述黄鳝的营养价值。

任务39 过油肉

1）菜品赏析

过油肉最初是一道官府名菜，后来传到了太原一带，并逐渐在山西传播开来。

2）原料选择

猪扁担肉200克，罐装冬笋20克，水发木耳15克，黄瓜25克，葱白5克，姜3克，黄酒5克，味精2克，蒜瓣5克，黄酱2.5克，香醋2.5克，花椒水5克，酱油15克，精盐2克，湿淀粉85克，鸡蛋2个，鲜汤50克，精炼油等适量。

3）工艺详解

①扁担肉去净薄膜、白筋和脂油，先横放在砧板

图5.39 过油肉

上，切成0.5厘米厚的长带片，然后平放在砧板上，再直刀斜切成长6厘米、宽4厘米的斜方形片。

②冬笋、黄瓜切成与肉同样大的片，木耳大片的切小，葱白切雀舌段，姜去皮切姜末，蒜瓣切薄片。

③将切好的肉片放在碗中，加黄酱、鸡蛋、花椒水、酱油5克、盐拌匀腌制入味。

④冬笋片焯水，放入清水中过凉。鲜汤、黄酒、味精、酱油10克、湿淀粉调成芡汁。

⑤炒锅上旺火，舀入精炼油烧至五成热时，下入浸好的肉片，迅速用筷子拨散，滑5~6秒钟倒入漏勺内沥去油。炒锅复置火上，加入精炼油，放入葱段、姜末、蒜瓣煸出香味，投入过好油的肉片，锅边淋上香醋，再倒入调好的芡汁，颠翻炒匀，淋明油，即可出锅。

4）制作关键

①过油肉一菜以油传热，因为过油而得名，所以火候对此菜最为重要，是成败的关键。操作时油温要求达到165 ℃左右，过油最佳，可使肉片达到平整舒展、光滑利落、不干不硬、色泽

金黄的效果。油温高了，肉片粘连，外焦内生；油温低了，易脱糊、变形、肉片柴老干硬。

②肉片深浸的时间要充足，才能确保此菜的风味，中途要搅拌几次使其更加滋润均匀，并加盖和用湿布防止风干。

③此菜在加热调味过程中，采取了点醋的方法调味。

④烹制此菜必须用洁净的熟猪板油才能使菜肴呈现出应有的风味。

5）思考练习

①过油的关键点有哪些？

②肉片为什么要较长时间浸渍？

模块3　寺院名菜

寺院菜又称"释菜"，是泛指宗教界道家、佛家宫观寺院斋堂，由斋厨、香积厨烹制以净素为主的斋菜。斋菜主要是指素菜，以非动物原料（蛋、奶除外）烹制的菜。素菜的特点：一是忌用动物性原料和韭、葱、蒜等植物原料；二是以荤托素，即吸收荤菜烹制技术，仿制荤菜形状，借用荤菜名称。其名菜有罗汉斋、鼎湖上素、素鱼翅、酿扒竹笋及八宝鸡、糖醋鱼、炒毛蟹、油炸虾等，象形菜如孔雀、凤凰、花篮、蝴蝶等花色冷盘菜。

任务40　罗汉斋

1）菜品赏析

图5.40　罗汉斋

罗汉斋亦名罗汉菜，原是佛门名斋。本菜取名十八罗汉聚集一堂之意，是寺院风味的"全家福"，以十八种鲜香原料精心烹制而成，是素菜中的上品。

2）原料选择

鲜蘑50克，水发冬菇50克，胡萝卜25克，荸荠25克，山药25克，莲子25克，素鸡50克，素鱼丸10个，红枣10个，榆耳15克，石耳25克，笋果50克，白果肉25克，栗子肉25克，水面筋50克，发菜25克，素肉丸10个，油菜心5棵，酱油35克，白糖15克，黄酒10克，湿淀粉20克，芝麻油10克，精盐5克，味精3克，素汤400克，精炼油100克。

3）工艺详解

①将鲜蘑、莲子、荸荠、山药、笋、胡萝卜分别用沸水焯烫制熟备用。

②发菜泡洗干净后，用手捏成球（大小像红枣），备用。

③胡萝卜、笋切成3厘米长、1.5厘米宽、0.3厘米厚的片。荸荠、栗子、素鸡、鲜蘑、面筋、山药、榆耳、石耳、冬菇均按其本身形状切成1厘米厚的片，白果用刀切成片。

④油菜心由中间剖开，切成寸段。

⑤取炒锅上旺火烧热,加入精炼油加至七成热时,将鲜蘑、冬菇、榆耳、石耳、胡萝卜、笋、山药、白果、荸荠、栗子、莲子、面筋、素鸡、油菜心、素肉丸、红枣下入锅内煸炒,然后加入精盐、酱油、白糖、黄酒、素汤调拌均匀,旺火加热至汤汁烧沸后改小火继续加热入味,起锅前改大火并将发菜球、素鱼丸放入锅内边缘,加入味精,见汤汁减少时将湿淀粉淋入锅内,随后将芝麻油淋入锅内,即可装盘上桌。

4)制作关键

①莲子去净心与皮,否则成菜口味苦涩。

②各种带皮原料,将皮去掉不用。

③发菜丸和素鱼丸入锅后翻拌要小心,以保持丸形完整。

5)思考练习

莲子去皮和心的目的是什么?

 任务41 象牙雪笋

1)菜品赏析

象牙雪笋是江浙一带的寺院名菜。

2)原料选择

净鲜冬笋300克,雪里蕻梗(要嫩绿色)50克,精盐3克,味精2克,白糖2克,黄酒3克,鲜冬笋汤60克,精炼油等适量。

3)工艺详解

①将鲜冬笋去根、剥皮、去底、洗净切成5厘米的长条,修成象牙形,用清水洗净,再用沸水煮2分钟左右捞出,用冷水冷却后沥干水(煮冬笋的鲜汤留60克待用)。将腌过的雪菜梗,洗净控干水,切成小丁。

图5.41 象牙雪笋

②炒锅置旺火上,下入精炼油,待油烧至七成热时,将象牙笋投入锅中煸炒,再投入雪菜煸炒出香,然后加入鲜冬笋汤、精盐、黄酒、白糖和味精,烧至入味,待锅内汤汁稠干时,即成。

4)制作关键

制作此菜时,不可用深色调味品,以保持冬笋象牙色。

5)思考练习

①冬笋汤应如何吊制?

②简述冬笋汤吊制工艺。

任务42　青椒凤尾

图5.42　青椒凤尾

1）菜品赏析

青椒凤尾是上海玉佛寺名菜之一。

2）原料选择

凤尾平菇300克，青椒100克，精盐10克，黄酒10克，湿淀粉10克，黄豆芽鲜汤40克，味精10克，干淀粉5克，芝麻油5克，精炼油等适量。

3）工艺详解

①将青椒洗净，切成2厘米大小的象眼片，挑选同青椒片一样大小的凤尾平菇用沸水氽烫后，洗净用冷水冷却，压干水，加精盐2克、黄酒3克、味精3克拌匀后，拍上干淀粉。

②炒锅置火上，舀入精炼油，烧至七成热，放入初加工好的凤尾平菇，炸至表面变硬时，再放入青椒片，变色后立刻捞出沥油。

③炒锅留精炼油，上旺火烧至七成热，倒入鲜汤、精盐、黄酒、味精，待汤烧开后，用湿淀粉勾芡，并马上放入炸好的凤尾平菇和青椒片，淋上芝麻油翻炒几下即成。

4）制作关键

平菇中的水分要清除干净，避免拍粉时出现颗粒状，影响菜肴口感和美观。

5）思考练习

平菇有什么营养价值？

任务43　鼎湖上素

1）菜品赏析

鼎湖上素是鼎湖山庆云寺的传统名菜，常招来不少食客和香客。"上素"是高级菜之意，是该寺一位老和尚特用多种鲜品烹制而成。

2）原料选择

水发冬菇75克，水发口蘑75克，鲜草菇75克，水发银耳75克，水发榆耳75克，水发黄耳75克，水发竹荪75克，冬笋100克，胡萝卜150克，油菜心500克，上汤1500克，鲜莲子150克，精盐15克，味精10克，白糖50克，蚝油50克，生抽100克，花生抽200克，芝麻油100克，湿淀粉100克。

3）工艺详解

①冬菇用清水洗净，修整成大小均匀的片。草菇在圆面上切成十字花刀。将口蘑、黄耳、榆耳用清水洗净，均切成片。用花刀法将冬笋、胡萝卜刻成蝴蝶花形，然后切成片，使每片都呈蝴蝶状，竹荪由中间剖开，切成5厘米的长条。将油菜心洗净，剥去老梗，将每片油菜心改刀切

成两片。莲子剥去外皮,挖去苦心,以上原料备用。

②冬菇、冬笋、口蘑、草菇、黄耳、榆耳、胡萝卜、竹荪分别用沸水焯烫至熟,捞出后用凉水过凉备用。

③银耳选择外形丰满整齐的,也用沸水焯烫。

④取炒锅1只,清水洗净,上火烧热,下入精炼油,烹入黄酒,加入盐、白糖、味精、蚝油、汤,并将冬菇、冬笋、口蘑、草菇、黄耳、榆耳、胡萝卜、竹荪放入锅内烧至入味,倒去余汁备用。

图5.43 鼎湖上素

⑤另取炒锅1只洗净,采用以上技法将银耳烧至入味,注意不要加入带深颜色的调味品。

⑥取汤碗1只,将烧至入味的冬菇、冬笋、口蘑、草菇、黄耳、榆耳、胡萝卜、竹荪依次排在碗内备用。

⑦铁锅洗净上火,加入芝麻油,烧热后烹入黄酒,加入素汤、生抽、花生抽、蚝油、白糖、味精,烧沸后调好口味,用湿淀粉勾芡,浇在汤碗内,上笼屉用大火蒸5分钟即可。

⑧在蒸菜的同时,将烧冬菇、冬笋、口蘑剩下的余汁加热,下油菜心烧至入味,捞出后整齐地码放在菜盘的周围。

⑨将蒸好的菜肴翻扣在码入油菜心的盘子中央,并将银耳摆放在上面,浇上烧银耳余下的汁即成。

4)制作关键

①此菜用料较多,刀工处理时,要求大小一致,厚薄均匀,否则会影响外形美观。

②银耳用体形大而丰满者为佳,剪修整齐。烹制时,不应加入深色调料,免失银耳洁白。

③本菜应勾"二流芡",芡汁过稠则使菜肴失去清爽特点。

5)思考练习

①刀工处理对菜肴质量有何影响?

②如何正确选择银耳?

 任务44 半月沉江

1)菜品赏析

半月沉江是福建厦门南普陀寺的一道素席名菜。半片香菇沉于碗内,犹如半月沉于江底。

2)原料选择

面筋400克,水发香菇50克,冬笋50克,味精5克,精盐5克,精炼油500克,当归10克,芹菜丁10克,素汤500克。

3)工艺详解

①将面筋捏成直径1.5厘米、高1.8厘米的圆粒,香菇去蒂切成两片,冬笋切成滚刀块,番茄切成黄豆粒大的丁,当归切成薄片,以上原料备用。

②将炒锅放在旺火上,倒入精炼油烧至九成热,放入面筋粒炸干水,待面筋浮起呈赤红

图5.44　半月沉江

色时捞出，沥去油后浸入沸水中，泡至回软捞出沥干水，切成0.6厘米厚的圆片。

③将炒锅洗净置火上，倒入清水，再放面筋、香菇、当归、冬笋、精盐，煮至面筋回软时，捞起沥干，除去当归，剩余的汤汁放入一大碗内沉淀备用。

④另取大碗1只，碗内壁涂精炼油。再将香菇片分别放在碗底两边，然后加入冬笋块，倒入经过沉淀的面筋汤。取小碗1只，放入当归和清水150克。2只碗一并放入笼旺火蒸。

⑤炒锅洗净置火上，加入鲜汤500克、精盐、味精煮沸，撒入芹菜丁、香菇丁，再将小碗内的当归汤倒入调匀，起锅轻轻浇入大汤碗内即成。

4）制作关键

①制作面筋要大小均匀。

②冬菇选用大小相同、厚薄均匀者为佳。

5）思考练习

①简述水面筋加工工艺。

②当归有何药用价值?

任务45　两抱玉帛

1）菜品赏析

两抱玉帛是寺院名菜，因白菜叶焯水后，色如碧玉而得名。

2）原料选择

白菜叶300克，土豆100克，台蘑50克，白糖20克，素高汤20克，米醋5克，木耳50克，盐6克，香菜5克，味精4克，胡椒粉2克，素油30克，湿淀粉20克，精炼油等适量。

3）工艺详解

图5.45　两抱玉帛

①白菜洗净焯水，备用。土豆去皮洗净，切丝焯水备用，台蘑经水发去皮蒂洗净，切丝焯水备用。

②木耳经水发后，去蒂洗净，切丝备用。香菜去蒂去叶，洗净切末备用。

③锅中加入少量精炼油，下入土豆丝、台蘑丝、木耳丝煸炒，放入盐、味精、胡椒粉调味后出锅备用，锅洗净，加入素高汤、白醋、糖熬制，湿淀粉勾芡后备用。

④将白菜叶卷入炒好的土豆丝、台蘑丝、木耳丝，制成白菜卷，上笼蒸制5分钟后取出，摆盘备用。

⑤锅中加入调好的酱汁，大火烧沸，然后将酱汁浇淋于白菜卷上，撒香菜末即成。

4）制作关键

①原料在包裹时，要大小一致。

②白菜卷要包紧、包实，防止松散。

5）思考练习

如何用紫包菜代替白菜制作该款菜肴？

 任务46　五台三绝

1）菜品赏析

五台三绝是用五台山特产蕨菜、黄花菜、小台蘑为原料，采用炒制工艺而制，菜品色彩搭配悦目，味感鲜香。

2）原料选择

图5.46　五台三绝

蕨菜150克，黄花菜50克，小台蘑30克，青红椒丝50克，盐6克，味精4克，胡椒粉2克，素油30克，湿淀粉20克。

3）工艺详解

①蕨菜洗净，切段焯水备用。黄花菜经水发好，洗净切段，焯水备用。

②小台蘑经水发好后备用。青红椒去籽、蒂，洗净，切丝备用。

③锅中加少量素油，大火烧至六成热时，下入蕨菜段、黄花菜段、小台蘑、青红椒丝煸炒至出香，加盐、味精、胡椒粉调味后，用湿淀粉勾芡，出锅装盘即成。

4）制作关键

①台蘑和青红椒丝不用焯水。

②黄花菜要用干制品，鲜黄花菜含有毒素。

5）思考练习

①简述黄花菜含有什么毒素，对人体有什么危害。

②台蘑和青红椒为什么不能焯水？

 任务47　什锦全素煲

1）菜品赏析

什锦全素煲是寺院名菜，选材简单，调味讲究，特别是使用咖喱酱进行调味，充分反映了寺院菜的调味技法的与时俱进。

2）原料选择

土豆块100克，冻豆腐50克，豆腐泡70克，胡萝卜块50克，咖喱酱150克，盐6克，味精4克，胡椒粉2克，素油500克（实耗30克），湿淀粉20克。

图5.47　什锦全素煲

3）工艺详解

①土豆去皮洗净，切块备用。冻豆腐切块，焯水备用。豆腐泡洗净。胡萝卜去皮洗净，切块焯水备用。

②锅中加入素油，烧至六成热时，放入土豆块炸至金黄色时捞出控油。

③锅中留少量素油，下入咖喱酱，转小火煸炒至出香味，加入土豆块、冻豆腐、豆腐泡、胡萝卜块煸炒至出香味，经盐调味后，小火慢焖5分钟至原料入味，加味精和胡椒粉，经湿淀粉勾芡后翻炒均匀，出锅装盘即成。

4）制作关键

①炸制土豆时，控制好油温和炸制时间，防止土豆焦煳。

②熬制咖喱酱时，要小火慢熬出香。

5）思考练习

①冻豆腐制作的原理是什么？

②鉴别油温的方法有哪些？

任务48　糖醋素排

1）菜品赏析

糖醋素排是上海静安寺名肴，菜品色泽红润，酸甜脆嫩，形似排骨而得名。

2）原料选择

藕条12个，水面筋300克，糖75克，醋50克，酱油10克，素油1000克（实耗50克），面粉、淀粉等适量。

图5.48　糖醋素排

3）工艺详解

①用水面筋裹住藕条，成素排生坯，放入沸水中烫透，待用。

②面粉加水调成厚面糊，均匀地挂在素排上，拍上干淀粉，放入油锅中炸透。

③锅中放入清水，加入糖、醋、酱油，倒入炸好的素排骨，勾芡，出锅即成。

4）制作关键

①生坯包裹时要裹紧，制作形状要类似排骨。

②炸制时，要准确掌握好油温。

5）思考练习

简述面筋的制作方法。

任务49　蔬菜羹

1）菜品赏析

以菠菜叶、白菜叶两种色调进行烹调加工后，装盘造型呈太极状得名。

2）原料选择

菠菜叶150克，白菜叶150克，盐3克，味精2克，湿淀粉30克，素高汤1000克，白胡椒粉1克，芝麻油5克。

3）工艺详解

①菠菜叶洗净，经榨汁机榨汁后备用。白菜洗净分片，经榨汁机榨汁备用。

图5.49　蔬菜羹

②锅中加入菠菜汁，加入素高汤大火烧沸，经盐、味精、白胡椒粉调味后用湿淀粉勾芡，淋芝麻油，盛入容器中备用。

③锅中加白菜汁，加素高汤大火烧沸，加盐、味精、白胡椒粉调味，用湿淀粉勾芡，淋入芝麻油，盛入容器中备用。

④取汤盘1个，两手端着制好的两种汤，同时倒入盛器中，做成太极状即成。

4）制作关键

①勾芡厚薄要一致，两碗同时倒入要平衡。

②注意太极形状的完整。

5）思考练习

学完此菜后，试制"太极豆腐羹"。

任务50　百合素裹

图5.50　百合素裹

1）菜品赏析

百合素裹是寺院名菜，选用油豆腐皮将所需配料包裹后炸制后浇淋素汤而成，口味鲜香，口感脆嫩。

2）原料选择

油豆腐皮3张，百合50克，胡萝卜丝100克，香菇丝100克，香菜15克，青豆泥20克，酱油5克，盐3克，味精3克，素高汤25克，素油、湿淀粉等适量。

3）工艺详解

①油豆腐皮经温水浸泡至软备用。胡萝卜去皮洗净，切丝备用。百合洗净焯水备用。

②香菇经水发后去蒂洗净，切丝备用。香菜去叶，洗净切段。青豆洗净蒸熟后去皮制

泥备用。

③胡萝卜丝、香菇丝、青豆泥经盐调味后卷包入油豆腐皮中备用。

④炒锅置火上，倒入素油，烧至六成热时，下入卷好的生坯，炸至金黄后捞出控油，改刀装盘备用。

⑤将百合片摆在炸好的素裹上，炒锅内加入素汤，大火烧沸，用酱油、味精调味后再用湿淀粉勾芡，浇淋于摆好的原料上即成。

4）制作关键

①原料包裹过程中，要包紧包实。

②炸制锅中要保证生坯均匀上色。

5）思考练习

①如何制作素烧鸭？

②如何制作素鹅颈？

素烧鸭1　　　素烧鸭2

任务51　晨光佛珠

图5.51　晨光佛珠

1）菜品赏析

晨光佛珠是佛家敬香客的传统菜，有诗云："晨光海上起，佛珠闪弘光。"

2）原料选择

油菜心18棵，老豆腐500克，水发香菇50克，竹笋25克，盐5克，味精3克，胡椒粉20克，干淀粉25克，面粉25克，素汤500克，芝麻油2克，素油等适量。

3）工艺详解

①油菜心洗净，焯水摆盘备用。将豆腐压成泥备用。香菇水发后，去蒂切成粒备用。

②竹笋洗净，切成粒备用。将豆腐泥加香菇粒和竹笋粒，用盐、味精、胡椒粉调味后，加入面粉、干淀粉揉制成丸子。

③炒锅置火上，注入素油，大火烧至六成热时，下入制好的丸子，炸至金黄色捞出控油备用。

④油菜心洗净焯水，备用。

⑤砂锅置火上，加入素汤和炸过的丸子，大火烧开，小火慢炖30分钟，加油菜心、盐、味精、胡椒粉调味后淋芝麻油，即成。

4）制作关键

①制作豆腐丸子时，要控制好原料的含水量，防止松散。

②炖制过程中，控制好火力，防止汤汁蒸发过多。

5）思考练习

①如何制作不同配料的素豆腐丸？

②油炸素豆腐丸时，有哪些需要注意的地方？

任务52 石磨布袋豆腐

1）菜品赏析

在寺院素菜中，豆腐被称为"莲花豆腐"。因与莲花联系起来，豆腐羹就被称作"芙蓉出水"，或者叫"南海金莲"。因为僧人食素，多与豆腐打交道，便发明了多种豆腐菜肴的制作方法，其中有名的有达摩豆腐、石磨布袋豆腐等。

2）原料选择

玉脂豆腐6条，香菇100克，笋末100克，香芹末20克，盐5克，味精3克，素油等适量。

图5.52 石磨布袋豆腐

3）工艺详解

①将玉脂豆腐去外包装后备用，将发好的香菇切成粒，加盐、味精调味后放入笋末和香芹末，备用。

②炒锅置火上，注入素油，烧至七成热时，将豆腐下入锅中，炸至金黄后捞出备用。

③将炸好的豆腐去内肉后做成布袋状，将调好味的配料放入其中，用香菜筋捆扎袋口，上笼屉蒸透，摆盘。

4）制作关键

①豆腐炸制过程中，切勿过度搅拌。

②炸后制袋不能破。

5）思考练习

①试用油豆腐皮制作布袋。

②简述石磨布袋豆腐的营养价值。

任务53 五福临门

图5.53 五福临门

1）菜品赏析

方海权在《日行一善》中有对五福的记载，第一福：长寿。果长寿，因是好生护生之德，施他饮食。第二福：富贵。因是施财施恩于他人。第三福：无病。果无病，因是施药戒杀，心慈无害。第四福：子孙满堂。果子孙满堂贤孝，因是多结良缘，爱惜大众。第五福：善终。果善终，因是有修有养，修行福德。正所谓佛家的因果论，种下好的因，才能结出好的果，五福必会临门到。

2）原料选择

水发银耳200克，豆腐400克，水发香菇100克，笋50克，胡萝卜50克，盐5克，味精4克，胡椒粉2克，淀粉20克，白糖10克，番茄汁150克，素油等适量。

3）工艺详解

①将豆腐制成泥，将香菇、胡萝卜、笋洗净切成丁，备用。

②将豆腐泥、笋丁、胡萝卜丁、香菇丁、味精、盐、胡椒粉调味后制成丸子。

③将水发银耳粘在豆腐丸子上，上笼蒸熟后摆盘。

④炒锅置火上，烧热后倒入素油，熬制番茄酱，将熬好的番茄汁浇淋在丸子上即成。

4）制作关键

银耳涨发过程中，要去除老蒂，洗净杂质。

5）思考练习

该菜品中"五福"指的是哪5种原料？

 # 任务54　素烧鹅

图5.54　素烧鹅

1）菜品赏析

素烧鹅是传统特色寺院素菜，最初制作工艺为先蒸后烟熏而成。现已改为先蒸后素油煎炸而成。其色泽黄亮，口感鲜甜香软，切块食用，形似烧鹅而得名。

2）原料选择

豆腐皮5000克，干辣椒20克，生姜60克，酱油300克，白砂糖150克，味精300克，五香粉16克，素油等适量。

3）工艺详解

①干辣椒洗净，生姜去皮洗净，切成大块，拍碎备用。

②将干辣椒、生姜、酱油、白砂糖、味精、五香粉放入容器中，调成汤料，备用。

③取两张无破损豆腐皮，平铺在案板上，再取三张油皮，在汤汁里面浸泡回软，平铺在干豆腐皮上，卷成长条，加汤汁上笼蒸4分钟取出。

④锅内放素油，大火烧至五成热时，下入蒸好的素鹅，中火炸至两面呈现金黄色，捞出控油，稍凉，改刀装盘即成。

4）制作关键

①生坯包裹过程中，注意表皮的完整。

②炸制过程中，因原料蒸制时产生一定的水分，注意操作安全。

5）思考练习

①简述豆腐皮的加工工艺。

②简述豆腐皮的营养价值。

模块4　少数民族名菜

　　我国是一个幅员辽阔、人口众多的国家。其中,少数民族在我国人口中占有较大的比例。在中国烹饪这个百花园里,少数民族菜以独特的烹调方法和著名的菜肴享誉中华大地。例如,壮族人民善于烹调,已形成"壮味"。每年农历六月二十四日是壮族的火把节,在庆祝宴上,除了家养畜禽类菜肴外,席上必有野味。在这个节日里,各家各户竞献绝技,名菜佳点层出不穷。如"火把肉""皮旺糁""清炖破脸狗肉""仔姜野兔肉""白炒三七花田鸡"等。白族人民善于腌制火腿、香肠、弓鱼、猪肝醉、油鸡、螺蛳酱等品种繁多的食品。妇女尤擅制作蜜饯、雕梅、苍山雪炖甜梅。白族是一个好客的民族,每逢客至,首先邀请上座,随即奉献烤茶、果品,再用八大碗、三碟水果等丰盛的菜肴款待客人。

任务55　春牛干巴

1)菜品赏析

　　春牛干巴是傣族名菜之一,一般秋冬时节选取肥壮肉牛的后腿等部位的优质牛肉,辅以适量食盐、花椒等调料,采用搓揉、腌制、晾晒、风干等工艺,加工制作而成的一种牛肉食品。

图5.55　春牛干巴

2)原料选择

　　牛干巴100克,野芫荽20克,苤菜根30克,辣椒4个,姜10克,蒜5克,盐2克,味精2克,精炼油等适量。

3)工艺详解

①将辣椒放炒锅里,小火慢慢煸黄煸香后拿出放凉。

②将牛干巴切成薄片。

③将野芫荽、苤菜根、仔姜、蒜处理干净后放案板上。

④将野芫荽、苤菜根切小段,仔姜、蒜切小粒。

⑤炒锅中倒入适量油烧热,下牛干巴片炸熟后捞出放凉。

⑥将炒香的辣椒放蒜臼里,加入少许盐和味精舂烂舂细。

⑦将辣椒舂细后放入仔姜、蒜舂成泥。

⑧放入牛干巴继续舂,把牛干巴舂成肉松。

⑨放入野芫荽、苤菜根继续舂一会儿即可食用。

4)制作关键

①牛干巴含盐量大,舂辣椒时盐要少放。舂辣椒时放一些盐容易把辣椒舂细。

②舂干巴的调料一般都是随个人的喜好放入,还可以放一些柠檬在里面。

5）思考练习

①简述牛干巴的制作工艺。

②菜肴制作过程的关键点有哪些?

任务56　火把肉

图5.56　火把肉

1）菜品赏析

火把肉是彝家风味食品,此菜形如火把,栩栩如生,外焦里嫩,鲜香适口,为广大消费者所欢迎。

2）原料选择

猪五花肉300克,葱汁20克,熟鸡肉100克,姜汁10克,白糖15克,黄醋10克,香菜50克,鸡蛋3个,湿淀粉50克,花椒盐6克,味精2克,竹签10根,精炼油等适量。

3）工艺详解

①将猪五花肉用盐水煮熟,捞出晾凉后切成长丝,鸡肉切成宽1厘米、长2厘米、厚0.5厘米的块。

②取小碗1只,放入葱汁、姜汁、白糖、黄醋、味精、湿淀粉、肉丝、鸡块拌和均匀。

③将鸡蛋磕入碗中,加湿淀粉调匀,摊成厚度为0.5厘米的蛋皮。

④将蛋皮平放在砧板上,将调配好的馅料顺放在蛋皮上,卷成直径3厘米粗的条,封口处用蛋糊粘紧,底部按入鸡块,插上竹签,用香菜筋捆扎成火把状,上笼稍蒸5分钟取出。

⑤炒锅置火上,注入精炼油烧至七成热,将制好的火把肉下油锅炸至缝口裂开时捞出,撒上椒盐即成。

4）制作关键

①蛋皮包裹要紧,大小要均匀。

②炸制时应掌握好火候,避免水分流失过多,馅料口感变柴。

5）思考练习

①除了用猪五花肉制作此菜外,还可以用什么肉?

②调味除了可以用椒盐,还可调制其他味汁吗?

任务57　狗肉火锅

1）菜品赏析

狗肉火锅是吉林省朝鲜族传统风味。狗肉火锅起源于吉林省延边朝鲜族自治州延吉市。

2）原料选择

带骨狗肉350克，黄酒10克，紫苏子5克，葱白丝5克，腌韭菜花10克，香菜末100克，蒜泥100克，胡椒粉2克，芝麻酱20克，红腐乳10克，香醋5克，味精5克，精盐4克，芝麻油4克，辣椒油15克。

图5.57　狗肉火锅

3）工艺详解

①将狗肉用清水浸泡30分钟，捞出沥净水。锅内放入清水，将洗净并浸泡好的狗肉放入锅内煮开，撇出浮沫，烫透后捞出杂质。再将狗肉块和紫苏子一起放入锅内，加足水，盖上锅盖，用中火煮3~4小时，至皮烂肉熟即可。

②将煮好的狗肉块捞出放在盘里，用手把狗肉撕成细条，码入盘内。

③将狗骨头再放入锅内煮，煮的时间越长，汤汁越白，味道越佳。

④芝麻酱、腐乳分别加纯净水，调匀成芝麻酱汁和腐乳汁。芝麻酱汁和腐乳汁分别与盐、韭菜花、辣椒油、香菜末、蒜泥、香醋、葱白丝、精盐、味精、胡椒粉拌匀，供品尝选用。

⑤将火锅内放入煮狗肉的汤，加入精盐、味精、黄酒端上桌。吃狗肉时蘸佐料，边吃边喝肉汤。

4）制作关键

①煮狗肉时，水要一次加足，不可中途加水。

②狗肉煮熟后，不可用刀切，用手撕成细条，以保持狗肉的独特风味。

5）思考练习

①狗肉为何要带骨头煮熟？

②煮熟的狗肉为何要用手撕而不用刀切？

 任务58　烤鹿腿

1）菜品赏析

烤鹿腿是朝鲜族特色美食。

2）原料选择

鹿后腿1只（约2500克），薄饼500克，芹菜段200克，胡萝卜条200克，番茄块200克，洋葱圈200克，精盐15克，黄酒30克，胡椒粒4克，姜块20克，葱段25克，花椒20克，八角5克，桂皮5克，草果5克，鲜汤1000克，葱白丝50克，香菜末50克，胡椒粉4克。

3）工艺详解

①将鹿腿洗净，抹干水，用铁钎戳上密集的细孔，放入盆内。

②将花椒、八角、桂皮、草果放入不锈铁锅内，加水500克，上火烧开后出锅晾凉，加入精盐、胡椒粉搅匀，倒入大盆，将鹿腿腌制5小时，捞出放入不锈钢烤盘内。

图5.58　烤鹿腿

③将烤箱温度升至180 ℃时,放入鹿腿、鲜汤、精盐、黄酒、姜块、葱段烤1小时,翻转鹿腿,再放入胡萝卜、芹菜、番茄、洋葱、胡椒粒,烤约30分钟,至汤汁肉干呈酱红色时,即可出炉。若是宴请宾客,出炉后装入大盘上桌,以便宾客欣赏,再端至旁边剔除腿骨,将鹿肉用刀割成小块,撒上葱白丝、香菜,配上薄饼。

4）制作关键

①选用鹿的后腿,形状要修整齐。

②用铁钎在鹿腿上戳小孔时要均匀地戳透。

③烤制过程中,要多次翻转鹿腿。

④烤制过程中,要控制好温度和时间,以汤干、肉嫩、味透为准。

5）思考练习

①烤鹿腿与烤羊腿在制作上有何区别?

②烤制过程中多次翻转的目的是什么?

任务59　包烧鲜鱼

图5.59　包烧鲜鱼

1）菜品赏析

包烧鲜鱼是布朗族的一道特色菜。

2）原料选择

草鱼500克,芭蕉叶100克,辣椒10克,姜末2克,阿佤芫荽10克,野花椒5克,盐3克,精炼油等适量。

3）工艺详解

①将鱼剖开洗净,将辣椒、姜末、阿佤芫荽、野花椒等作料切细,和盐、精炼油拌匀后,填入鱼腹内,腌制1小时。

②将腌制好的草鱼,用芭蕉叶包好,焐在火塘的炭火下面,烤熟即可食用。

4）制作关键

①腌制时间不宜太短,防止鱼肉不入味。

②包裹烤制过程中,注意不能破损,防止汤汁流出。烤制过程中,要注意时间的掌控,一般为1小时左右。

5）思考练习

①炭火焖烤的注意事项有哪些?

②花椒有何营养功效?

任务60　香茅草烤鸡

1）菜品赏析

香茅草原产于东南亚亚热带地区，云南西双版纳和德宏州较多。傣族常用香茅草的嫩芽和小叶作香料烹制菜肴，其中最有名的就是"香茅草烤鸡"。

2）原料选择

仔鸡1只（约1200克），野香菜50克，香菜50克，葱花20克，姜末5克，蒜泥5克，花椒叶10克，精盐5克，胡椒粉2克，酱油10克，青辣椒20克，香茅草100克，精炼油等适量。

图5.60　香茅草烤鸡

3）工艺详解

①将仔鸡宰杀，煺毛，去内脏，清洗干净，斩去脚爪，从背部开刀，去骨，用盐搓揉鸡身，用酱油上色。香茅草、野香菜、香菜、辣椒、花椒叶、姜末、葱花、蒜泥、胡椒粉、精盐、酱油放入碗中，兑成味汁。

②将鸡脯捶松，反复抹上味汁，用香茅草捆扎，上架夹好，放在木炭上烘烤，边烤边刷上精炼油。待鸡烤熟、香茅草烘干，解开架子，改刀装盘即成。

4）制作关键

①烤制时注意控制火力大小，并注意改变烘烤位置。

②用盐量不宜过多，淡了还可以蘸调味料补味。

5）思考练习

①香茅草在菜肴制作过程中的作用是什么？

②野香菜的特点是什么？

任务61　糖醋喀比

图5.61　糖醋喀比

1）菜品赏析

糖醋喀比是云南中甸藏族的风味名菜。喀比是藏语，俗称鳕鱼。鳕鱼生活在中甸、丽江海拔1600~3950米的山区清水水域，身体如壁虎，生活习性与娃娃鱼类似。以昆虫和水中小生物为食，冬春耐饿，肉质细嫩鲜美，具有滋补作用。

2）原料选择

鳕鱼10条（约400克），精盐4克，酱油10克，醋20克，蒜片10克，姜丝5克，白糖50克，鸡蛋（1个）清，湿淀粉50克，鲜汤200克，精炼油等适量。

3）工艺详解

①将鱼宰杀后洗净，放入碗中加鸡蛋清、湿淀粉、酱油拌匀，腌制20分钟。

②锅置火上，倒入精炼油，烧至180 ℃时，放入鱼，炸至金黄色，倒入漏勺中沥去油，装入盘中。

③锅复置火上，锅内留精炼油，下蒜片、姜丝炒香，倒入鲜汤，加入白糖、精盐、醋、酱油，用湿淀粉勾薄芡，浇在鱼上即可。

4）制作关键

①鳕鱼应新鲜，大小一致。

②酸甜味要调适口。

5）思考练习

①鳕鱼是一种什么样的鱼？

②调制酸甜卤汁时，应注意哪些方面的问题？

任务62　酸汤鱼

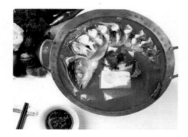

图5.62　酸汤鱼

1）菜品赏析

酸汤鱼是苗族风味名菜。苗族是一个嗜酸的民族，有俗语"三天不吃酸，走路打蹿蹿"，家家户户都备有酸汤。酸汤分两种：一种是用淘米水发酵而成的；另一种是用野生番茄取其汁制成的。

2）原料选择

活鲤鱼1条（约600克），酸汤500克，胡椒粉3克，煳辣椒粉15克，豆腐乳2块，酱油10克，鱼香菜15克，精盐5克，味精2克，番茄酱30克，姜末5克，葱花5克，葱段10片，黄酒50克，精炼油等适量。

3）工艺详解

①鱼去鳞、鳃、内脏，洗净，两面剞上斜形花刀。

②取碗1只，放入煳辣椒粉、豆腐乳、味精、姜末、葱花、鱼香菜拌和均匀，做成调味汁。

③锅置火上，放入精炼油，再放入番茄酱炒至油色变红，加入酸汤、酱油、葱段、姜末、黄酒、胡椒粉烧开，放入鱼煮15~20分钟，挑出葱段、姜末，加入精盐、味精，盛入碗中，与蘸汁一起上桌，食用时鱼肉蘸调味汁吃。

4）制作关键

①若煮的时间更长，则味更佳、汤更鲜。

②鱼肉不可煮烂。

5）思考练习

①怎样调制调味汁？

②酸汤是怎样制成的？

任务63 奶煮弓鱼

1）菜品赏析

奶煮弓鱼是白族名菜。洱海里有四五十种弓鱼，但只有桃源村的弓鱼最好。有人偶然把弓鱼在牛奶中加糖煮着吃，食后感到有滋补身体的功效。从此，牛奶煮弓鱼就闻名遐迩。

2）原料选择

洱海桃源村鲜弓鱼500克，冰糖50克，原汁鲜牛奶500克，红枣50克，桂圆肉30克，白糖75克。

3）工艺详解

①将弓鱼洗净，切成3段；大枣去核、去皮切碎。

②将冰糖碾成末。

③炒锅置火上，牛奶、弓鱼入锅，旺火煮15分钟，下红枣、桂圆肉、白糖、冰糖，煮至糖溶化，装汤碗上桌。

图5.63 奶煮弓鱼

4）制作关键

大枣、桂圆肉入锅之前，把弓鱼和牛奶入锅同煮，目的在于使弓鱼的鲜味与牛奶融为一体，使原汤更加鲜美。

5）思考练习

①红枣、桂圆有何功效？

②白族的饮食特点是什么？

 任务64 螺蛳汤

图5.64 螺蛳汤

1）菜品赏析

螺蛳汤为傣族药膳佳品。螺蛳汤用多种药用植物和香料制作而成，芳香醒胃，利湿消肿。

2）原料选择

带壳鲜螺蛳100克，香辣料20克，豆芽20克，嫩姜叶20克，荆芥20克，酸笋100克，帕哈20克，薄荷20克，大葱40克，香菜20克，精炼油200克，鲜汤400克，青椒20克，味精4克，生姜20克，胡椒粉4克，花椒叶20克，精盐10克，大蒜10克，卤腐汁15克。

3）工艺详解

①将螺蛳用清水浸泡24小时，中间换水数次，以吐净泥沙。

②削去螺蛳的盖子，再往尾部第一道线路处削一刀，切去尾部，取出螺蛳肉，反复搓

洗、漂洗。

③炒锅置火上，注入精炼油，烧至180 ℃时，下螺蛳肉煸炒至断生。加入鲜汤、生姜、大葱、大蒜、酸笋，煮10分钟，再下入其他配料同煮，加入卤腐汁、味精、胡椒粉、精盐，沸后起锅，撒上香菜、薄荷入碗即成。

4）制作关键

浸泡螺蛳的过程中，要频繁换水，吐净其肚中泥沙。以此制汤，汤鲜肉嫩而无土腥味。

5）思考练习

①简述酸笋的制作工艺。

②螺蛳浸泡过程中有何注意事项？

 ## 任务65　鲜汤脆肚

图5.65　鲜汤脆肚

1）菜品赏析

瑶族喜吃咸辣食品，鲜汤脆肚即属此例。鲜汤脆肚黄绿相映，肚子脆嫩，咸辣可口。

2）原料选择

猪肚900克，酱油100克，白菜心250克，葱花20克，精盐8克，辣椒油10克，姜末10克，鲜汤200克，精炼油等适量。

3）工艺详解

①白菜选用嫩心，洗净，撕成大片，猪肚去油筋，洗净。入沸水汆后捞出，刮净油膜，放入水锅中煮熟，取出切成一字条。

②炒锅置火上，注入精炼油，烧至七成热，下肚条，炸至金黄色捞出，沥去油。姜末、葱花、辣椒油、酱油、盐，兑成味汁。

③炒锅复置火上，注入鲜汤，下肚条，煮至回软，放入白菜片和精盐，炖10分钟，淋入明油，起锅入碗，跟味汁一起上桌。

4）制作关键

烹制煮菜，在原料将煮好时，如汤汁仍多，不可大火冲沸收汁，可稍舀掉一些。如汤汁少，可稍加一些。火力要始终保持中高火为好。

5）思考练习

①瑶族饮食有何特点？

②猪肚的营养功效有哪些？

任务66 乳扇凉鸡

1）菜品赏析

乳扇凉鸡是白族美食。乳扇洁白鲜亮，乳香酥嫩，形似鸡肉，甘香味浓，吃法多样。

2）原料选择

乳扇500克，味精2克，精盐5克，酱油4克，芝麻油10克，辣椒油20克，豆腐皮50克，醋10克，芫荽末20克。

图5.66 乳扇凉鸡

3）工艺详解

①将乳扇、豆腐皮回软。每5片乳扇为一叠，压紧卷成螺旋状，形似鸡腿，把腐皮裹在乳扇外边，用粗麻布包紧，用麻线扎成密集线圈形，上笼蒸透，去掉麻布，切成块或片，拼摆成形。

②将精盐、味精、醋、酱油、辣椒油、芝麻油、芫荽兑成汁，上桌蘸吃。

4）制作关键

加工乳扇时，勺子顺着一个方向旋转，包捏成鸡腿形状。

5）思考练习

比较乳扇和奶酪的区别。

任务67 石蹦炖蛋

图5.67 石蹦炖蛋

1）菜品赏析

石蹦炖蛋是哈尼族名菜。石蹦炖蛋不仅鲜美适口，营养丰富，而且有食疗功效，善治小儿疳瘦。

2）原料选择

石蹦500克，姜末3克，三七10克，鸡蛋2个，精盐4克，胡椒2克，精炼油等适量。

3）工艺详解

①将石蹦剖腹洗净。

②三七用油炸熟碾成粉。

③鸡蛋磕入碗中搅拌均匀。

④将石蹦、三七、盐、胡椒、姜末，盛入汤碗中，再加入蛋液拌匀。

⑤锅上火，注入水，放上陶钵，盖上锅盖，炖30分钟即成。

4）制作关键

此菜用的石蹦为人工养殖，鲜美适口，营养丰富，具有食疗功效。

5）思考练习

①哈尼族还有哪些名菜?

②哈尼族的饮食习惯有何特点?

 任务68　排骨酢

图5.68　排骨酢

1）菜品赏析

排骨酢是傈僳族每家必备的菜肴,具有咸鲜陈香的风味。

2）原料选择

猪小排骨1000克,黄酒500克,苞谷面500克,红糖200克,草果50克,精盐300克,大料面50克,茴香籽粉30克。

3）工艺详解

①将排骨洗净,剁成大拇指大的块,加黄酒、精盐拌匀,放入腌肉缸内,封好口腌10天,取出排骨和盐水。

②将苞谷、草果、大料、茴香籽、黄酒、红糖、盐水倒入排骨内拌匀再腌30天,取出用油炒或蒸熟,即可食用。

4）制作关键

此菜需经过两次腌制过程,第一次腌10天,使排骨入底味。第二次用各种调料、香料腌制30天,使排骨在入底味的前提下入香味。

5）思考练习

①为什么要分两次腌制排骨?

②腌制过程中有哪些注意事项?

 任务69　酸笋鲜汤鱼

1）菜品赏析

酸笋鲜汤鱼是云南景颇族的传统风味菜。酸笋入菜,既作为主料、配料,又作为酸味调料,这是地处滇南、滇西南亚热带地区各少数民族菜肴用料的共同特点。

2）原料选择

挑手鱼500克,生姜丝30克,酸笋100克,胡椒面2克,精盐10克,味精4克,鲜红辣椒末20克,葱花20克,大蒜末20克,鲜汤1000克,精炼油等适量。

图5.69　酸笋鲜汤鱼

3）工艺详解

①挑手鱼去净刺、鳃和内脏，清洗干净。

②炒锅上火，烧至七成热时，舀入精炼油，下生姜丝、大蒜末炝锅，加入鲜汤，烧沸后放入挑手鱼、酸笋丝、红辣椒末，煮至鱼熟，调入盐、胡椒面、味精、葱花，入碗即成。

4）制作关键

制酸笋：时间在春秋两季，当竹笋发出嫩芽，长出约30厘米高时，便可连根砍下，剥去笋壳。制法有两种：一是切成笋丝或笋片，放入陶罐中，撒上盐，置于火塘边烘烤数日，经自然发酵，酸味即出，取出现吃。如将腌酸的笋丝倒入簸箕中，晒干即成酸干。二是将甜竹或龙竹嫩芽切成巴掌大，暴晒数日，便成干酸笋片。

5）思考练习

①试制酸笋。

②景颇族还有哪些名菜?

任务70　骨头生

1）菜品赏析

骨头生宜于冬末初春制作，贮藏2~3个月不会变质，食时麻辣鲜香，别有风味。骨头生是布朗族的传统佳肴。

2）原料选择

猪脊骨3000克，草果面50克，带肉猪膛骨2000克，辣椒面100克，盐200克，花椒面100克。

3）工艺详解

①将猪脊骨、带肉胸膛骨放在墩子上，用刀背将骨头捶碎，剁成末，放入盆中加盐、辣椒面、花椒面、草果面拌匀，腌制3~5天。

②取芭蕉叶洗净，入沸水中汆烫，晾干水，逐个包入肉骨末，装入瓦罐内，加盖贮藏。

③食时取出，炒蒸煮均可。

图5.70　骨头生

4）制作关键

①猪脊骨一定要剁碎，以便入味。

②此菜宜于冬末初春制作，贮藏2~3个月不会变质，食时麻辣鲜香，别有风味。

5）思考练习

列举同类型的菜肴。

任务71　蔓菁香腿

图5.71　蔓菁香腿

1）菜品赏析

蔓菁香腿是普米族家常名菜。香腿，即腌猪腿，与香肠制法相似而得名，成品味郁，富含胶质。蔓菁，史称"圆根"，十字花科植物，萝卜属。

2）原料选择

鲜猪腿4只（约2000克），花椒面50克，鲜猪肉4000克，酱油20克，蔓菁500克，精盐200克，辣椒粉100克，白酒200克，白糖100克，大料粉20克，草果粉20克。

3）工艺详解

①猪腿拔净毛，刮洗干净，剔出骨和肉，注意保持整皮不破。猪肉切成丁，入盆，加入白酒、盐、辣椒、花椒、草果、大料、白糖，用手反复搓揉入味，装入猪腿内，扎缝灌口，挂在阴凉通风处，晾干即成香腿。

②食时，将香腿放入温水中刮洗干净，入水锅煮透心，取出切成薄片入碗。蔓菁洗净，去皮切成丝，入碗用酱油拌匀，盖在肉片上，上笼蒸熟，取出翻扣盘中即可。

4）制作关键

蒸香腿，大火汽足，约蒸2小时，以酥烂不腻为宜。

5）思考练习

①香腿与云腿制作有何异同点？

②蔓菁的营养功效有哪些？

 任务72　芭蕉叶烧肉

1）菜品赏析

芭蕉叶烧肉是基诺族名菜。其清香鲜辣，酥嫩可口，既有芭蕉叶的清香，又有山八角浓郁的辛香，凡基诺族婚宴，必上此菜。

2）原料选择

猪里脊肉500克，辣椒面10克，猪血旺100克，山八角2克，精盐6克，酸橘叶4克。

3）工艺详解

①将猪肉洗净，剁成泥，放入碗中。山八角炒香，磨成粉。酸橘叶洗净，剁碎。将猪血旺、山八角粉、酸橘叶末、辣椒面、盐放入肉泥碗内拌匀，腌制半小时即成猪肉泥。

图5.72　芭蕉叶烧肉

②取芭蕉叶一片，裁去尖和柄，放在火上烤软，均分成3块，洗净。合三为一铺平，将猪肉泥摊平成方块放在叶中央，先左后右，再从上而下折拢包紧，埋入火塘内焐熟，取出去掉烧焦和带灰的芭蕉叶后即可进食。

4）制作关键

猪肉要用芭蕉叶包严，焖焐约1小时即成。

5）思考练习

芭蕉叶在菜品制作过程中起什么作用？

任务73　烤岩羊腿

1）菜品赏析

烤岩羊腿为独龙族美味佳肴，麻辣味厚，鲜香绵软，嚼之有劲，回味悠长。

2）原料选择

岩羊后腿肉500克，花椒粉5克，精盐10克，野蒜泥50克，辣椒粉10克。

3）工艺详解

①岩羊后腿洗净，切成长15厘米、宽5厘米、厚1厘米的长条，用木槌捶松入盆，加盐辣子面、花椒面、野蒜泥，用手搓揉入味，腌制30分钟。

图5.73　烤岩羊腿

②取出肉条，用铁夹夹住，放在火上，慢慢烘烤，至肉变黄，香味溢出，即可食用。

4）制作关键

独龙族"烤岩羊"，不用全羊，只用羊后腿，咸鲜麻辣，方为正宗风味。

5）思考练习

①野蒜的营养功效是什么？

②烤制过程中有哪些注意事项？

任务74　烤全羊

1）菜品赏析

烤全羊须选羯羊或养殖期在1年以内的肥羊羔为料。宰后去蹄并掏出内脏，先将用精面粉、盐水、鸡蛋、姜黄、胡椒粉和孜然粉调成的糊均匀地抹于羊羔的全身，然后将钉有铁钉的木棍从头穿到尾放在特制的馕坑里。盖严坑口后，再不时地翻动烤制。全羊烤好后置餐车上，由手持小刀的服务员推车到客人餐桌前启刀食肉。

图5.74　烤全羊

2）原料选择

阿勒泰羯羊1只（约7500克），精盐20克，胡椒粉3克，五香粉5克，姜黄5克，孜然粉10克，鸡蛋3个，面粉200克，甜面酱100克，洋葱丝250克，香菜末100克，薄饼等适量。

3）工艺详解

①先将羊宰后取出内脏，去头蹄洗干净，然后在羊的腹腔内和后腿内侧肉厚的地方用刀割若干小口，用五香粉和盐腌制入味。取一根铁棒将羊的四肢用18号细铁丝固定在烤架子上，挂起风干。

②调面糊，将鸡蛋、姜黄、面粉、水、盐调制成面糊备用。

③木炭置烤炉的一端呈锥形堆放，待炭火燃到炭堆火红无烟时，用长柄铁钳子快速分成对称的火堆。将调好的面糊刷在羊身上焖烤35分钟左右，开盖观察羊表面，若稍微见黄，上色均匀，水已干，能明显看到表面下层油水在滚动，再刷油修整，然后立即合盖焖烤。

④烤制的同时，随时观察调整火的对应位置与大小，以确保烤制出最佳烤全羊来。待羊皮烤至黄红酥脆、肉质嫩熟时取出卸羊，整个卸羊过程控制在2分钟以内，确保能在5分钟以内将烤全羊呈现在顾客面前的餐桌上。烤全羊放入垫有洗净沥水的托盘内，羊角系上红绸布，抬至餐室请宾客欣赏。

⑤由厨师将烤全羊切成条装盘，再将羊肉割下切成厚片，配以孜然粉、辣椒面、精盐、洋葱丝等，并随带小刀上桌。

4）制作关键

烤全羊的制作要求严格，必须选用羯羊，经过宰杀、腌制、调味后，再慢火烤成熟。

5）思考练习

简述烤全羊的制作程序。

任务75　红柳烤肉

1）菜品赏析

红柳烤肉是南疆地区的特色美食，将肥羊肉烤得香酥，瘦肉劲道弹牙，肥瘦相宜，肉嫩汁多。

2）原料选择

羊肉2500克，清水250克，面粉50克（夏天则不加），洋葱150克，精盐35克，鸡蛋2个，辣椒面60克，啤酒200克，孜然粉150克，精炼油等适量。

3）工艺详解

①将羊里脊肉或者羊后腿精肉、羊尾油少许切块改刀成4厘米见方的块。

图5.75　红柳烤肉

②将切好的羊肉加清水、面粉、盐、鸡蛋、洋葱末、啤酒放入盆内腌30分钟以上。

③烤架擦净,点燃炭火,将浸泡好的羊肉串放入加有洋葱片的清水里浸泡2分钟后,然后上架烤制,因为这样烤出来的羊肉才不膻不腻。

④烤肉时两面翻动,当羊肉串快烤熟时,撒一些盐、辣椒面和孜然粉增香添味。

4)制作关键

烤制前,需要将羊肉放入加有洋葱片的清水里浸泡2分钟,然后才可以上架烤制,因为这样烤出来的羊肉才不膻不腻。烤制时,应根据火力的大小去灵活掌握烤制时间。

5)思考练习

①烤羊肉的时候,宜选用木炭还是无烟煤?

②如何掌控烤制的程度?

任务76　手抓羊肉

1)菜品赏析

手抓羊肉是一种传统的羊肉食用方法,因用手抓吃,故得名。手抓羊肉是新疆传统美食。手抓羊肉味道清醇软嫩,油香不腻,既可吃肉,又可喝汤。手抓羊肉不仅是本地人喜欢享用的食物,更是招待远方来客的美食。

2)原料选择

带骨的羊腰窝肉1000克,恰玛古(蔓菁)200克,香菜50克,葱30克,姜丝30克,蒜末20克,大料10克,花椒、桂皮各10克,小茴香8克,胡椒粉6克,醋12克,黄酒15克,味精9克,精盐3克,芝麻油20克,辣椒油30克。

图5.76　手抓羊肉

3)工艺详解

①将羊腰窝肉剁成块,用水洗净。将香菜去根、洗净、消毒,切成3厘米长的段。20克葱切成段,10克葱切末。恰玛古(蔓菁)切滚刀块。

②将葱末、蒜末、香菜、酱油、味精、胡椒粉、芝麻油、辣椒油等兑成调料汁。

③锅内倒入清水1000克,放入羊肉在旺火上烧开后,撇去浮沫,将肉捞出洗净。接着,换清水1500克并将其烧开,放入羊肉、恰玛古、大料、花椒、小茴香、桂皮、葱段、姜丝、黄酒和精盐。待汤烧开后,盖上锅盖,移在微火上煮到肉烂为止。将肉捞出,盛在盘内,蘸着调料汁吃。

4)制作关键

注意火候的掌握,煮制时要用大火,撇净浮沫后改为小火煮制。煮时间要长一些。

5)思考练习

①如何巧除羊肉的腥味?

②如何掌握火候将羊肉煮成软烂的效果?

 任务77　馕包肉

图5.77　馕包肉

1）菜品赏析

馕包肉是新疆特色小吃。在新疆，说起馕包肉，没有人不知道，因为它不仅是当地的一道传统菜，也是一道菜点合璧菜。

2）原料选择

带皮羊五花肉500克，薄馕1个，盐4克，花椒2克，香叶1克，桂皮1克，草果2克，辣椒粉10克，香菜、洋葱丝各50克，孜然粉6克，葱段15克，姜片5克，黄酒15克，红油5克，麦芽糖15克，湿淀粉10克，精炼油等适量。

3）工艺详解

①将带皮羊五花肉切成块，入沸水中焯烫，去除血污和异味，捞出洗净。

②麦芽糖掺点水趁热抹在羊排表面，投入七成热的油锅中炸成金黄色时倒入漏勺中滤去油。

③炒锅里留少许油，下葱段和姜片略炸，加入羊肉、清水、花椒、桂皮、草果、香叶、黄酒、盐，烧沸后转小火焖约1个小时至肉酥烂，拣去香料、葱段、姜片。

④将馕切成8瓣，放入大盘中，把羊肉放在馕上，炒锅里留少许羊肉原汁置火上，加入孜然粉、辣椒粉后用湿淀粉勾芡，淋入红油，浇在羊排的表面，撒上香菜、洋葱丝即可。

4）制作关键

羊排可以提前烧制入味，时间要足。如果颜色不红可以用辣椒酱煸炒上色，馕也可以放入锅中与羊排一起烧制入味。

5）思考练习

①为什么放孜然粉的顺序在最后？

②为什么在煮羊排的同时放香料？

 任务78　葱爆羊肉

1）菜品赏析

葱爆羊肉是一道传统菜。

2）原料选择

羊后腿肉200克，净葱100克，酱油30克，黄酒10克，米醋5克，姜5克，蒜10克，味精2克，精盐2克，芝麻油10克，精炼油等适量。

3）工艺详解

①羊肉横丝切成薄片，葱切斜滚刀块，姜、蒜去皮切成细末。

②炒锅上旺火，舀入精炼油，烧至七八成热时，放入羊肉片，用手勺打散，放入姜末、黄酒，用旺火快速煸炒，待肉片变色后，放入葱块、精盐、味精、米醋、酱油拌炒，待主配料已将调味汁吸收一部分时，放入蒜末，点入芝麻油，再用手勺拌炒均匀，颠翻出勺装盘。

图5.78 葱爆羊肉

4）制作关键

此菜为火候菜。在技术上除要求肉质鲜嫩、刀工均匀外，还有调味适当，在操作时应使用旺火、热锅、快速爆炒。如因火力小，动作缓慢，必将出现主配料不熟或者肉老葱烂，甚至出汤等现象。

5）思考练习

旺火爆炒的关键点是什么？

任务79 烩羊杂

图5.79 烩羊杂

1）菜品赏析

烩羊杂又称羊杂碎、羊下水，是大西北地区常见的传统风味汤类小吃。将羊头、蹄、心肝、肠肺以及羊血洗净、煮熟、切碎，加上葱、姜、蒜、辣椒等调料。烩羊杂具有补气养血、健脾和胃的功效。

2）原料选择

新鲜羊杂碎1副，香菜100克，葱50克，蒜苗100克，花椒10克，大香5克，姜片50克，精盐50克，味精20克，高筋面粉500克，油泼辣椒50克，鲜汤5000克。

3）工艺详解

①将羊杂碎按照要求分别加工处理、清洗干净，羊肺用清水反复灌洗几次，沥干血水。将香菜切成1厘米长的段，葱切成3厘米长的段，蒜苗切成丝，花椒、大香、姜片用干净纱布包成调料包，用优质面粉和成较硬的面团，放在清水盆里洗出面筋，盆里的淀粉糊过滤一下以备灌羊肺时用。

②将过滤后的面粉糊倒在小盆里，盆里兑些清水，用筷子搅打均匀，成为稀糊。然后一手提着洗净血水的羊肺气管，把干净的漏斗插入羊肺气管中，把稀面粉糊灌进羊肺里，用细绳扎紧气管口即可。

③煮锅置火上，放进洗净的羊杂碎。烧开后，撇去浮沫，放进葱段和调料包。水大开时，放进洗好的面筋块和灌过面粉糊的羊肺，小火煮2小时。煮熟后，用漏勺捞出晾凉。

4）制作关键

因为羊杂各部位成熟的时间不同，所以煮的时间不宜过长。

5）思考练习

清洗羊杂时的注意事项有哪些？

 ## 任务80 大盘鸡

图5.80 大盘鸡

1）菜品赏析

大盘鸡的"走红"，始于很多年前。20世纪90年代初期，仿佛一夜之间，大盘鸡风靡天山南北。

2）原料选择

三黄鸡1只（2500克），马铃薯3000克，青、红椒450克，皮带面500克，八角3粒，花椒10克，草果1个，小茴香8克，桂皮5克，大葱200克，生姜200克，大蒜200克，盐5克，白糖90克，番茄酱50克，豆瓣酱60克，味精20克，辣椒200克，朝天椒40克，酱油20克，精炼油等适量。

3）工艺详解

①将整鸡剁成长5厘米、宽3厘米大小的块，凉水下锅焯水，马铃薯切滚刀块，青、红椒切菱形块备用。

②炒锅放精炼油烧热，放入白糖炒成糖色，倒入鸡块翻炒至上色，加入八角、花椒、干辣椒、草果、小茴香、桂皮、大葱、生姜、大蒜煸炒至鸡肉变干出香味时，放入盐、白糖、番茄酱、豆瓣酱、味精、辣椒、朝天椒、酱油，加入土豆添入清水以浸过鸡块为宜，大火烧开，小火炖透，汤汁收浓时加入青、红椒块、大葱，略焖2分钟出锅，配上皮带面即成。

4）制作关键

各种主配料要切大块，大小一致。烧制时，火力不宜太大，炒糖色注意糖的用量。

5）思考练习

①各种原料之间有比例吗？

②原料入锅的次序是怎样的？

 ## 任务81 椒麻鸡

1）菜品赏析

椒麻鸡是一道流传于新疆的传统名菜。其主材料是鸡肉，主要烹饪工艺是煮。成品麻醇咸鲜，质地软嫩，清爽可口。

2）原料选择

土鸡1只（约1600克），大葱200克，花椒粉50克，青红椒260克，红花椒120克，青花椒80克，朝天椒300克，精盐5克，味精3克，精炼油等适量。

3）工艺详解

①将鸡宰后煺毛、开膛去内脏洗净。用花椒粉、盐在鸡肉上擦一遍腌制入味。每只鸡腌制约20分钟。凉水下锅，煮熟后鸡过冰水，鲜汤留用。

②青、红辣椒、大葱切节备用。花椒、干辣椒浸泡洗净，熬制成椒麻油，捞出花椒，干辣椒放入鲜汤中煮制成椒麻鲜汤料，调入盐、味精。

③将鸡用手撕成条，将煮好的椒麻鲜汤倒入鸡丝中，加椒麻油搅拌并浸泡10分钟后加入青辣椒、葱节拌匀即可。

图5.81　椒麻鸡

4）制作关键

①煮鸡时，要用小火。煮一会儿后，要用冰水把鸡洗净，再煮。掌握好煮制的时间及鸡的成熟度。

②熬制椒芝麻油时花椒朝天椒要泡湿，小火炸制。

5）思考练习

怎样煮鸡才能让鸡皮是脆的？

任务82　巴楚烤鱼

图5.82　巴楚烤鱼

1）菜品赏析

巴楚烤鱼是喀什地区的传统风味小吃，以巴楚县的烤鱼最有名气。

2）原料选择

草鱼1800克，盐30克，糖10克，胡椒粉6克，黄酒30克，孜然100克，辣椒面80克，白芝麻10克，味精3克，葱20克，姜10克，香菜10克，芹菜50克，精炼油等适量。

3）工艺详解

①将新鲜活鱼刮鳞、去内脏，然后洗干净，从腹部割开成为两片；用盐、香菜、芹菜、葱、姜制成的料水腌制入味。

②先用筷子粗细的竹条横穿鱼皮，再用稍粗并比鱼长20厘米左右的木棍沿鱼脊竖穿入鱼皮。

③将鱼依次插在地上呈半圆形，中间放上干柴点燃烘烤。烤制过程中，转动鱼身，撒腌鱼的料水和辣椒面、孜然粉等调料，并用毛刷刷油，待鱼身全部成熟，且呈现焦黄色时，撒上白芝麻即可。

4）制作关键

选料要新鲜，腌制一定要入味，要掌握好烤制的温度和时间。

5）思考练习
①烤制时需要翻面吗？说出原因。
②可以用馕坑烤制鱼坯吗？

 任务83　浇汁夹沙

图5.83　浇汁夹沙

1）菜品赏析

浇汁夹沙是用鸡蛋清、淀粉、牛肉作为材料，将牛肉剁成肉馅并放入调料，淀粉与鸡蛋摊成蛋皮，将肉馅放入蛋皮内炸制而成的。浇汁夹沙是新疆非常受欢迎的一道家常菜。

2）原料选择

牛肉500克，鸡蛋300克，盐30克，淀粉200克，酱油10克，胡椒粉6克，花椒面10克，黄酒50克，葱3克，姜4克，木耳5克，青红椒10克，泡辣椒30克，鲜汤20克，葱姜汁、精炼油等适量。

3）工艺详解

①将牛肉剁好馅放盐、味精、胡椒粉、花椒面、酱油调味，加入葱姜汁，水、淀粉顺一个方向搅打上劲。

②鸡蛋打散后加入湿淀粉摊成薄厚均匀的蛋皮，在蛋皮上抹湿淀粉水将肉馅铺在上面，切成条状，下入六成热的油锅中炸至定型捞出。第二遍油烧至七成热时，炸至金黄色切块摆盘。

③炒锅置火上，舀入适量精炼油，葱姜煸香后，放入泡椒末炒出颜色，加入鲜汤，调味。放入青红椒，勾芡趁热浇在夹沙上即可。

4）制作关键

夹沙在制作时肉馅不能铺得太厚，蛋皮折叠后要将空气挤出拍实，不然炸的时候就皮肉分离了。

5）思考练习

怎样才能让夹沙的口感保持酥脆？

APPENDIX

附录1

常用香料

八角	白胡椒	白芷
荜茇	草豆蔻	白豆蔻
草果	当归	陈皮
党参	丁香	甘草

甘松

广木香

桂皮

红花椒

青花椒

黄栀子

良姜

罗汉果

肉蔻

山柰

天麻

香果

香茅草

砂仁

香叶

小茴香

孜然粉

紫豆蔻

老姜

干姜

干辣椒

三七

杜仲

APPENDIX

附录2

大赛作品赏析

作品名称：锦绣人参

作品名称：招财八宝葫芦鸭

作品名称：东坡肉

作品名称：秋韵

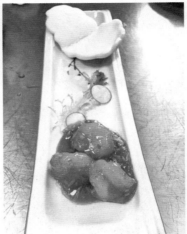

REFERENCES
参考文献

[1] 谢定源. 中国名菜[M]. 2版. 北京: 中国轻工业出版社, 2005.

[2] 朱水根. 中国名菜制作技艺[M]. 2版. 上海: 上海交通大学出版社, 2016.

[3] 李朝霞. 中国名菜辞典[M]. 太原: 山西科学技术出版社, 2008.

[4] 侯刚. 中国南北名菜[M]. 赤峰: 内蒙古科学技术出版社, 2006.

[5] 孟爽. 中国名料名菜荟萃[M]. 北京: 化学工业出版社, 2007.

[6] 嵇步峰. 中国名菜[M]. 北京: 中国纺织出版社, 2008.

[7] 胡长龄, 杨继林. 正宗苏菜160种[M]. 北京: 金盾出版社, 1993.

[8] 王仁兴. 国菜精华. 商代—清代[M]. 北京: 生活书店出版有限公司, 2018.

[9] 赵建民, 金洪霞. 中国鲁菜·孔府菜文化[M]. 北京: 中国轻工业出版社, 2016.

[10] 宋波. 满汉全席[M]. 北京: 中国纺织出版社, 2019.

[11] 邵建华. 上海名菜[M]. 上海: 上海辞书出版社, 2004.

[12] 范云兴, 等. 中国少数民族特色菜[M]. 南宁: 广西科学技术出版社, 1997.

[13] 冉先德, 瞿弦音. 中国名菜: 齐鲁风味（1）[M]. 北京: 中国大地出版社, 1997.

[14] 冉先德, 瞿弦音. 中国名菜: 岭南风味（2）[M]. 北京: 中国大地出版社, 1997.

[15] 冉先德, 瞿弦音. 中国名菜: 苏扬风味（3）[M]. 北京: 中国大地出版社, 1997.

[16] 冉先德, 瞿弦音. 中国名菜: 巴蜀风味（4）[M]. 北京: 中国大地出版社, 1997.

[17] 冉先德, 瞿弦音. 中国名菜: 徽皖风味（5）[M]. 北京: 中国大地出版社, 1997.

[18] 冉先德, 瞿弦音. 中国名菜: 潇湘风味（6）[M]. 北京: 中国大地出版社, 1997.

[19] 冉先德, 瞿弦音. 中国名菜: 钱塘风味（7）[M]. 北京: 中国大地出版社, 1997.

[20] 冉先德, 瞿弦音. 中国名菜: 闽台风味（8）[M]. 北京: 中国大地出版社, 1997.

[21] 冉先德, 瞿弦音. 中国名菜: 燕京风味（9）[M]. 北京: 中国大地出版社, 1997.

[22] 冉先德, 瞿弦音. 中国名菜: 淞沪风味（10）[M]. 北京: 中国大地出版社, 1997.

[23] 冉先德, 瞿弦音. 中国名菜: 荆楚风味（11）[M]. 北京: 中国大地出版社, 1997.

[24] 冉先德，瞿弦音. 中国名菜：松辽风味（12）[M]. 北京：中国大地出版社，1997.

[25] 冉先德，瞿弦音. 中国名菜：三晋风味（13）[M]. 北京：中国大地出版社，1997.

[26] 冉先德，瞿弦音. 中国名菜：中州风味（14）[M]. 北京：中国大地出版社，1997.

[27] 冉先德，瞿弦音. 中国名菜：赣江风味（15）[M]. 北京：中国大地出版社，1997.

[28] 冉先德，瞿弦音. 中国名菜：秦陇风味（16）[M]. 北京：中国大地出版社，1997.

[29] 冉先德，瞿弦音. 中国名菜：滇黔风味（17）[M]. 北京：中国大地出版社，1997.

[30] 冉先德，瞿弦音. 中国名菜：民族风味（18）[M]. 北京：中国大地出版社，1997.

[31] 冉先德，瞿弦音. 中国名菜：素斋风味（19）[M]. 北京：中国大地出版社，1997.

[32] 冉先德，瞿弦音. 中国名菜：药膳风味（20）[M]. 北京：中国大地出版社，1997.